わかりやすい
電気基礎

高橋　　寛 監修
増田英二 編著

コロナ社

監　修

日本大学名誉教授　工学博士　髙　橋　　　寛

編　著

増　田　英　二

執　筆

翁　田　雄　二　　小　林　義　彦
﨑　間　　　勇　　松　原　洋　平

まえがき

　本書は，はじめて電気について学ぶ方，および産業界のあらゆる分野で電気に関する業務に関わる方に，「電気の基礎」について理解を深めていただくために執筆したものです。

　したがって，「わかりやすい」ということをつねに念頭において，本文を2色刷にし，表現は平易に，図を多く取り入れました。また，学習事項に関する例題，問題を設定して，実力の向上を図るよう工夫しました。加えて，学習の成果を確認する意味で，各章末には練習問題，研究問題を取り上げ，巻末には解答を示しました。

　さらに，ご存知のように電気と数学は切っても切れない関係にあります。電気に関する事象は理解できても，量的な扱いは苦手な方のために，「すぐ役に立つ基礎数学」を付録として添付させていただきました。

　また，本書の内容につき，稲葉廣昭，今泉克美，上谷雅浩，小島光昭，近藤壽人，富塚信夫，中村順一，西原健一，三木譲治，保田康平，山下勝の各氏より貴重なご意見をいただきました。お礼を申し上げます。

　本書を活用して，多くの方が「電気の基礎」をマスターされ，さらに，電気系の各種国家試験や資格試験を目指す皆さんにも，有効に活用いただければ幸いです。

平成15年3月

著　　者

目　　次

1　直流回路

1.1　電流と電圧 … 2
1.1.1　電子と電流 ………… 2
1.1.2　電位，電圧，起電力 ………… 6
1.1.3　直流と交流 ………… 8
1.1.4　電気回路 ………… 9
1.1.5　オームの法則 ………… 10

1.2　直流回路の計算 … 15
1.2.1　並列回路 ………… 15
1.2.2　直列回路 ………… 20
1.2.3　直並列回路 ………… 25
1.2.4　応用回路 ………… 27

1.3　抵抗の性質 … 37
1.3.1　抵抗率と導電率 ………… 37
1.3.2　抵抗の温度係数 ………… 40
1.3.3　抵抗器 ………… 42

1.4 電流のいろいろな作用 ——————————— 45

 1.4.1 電流の3作用 ………… 45
 1.4.2 ジュールの法則 ………… 46
 1.4.3 ジュール熱の利用例 ………… 47
 1.4.4 電線の許容電流 ………… 49
 1.4.5 電力と電力量 ………… 50
 1.4.6 電流の化学作用 ………… 54
 1.4.7 熱電現象 ………… 66

練習問題 ——————————————————— 70

研究問題 ——————————————————— 72

2 電流と磁気

2.1 磁気 ——————————————————— 76

 2.1.1 磁気現象 ………… 76
 2.1.2 磁界 ………… 78

2.2 電流と磁界 ——————————————— 81

 2.2.1 電流による磁界 ………… 81
 2.2.2 磁気回路 ………… 90
 2.2.3 鉄の磁化 ………… 93

2.3 電磁誘導作用 —————————————— 97

2.3.1　電 磁 誘 導 ………… *97*
　　　2.3.2　誘導起電力の大きさと向き ………… *98*
　　　2.3.3　渦　電　流 ………… *99*
　　　2.3.4　インダクタンス ………… *100*
　　　2.3.5　電磁誘導の応用 ………… *108*

2.4　電　磁　力 — *113*
　　　2.4.1　磁界中の電流に働く力 ………… *113*
　　　2.4.2　二つの電流の間に働く力 ………… *114*
　　　2.4.3　直流電動機の原理 ………… *115*

練　習　問　題 — *117*
研　究　問　題 — *118*

3　静　電　気

3.1　静　電　現　象 — *122*
　　　3.1.1　摩　擦　電　気 ………… *122*
　　　3.1.2　静　電　力 ………… *123*
　　　3.1.3　静　電　誘　導 ………… *124*
　　　3.1.4　静　電　遮　へ　い ………… *125*
　　　3.1.5　電　　　界 ………… *126*
　　　3.1.6　電位と電位の傾き ………… *128*
　　　3.1.7　電　束　密　度 ………… *129*

3.1.8 放電現象 ………… 131

3.2 コンデンサと静電容量 — 134

3.2.1 コンデンサ ………… 134
3.2.2 静電容量 ………… 135
3.2.3 コンデンサに蓄えられるエネルギー ………… 136
3.2.4 コンデンサの接続 ………… 137
3.2.5 コンデンサの種類と用途 ………… 141

練習問題 — 143
研究問題 — 144

4 交流回路

4.1 正弦波交流の性質 — 148

4.1.1 正弦波交流 ………… 148
4.1.2 周期と周波数 ………… 149
4.1.3 瞬時値と最大値 ………… 149
4.1.4 平均値と実効値 ………… 150

4.2 正弦波交流起電力の発生 — 154

4.2.1 弧度法 ………… 154
4.2.2 角速度 ………… 155
4.2.3 正弦波交流起電力 ………… 155

4.2.4　位相と位相差 ………… *157*

4.3　交流回路の取り扱い方　　　　　　　*159*

4.3.1　正弦波交流のベクトル表示 ………… *159*
4.3.2　抵抗 R だけの回路 ………… *161*
4.3.3　静電容量 C だけの回路 ………… *163*
4.3.4　インダクタンス L だけの回路 ………… *166*
4.3.5　R-L-C 直列回路 ………… *170*
4.3.6　R-L-C 並列回路 ………… *173*

4.4　交流回路の電力　　　　　　　*176*

4.4.1　交　流　電　力 ………… *176*
4.4.2　皮相電力と力率 ………… *178*

4.5　共　振　回　路　　　　　　　*180*

4.5.1　直　列　共　振 ………… *180*
4.5.2　並　列　共　振 ………… *182*

4.6　複　素　数　　　　　　　*184*

4.6.1　複　素　数 ………… *184*
4.6.2　複素数の四則演算 ………… *185*

4.7　複素数のベクトル表示　　　　　　　*187*

4.7.1　複　素　平　面 ………… *187*
4.7.2　極　形　式 ………… *187*
4.7.3　複素数とベクトルの対応 ………… *189*

4.8　複素数の乗除とベクトルの関係　　　　　　　*191*

4.8.1　複素数の乗法 ………… *191*

4.8.2 複素数の除法 ………… *192*

4.8.3 複素数 $\dot{A}$ に j, $-j$ を掛けること ………… *193*

4.9 交流回路の複素数表示 — *194*

4.9.1 交流の複素数表示 ………… *194*

4.9.2 複素インピーダンスとオームの法則 ………… *195*

4.10 記号法による交流回路の取り扱い — *198*

4.10.1 正弦波交流の合成 ………… *198*

4.10.2 抵抗 R だけの回路 ………… *199*

4.10.3 静電容量 C だけの回路 ………… *200*

4.10.4 インダクタンス L だけの回路 ………… *201*

4.10.5 インピーダンスの直列回路 ………… *202*

4.10.6 インピーダンスの直並列接続 ………… *204*

4.10.7 交流ブリッジ ………… *207*

練 習 問 題 — *208*

研 究 問 題 — *210*

5 三 相 交 流

5.1 三相交流回路 — *213*

5.1.1 三相交流起電力 ………… *213*

5.1.2 三相交流の発生と表し方 ………… *213*

5.1.3　三相交流回路の電圧と電流 ……… *216*
　　　5.1.4　負荷インピーダンスのY-Δ変換 ……… *223*

5.2　回転磁界 — *226*

　　　5.2.1　三相交流による回転磁界 ……… *226*
　　　5.2.2　二相交流による回転磁界 ……… *228*

練 習 問 題 — *229*
研 究 問 題 — *230*

6　電 気 計 測

6.1　電気計測の基礎 — *233*

　　　6.1.1　アナログ計器の構成と原理 ……… *233*
　　　6.1.2　アナログ計器の種類 ……… *235*
　　　6.1.3　ディジタル計器の構成 ……… *237*

6.2　基礎量の測定 — *238*

　　　6.2.1　抵　　　抗 ……… *238*
　　　6.2.2　静 電 容 量 ……… *239*
　　　6.2.3　インダクタンス ……… *241*
　　　6.2.4　直 流 計 器 ……… *243*
　　　6.2.5　交 流 計 器 ……… *246*
　　　6.2.6　直流電位差計 ……… *248*

6.2.7　電　　力　　計 ………… *250*

　　6.2.8　磁　　束　　計 ………… *253*

　　6.2.9　周　　波　　数 ………… *254*

　　6.2.10　いろいろな測定器 ………… *256*

6.3　測定量の取り扱い　　*266*

　　6.3.1　測定の誤差とその種類 ………… *266*

　　6.3.2　精　度　と　感　度 ………… *267*

　　6.3.3　測定値の取り扱い ………… *268*

　　6.3.4　測　定　の　基　準 ………… *269*

練　習　問　題　　*270*

研　究　問　題　　*271*

7　各　種　の　波　形

7.1　非正弦波交流　　*274*

　　7.1.1　非正弦波交流 ………… *274*

　　7.1.2　正弦波交流の合成と非正弦波交流 ………… *276*

　　7.1.3　非正弦波交流の実効値 ………… *278*

　　7.1.4　非正弦波交流のひずみの程度の表し方 ………… *278*

7.2　過　渡　現　象　　*281*

　　7.2.1　過　渡　現　象 ………… *281*

　　　　7.2.2　R-C 直列回路の過渡現象 ………… *282*
　　　　7.2.3　R-L 直列回路の過渡現象 ………… *285*
　　　　7.2.4　パルス回路の波形 ………… *287*

練 習 問 題　*292*
研 究 問 題　*294*

付　　　録　*296*
　　1．すぐ役に立つ基礎数学 ………… *296*
　　2．国際単位系（SI）………… *309*
　　3．本書で用いるおもな単位記号 ………… *310*
　　4．数 学 公 式 ………… *312*

問 題 の 解 答　*313*
索　　　引　*317*

1 直流回路

　電気は，水や空気と同じように，われわれの生活に欠くことができない。現在，一般に利用されている電気は，一部を除いて交流である。

　しかしこの交流も，直流の理論を基礎とすることによって，初めて理解される。したがって交流を学ぶ前に，直流の働きをしっかり理解しておく必要がある。

　ここでは，直流回路における電流・電圧の関係，回路の計算，電流の発熱作用および化学作用の基礎を学ぶ。

1.1.1 電子と電流

1 原子と電子　自然界に存在する物質は，100余種ある**原子** (atom) のうち，1種類またはそれ以上の原子の組み合わせで構成されている。

原子は最も基本的な粒子で，これを模型的に示せば，図 1.1 のように，中心に正の**電荷** (charge) を持つ**原子核** (atomic nucleus) があり，その周りをいくつかの**電子** (electron) が一定の軌道を描いて回転している。

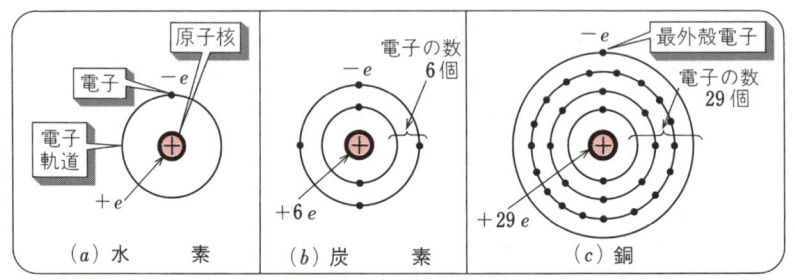

図 1.1　原子模型

電荷は，物質または粒子などが持つ電気のことで，電気の量を含めたものをいい，単位に**クーロン** (coulomb, 単位記号 C) を用いる。

電子は負の電荷を持つ微粒子である。1個の電子が持つ電荷は約 1.602×10^{-19} C で，量記号として e を用いる。この e はこれまで知られ

ている電荷の最小単位で，電気素量ともいい，ほかのどんな電荷も e の整数倍で表される。また，1個の電子の質量は約 9.109×10^{-31} kg である。

　軌道上の各電子が持つ電荷の総和は，原子核が持つ電荷に等しいので，たがいに正，負の電荷が打ち消し合って，原子全体としては電気的に中性である。

　2　**自由電子と電流**　　物質のうちで金属の多くは，原子が規則正しく並び，いわゆる結晶構造を形づくっている。各原子の原子核に近い電子は，原子核の吸引力により拘束されて軌道上を回っている。

　しかし，図 1.1(c) のように，最も外側の軌道上に存在する **最外殻電子** は，原子核による引力が弱く，常温でもわずかな熱や光などのエネルギーを受けると，その軌道を離れて図 1.2 のように金属結晶の中を自由に運動する。このような電子を **自由電子** (free electron) という。

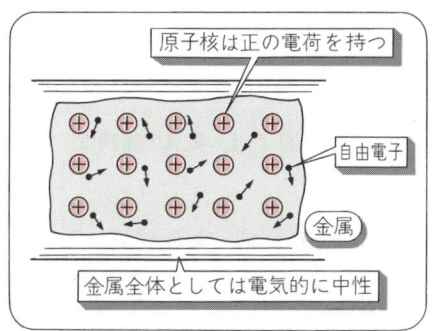
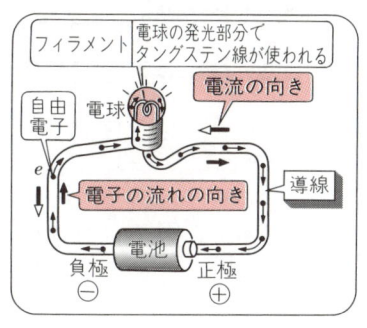

図 1.2　金属内の自由電子　　　図 1.3　電子の流れと電流の向き

　いま，図 1.3 のように電球を導線で電池に接続すると，電球のフィラメント中の自由電子は，気ままに運動していた状態から，電池の正極に向かっていっせいに移動を始める。電池の負極からは連続して電子が供給され，電子の流れが維持される。この電子の流れを **電流** (current）という。電流の向きは，正の電荷が移動する向きと定め，電子の流れと逆になっている。

つぎに，電流の大きさは，物質のある断面を 1 秒間に通過する電荷で表し，量記号に I，単位にはアンペア（ampere，単位記号 A）を用いる。

いま，導線のある断面を時間 t〔s〕間に Q〔C〕の電荷が移動すると，流れる電流 I〔A〕はつぎの式で表される。

$$I = \frac{Q}{t} \quad 〔A〕 \tag{1.1}$$

図 1.4 のように，連続した導体中のどの断面でも，1 秒当り通過する電荷は，増減することなく同じになるから，a，b，c のどの部分を流れる電流も等しい。これを電流の連続性という。

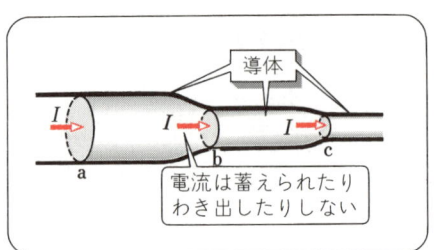

図 1.4　電流の連続性

したがって，図 1.3 における導線や電球には同じ電流が流れることになる。

例題 1.

ある導線の中を 0.2 s 間に 0.016 C の電荷が移動すると，流れる電流はいくらか。

解答　流れる電流 I〔A〕は

$$I = \frac{Q}{t} = \frac{0.016}{0.2} = 0.08 \,[\text{A}]$$

3 電流の単位の扱い方

電気工学で取り扱ういろいろな量は，微小な値からきわめて大きな値までの広い範囲にわたるので，単位の10の整数乗倍で表したほうがわかりやすい。

10の整数乗倍を記号で表したものを **接頭語** といい，表1.1にそのおもな例を示す。

表1.1 いろいろな接頭語の例

記号	名称	単位に乗ぜられる倍数
T	テラ	10^{12}
G	ギガ	10^{9}
M	メガ	10^{6}
k	キロ	10^{3}
m	ミリ	10^{-3}
μ	マイクロ	10^{-6}
n	ナノ	10^{-9}
p	ピコ	10^{-12}

いま，アンペア〔A〕を電流の大きさによって，ミリアンペア〔mA〕とキロアンペア〔kA〕で表すと，つぎのようにして単位の換算ができる。

$$0.025\,[\text{A}] = 0.025 \times \frac{1}{10^{-3}}\,[\text{mA}] = 0.025 \times 10^3\,[\text{mA}] = 25\,[\text{mA}]$$

$$2\,500\,[\text{A}] = 2.5 \times 10^3\,[\text{A}] = 2.5\,[\text{kA}]$$

なお，後で学ぶ電圧や抵抗などの単位についても同様に扱うことができる。

問 1. 0.01 s間に導線の断面を2 000億個の電子が通過したとき，流

れる電流はいくらか。ここに，1個の電子が持つ電荷を 1.602×10^{-19} C とする。

4 　導体，不導体，半導体　　金属類には自由電子が数多くあり，この移動が容易であるので，電流が流れやすい。このような物質を **導体** (conductor) という。また，金属以外でも食塩水や硫酸などは，**イオン**†1 の移動によって電流が流れるので，導体の一種である。

これに対して，ビニル，プラスチック，ゴムのような物質は，原子核と電子との結合が強く，自由電子がほとんどないので電流を流さない。このような物質を **不導体** (non-conductor) または **絶縁物** (insulating material) という。

また，シリコン†2，ゲルマニウムなどは，10^{-5}〜10^6 Ω•m 程度の抵抗率†3 を持ち，電流の流れやすさが導体と不導体の中間の性質を示すので，**半導体** (semiconductor) という。半導体を利用した素子には，交流を直流に変換できるダイオードや，電圧・電流・電力†4 を増幅できるトランジスタなどがある。

1.1.2　電位，電圧，起電力

図 1.5(a) では，上のタンクの水位が高いほど，水の持つ重力による位置エネルギーは大きくなる。いい換えれば，重力に逆らって水を

---

†1　電気的な性質を持つ原子または原子の集団などをいう。例えば，原子は電子を n 個失うと ne [C] の正の電荷を持つ。このようなものを陽イオンという。また，原子は n 個の電子を受け取ると $-ne$ [C] の負の電荷を持つ。このようなものを陰イオンという。
†2　けい素ともいう。
†3　1.3.1 項で学ぶ。この値が大きいほど電流が流れにくい。
†4　1.4.5 項で学ぶ。

1.1 電流と電圧　7

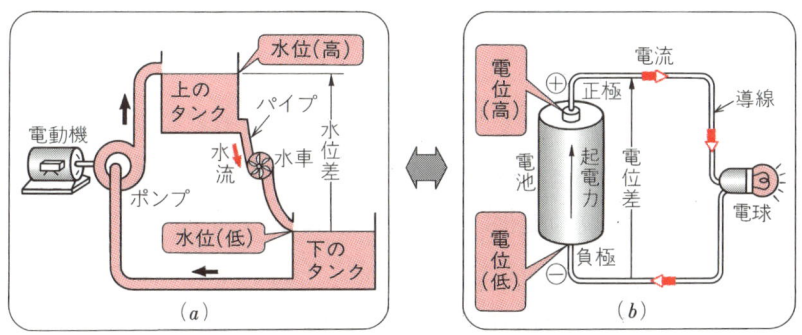

図 1.5　水位差と電位差

　下のタンクから上のタンクへ運ぶのに必要な仕事量は，水位差が大きいほど大きくなる．電気現象では，図 (b) における電位 (electric potential) は水位と対応させることができる．

　電位とは，空間内の任意の点に置かれた＋1Cの電荷が，無限に離れた点に対して持っている電気エネルギーである．すなわち，＋1Cの電荷を，この電荷に働く力に逆らって無限に遠い点から任意の点へ運ぶために必要な仕事量をいう．これは電気的な位置エネルギーといってもよい．電位の単位にはボルト (volt, 単位記号 V) を用いる．

　電池の正極と負極との間には電位の差がある．これを電位差 (potential difference) または電圧 (voltage) という．導体中では，電位差のあるところには電荷の移動が起こるので，導線および電球のフィラメント内の負の電荷を持つ自由電子は力を受け，正極へ運ばれる．したがって，電流は逆向きに流れる．

　電位差の向きは，電位の高いほうへ矢印をつけて表す．電池では，図 1.5(b) のように，負極から正極のほうへ矢印をつける．

　電池には，電位差を保つために，内部の化学作用によりたえず電荷を補給する働きがある．電流を供給し続ける能力を起電力 (electromotive force) という．起電力の向きは，電流を流そうとする向きである．

電位差,電圧,起電力の単位には,いずれも**ボルト**(volt,単位記号V)を用いる。

電位を考えるに当たって,まず基準を定めなければならない。実際には地球が非常に大きな導体であることから,電荷を地球表面に与えても,これによる電位変化はないと考えられ,実用上,大地を基準にすることが多く,これを 0 V としている。図 1.6 (a) のように基準電位を負極側にするか,または図 (b) のように正極側にするかによって,電池の他端の電位は異なる。

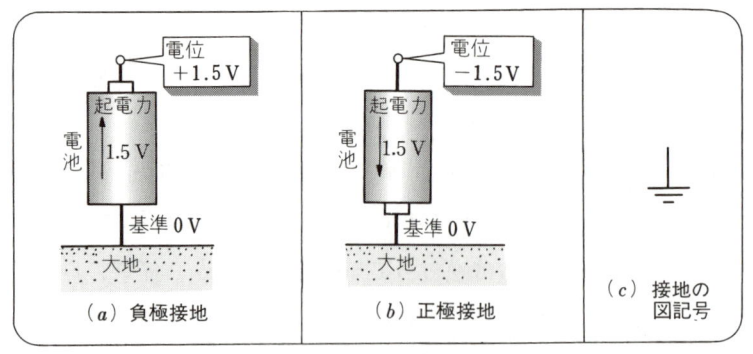

図 1.6　基準電位と電位の正・負

電気機器,電気器具,計測器などの一部を大地に導線でつないで,大地と同電位にすることを**接地** (earth) または**アース**という。図 (c) に接地の図記号を示す。

1.1.3　直流と交流

電池から流れる電流をオシロスコープ[†1]で観測すると,図 1.7 のように,その向きが一定で,時間が経過しても大きさが変化しない。こ

[†1]　波形観測装置の一つ。**6.2.10**項で学ぶ。

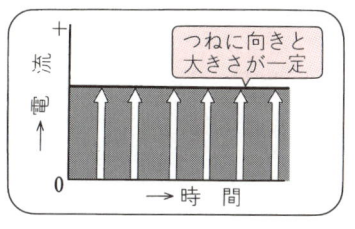
図 1.7 直　　流

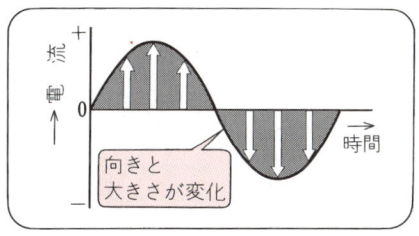
図 1.8 正弦波交流

のような電流を **直流**[†1] (direct current) という。

また，時間の経過とともに向きと大きさが周期的に変化する電流を **交流**[†2] (alternating current) という。

交流は波形によって分類されるが，図 1.8 のように，一般家庭，ビルディングおよび工場などに送られる電流をオシロスコープで観測すると，正弦曲線状に繰り返し変化していることがわかる。このような交流を **正弦波交流** (sinusoidal alternating current) という。

一般に交流が使用されるのは，変圧器[†3] により電圧を高くしたり低くしたりして，効率のよい電気エネルギーの輸送や利用ができること，さらに，扱いやすい回転機，いわゆる電動機の種類が豊富にあること，などの理由からである。

1.1.4　電気回路

図 1.9(a) のように，電池，スイッチ，電球を導線で接続し，スイッチを入れると，電流が流れ，電球は点灯する。このように，電流が流れる通路を **電気回路** (electric circuit) または単に **回路** (circuit) とい

[†1]　direct current を略して DC とも呼ばれる。

[†2]　alternating current を略して AC とも呼ばれ，起電力や電圧を含めていう場合が多い。

[†3]　2.3.5 項で学ぶ。

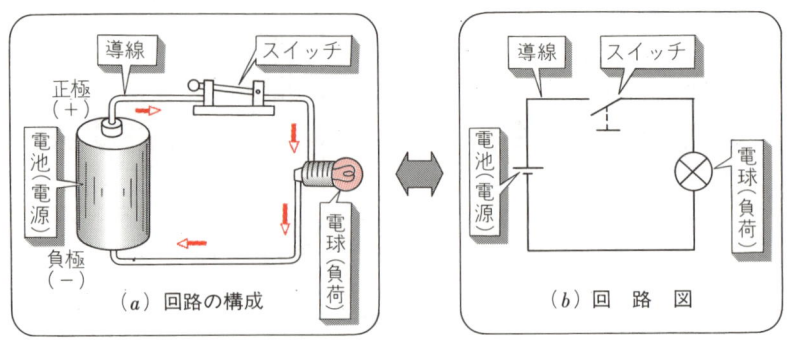

図 1.9 電気回路

う。

電池などのように，電流を供給し続けるものを 電源 (power source) という。また，電球などのように，電源から電流の供給を受けるものを 負荷 (load) という。

図(a)は，回路を実物に近い状態で図に表したもの[†1]であるが，回路が複雑になるほど作図がむずかしくなり，かえって回路の構成がわかりにくくなる。

そこで，一般には図(b)のように，回路を 図記号 で表すことが多い。これを，回路図 (circuit diagram) または 接続図 (connection diagram)，結線図 (connection diagram) という。

1.1.5　オームの法則

1 電圧，電流，抵抗の関係　　図 1.10 のように，導体の 2 点間に電圧を加えると電流が流れることは，すでに学んだとおりである。

[†1] 実体配線図という。

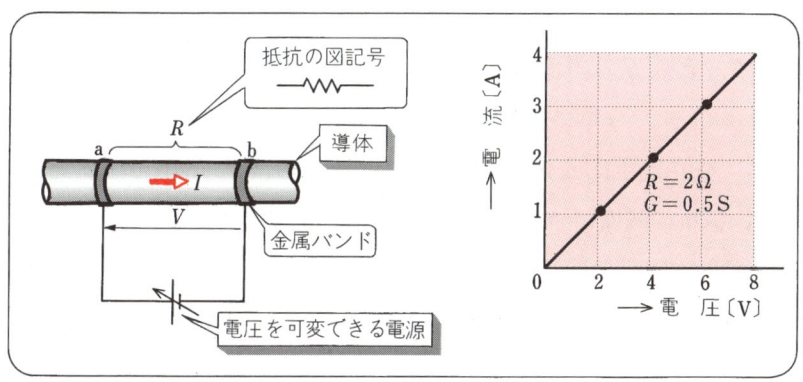

図 1.10 電圧と電流の関係[1]

電圧と電流との関係は，1826 年にオーム[2]によって発見され，実験でつぎのことが確かめられた。

"**導体に流れる電流は，導体の 2 点間の電圧に比例する。**"

これを，電圧 V〔V〕，電流 I〔A〕，比例定数 G として式で表すと，つぎのようになる。

$$I = GV \quad 〔A〕 \tag{1.2}$$

この関係を**オームの法則**（Ohm's law）という。この法則は時間に関係なく，また電源の起電力が変動しても成り立つ。

ここで，G は導体を流れる電流の流れやすさを表すもので，**コンダクタンス**（conductance）といい，単位には**ジーメンス**（siemens，単位記号 S）を用いる。

また，G の逆数を R と置くと，式(1.2)はつぎのように変形できる。

$$I = GV = \frac{V}{R} \quad 〔A〕 \tag{1.3}$$

---

[1] 抵抗器の図記号は，JIS C 0617-4：1997 に定められているが，本書では，広く慣用されている図記号を使用する。

[2] Georg Simon Ohm (1787～1854)，ドイツ人。この名は，抵抗，インピーダンスなどの単位に用いられている。

式 (1.3) から，電流は電圧に比例し，定数 R に反比例することがわかる。定数 R は電流の流れにくさを表すもので，**電気抵抗**（electric resistance）または単に**抵抗**（resistance）という。この単位には**オーム**（ohm，単位記号 Ω）を用いる。抵抗の図記号を図 1.10 に示す。電圧，電流，抵抗の関係はつぎのように表すこともできる。

$$V = RI \quad [\text{V}] \tag{1.4}$$

$$R = \frac{V}{I} \quad [\Omega] \tag{1.5}$$

例題 2.

抵抗が 50 Ω の負荷に 100 V の電圧を加えたとき，その負荷に流れる電流はいくらか。

解答 負荷に流れる電流 I [A] は

$$I = \frac{V}{R} = \frac{100}{50} = 2 \ [\text{A}]$$

問 2. 24 V の電圧を抵抗に加えたとき，6 mA の電流が流れた。この抵抗は何 [kΩ] か。

2 電圧計，電流計のつなぎ方　回路の電圧や電流を測定するには，電圧計や電流計を使う。これらの計器には直流用と交流用があるが，ここで学ぶ直流用のものは，端子に，正極または＋極と，負極または－極があるので，指針が逆振れしないように接続しなければならない。

電圧計は図 1.11 (a) のように，回路の測定しようとする部分の両端 a-b 間に接続するが，電位の高いほうの点 a に＋極端子，電位の低いほうの点 b に－極端子を接続する。また，電流計は測定しようとする部

1.1 電流と電圧

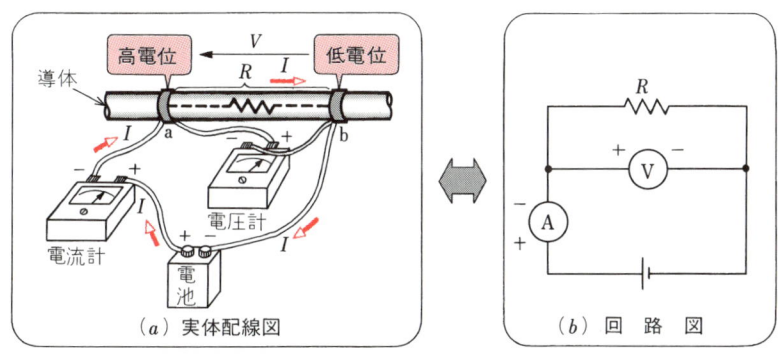

図 1.11 電圧計，電流計のつなぎ方

分の回路を切り離し，その間に接続するが，電流が流入するほうの導線を＋極端子，流出するほうの導線を－極端子に接続する。

図(b)は，図記号を用いて図(a)を描いた回路図である。

3 電圧降下 図 1.12 の回路において，抵抗 R〔Ω〕に電流 I〔A〕が流れると，オームの法則から抵抗 R の両端には RI〔V〕の電圧が生じる。

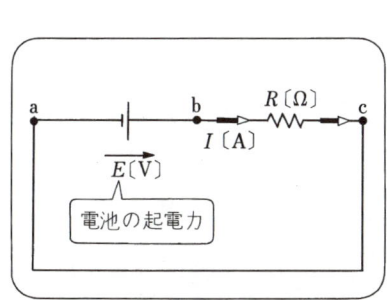

図 1.12 回路の抵抗に生じる電圧

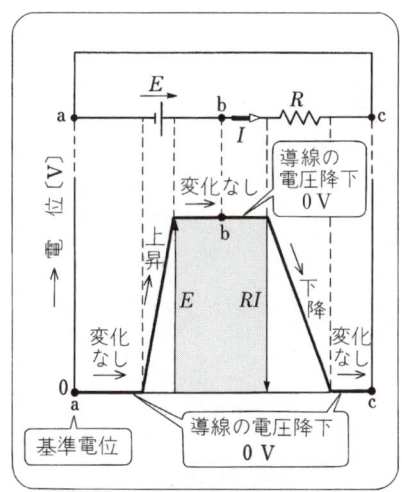

図 1.13 回路と各部の電位分布

いま，図 1.13 のように，点 a を基準電位 0 V として，各部の電位の分布を調べてみよう。

電流 I が抵抗 R の点 b から点 c に向かって流れるとき，電位は電流の向きに沿って下降し，点 c の電位は点 b の電位より RI だけ低くなる。

このように，抵抗に電流が流れるとき，流出する側の電位が，流入する側の電位より低下することを **電圧降下** (voltage drop) という。電圧降下の向きは電流と同じ向きである。

点 a から点 c までの電位の分布は，a–b 間で電位が電池の起電力 E〔V〕だけ上昇し，b–c 間で電位が電圧降下 RI〔V〕だけ下降するので，結局 a–c 間の電位差は 0 V になることがわかる。

そこで，電位が上昇する部分の電位差を正とし，逆に電位が下降する部分の電位差を負として，これらの電位差の関係を式で表すとつぎのようになる。

$$E - RI = 0$$
$$\therefore\ E = RI \tag{1.6}$$

問 3． 150 Ω の抵抗に 30 mA の電流が流れている。抵抗の両端に生じる電圧降下を求めなさい。

1.2 直流回路の計算

1.2.1 並列回路

図 1.14 のように，抵抗 $R_1, R_2, R_3, \cdots, R_n$ の2端子のうち，一方の端子をまとめ，さらに他方の端子をまとめて接続する方法を，抵抗の並列接続 (parallel connection) という。

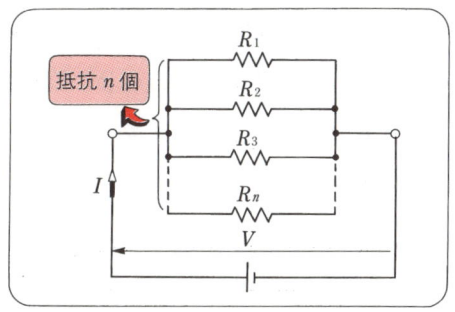

図 1.14　抵抗の並列接続

また，この接続でつくられた回路を並列回路 (parallel circuit) という。

1 **キルヒホッフの第1法則**　図 1.15 のように，電流 I_1 は回路の点 a に蓄えられずに，この点に流入する電流は，すべて各枝路へ電流 I_2, I_3, I_4 となって流出する。また，電流 I_5, I_6, I_7 は点 b に流入するが，このとき電流が増減したりせず，各電流は合流して電流 I_8 になって流出する。点 c についても同様になる。

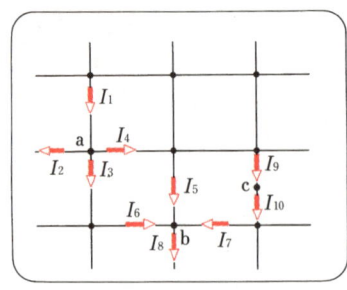

図 1.15 点 a, b, c における各電流の関係

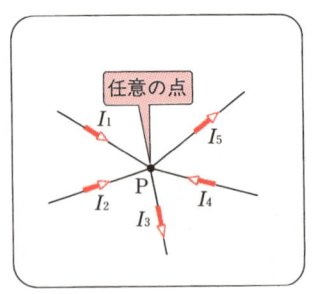

図 1.16 キルヒホッフの第 1 法則

一般に，"回路網†1中の任意の点に流入する電流の代数和は零である"ことが，1859 年にキルヒホッフ†2 によって見いだされた。これを**キルヒホッフの第 1 法則**（Kirchhoff's first law）または，電流に関する法則という。

例えば，図 1.16 において，回路の任意の点 P に流入する電流は I_1，I_2，I_4 で，流出する電流は I_3，I_5 である。この法則では，流出する電流は負の電流が流入していると考える。

したがって，式で表すとつぎのようになる。

$$I_1 + I_2 + (-I_3) + I_4 + (-I_5) = 0 \tag{1.7}$$

$$\therefore \quad I_1 + I_2 - I_3 + I_4 - I_5 = 0$$

式 (1.7) を変形すると

$$I_1 + I_2 + I_4 = I_3 + I_5 \tag{1.8}$$

となるので，第 1 法則は式 (1.8) から，**"回路網中の任意の点に流入する電流の総和は，流出する電流の総和に等しい"** といい換えることもできる。

なお，キルヒホッフの第 1 法則は，回路網中の任意の点で，どんな

---

†1　多くの電源や抵抗などが複雑に接続されている回路。
†2　Gustav Robert Kirchhoff（1824～1887），ドイツ人。

時刻でも，さらに電源の起電力が変動しても成り立つ。このことは，後で学ぶ第2法則についても同様である。

問 4. 図 1.17 の回路の接続点 a および接続点 c について，キルヒホッフの第1法則を用いて電流に関する式をつくりなさい。

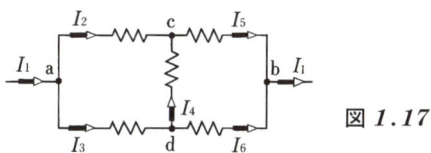

図 1.17

2 合成抵抗 図 1.18(a) のように，抵抗 R_1, R_2, R_3 〔Ω〕を並列接続すると，各抵抗には起電力 E 〔V〕と等しい電圧 V 〔V〕が現れるので，各抵抗に流れる電流 I_1, I_2, I_3 〔A〕については，オームの法則からつぎの式が成り立つ。

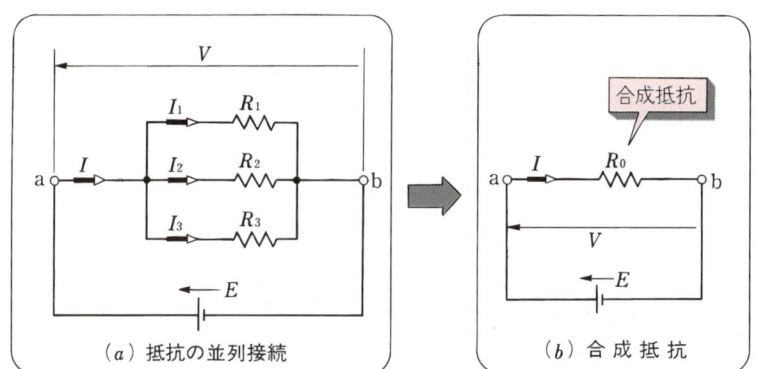

図 1.18 抵抗の並列接続とその合成抵抗

$$I_1 = \frac{V}{R_1} \text{〔A〕}, \quad I_2 = \frac{V}{R_2} \text{〔A〕}, \quad I_3 = \frac{V}{R_3} \text{〔A〕} \qquad (1.9)$$

各電流の関係は，キルヒホッフの第1法則からつぎのようになる。

$$I = I_1 + I_2 + I_3$$

$$= \frac{V}{R_1} + \frac{V}{R_2} + \frac{V}{R_3} = \left(\frac{1}{R_1} + \frac{1}{R_2} + \frac{1}{R_3}\right)V \quad [\mathrm{A}] \qquad (1.10)$$

いま，$\frac{1}{R_1} + \frac{1}{R_2} + \frac{1}{R_3} = \frac{1}{R_0}$ と置くと，式 (1.10) は

$$I = \frac{1}{R_0}V \quad [\mathrm{A}] \qquad (1.11)$$

となるから，抵抗 R_0 〔Ω〕はつぎの式で表される．

$$R_0 = \frac{V}{I} = \frac{1}{\dfrac{1}{R_1} + \dfrac{1}{R_2} + \dfrac{1}{R_3}} \quad [\Omega] \qquad (1.12)$$

この抵抗 R_0 は，図 (b) のように，いくつかの抵抗を一つにまとめたもので，同じ抵抗としての働きを持っている．このような抵抗を並列接続の **合成抵抗** (combined resistance) という．

抵抗 $R_1, R_2, R_3, \cdots, R_n$ 〔Ω〕を並列接続したときの合成抵抗は

$$R_0 = \frac{1}{\dfrac{1}{R_1} + \dfrac{1}{R_2} + \dfrac{1}{R_3} + \cdots + \dfrac{1}{R_n}} \quad [\Omega] \qquad (1.13)$$

となる．式 (1.13) から，**並列接続の合成抵抗は，各抵抗の逆数の和の逆数に等しい**[†1] ことがわかる．

特に，2個の抵抗 R_1 〔Ω〕および R_2 〔Ω〕が並列接続された場合には，合成抵抗 R_0 〔Ω〕は，つぎの $\dfrac{積}{和}$ のような式で表される．

$$R_0 = \frac{1}{\dfrac{1}{R_1} + \dfrac{1}{R_2}} = \frac{1}{\dfrac{R_2 + R_1}{R_1 R_2}} = \frac{R_1 R_2}{R_1 + R_2} \quad [\Omega] \qquad (1.14)$$

3 分流電流　図 1.18 の並列回路の各枝路に流れる電流の比

[†1] 抵抗の代わりにコンダクタンスで表すと

$$\frac{1}{R_0} = G_0, \ \frac{1}{R_1} = G_1, \ \frac{1}{R_2} = G_2, \ \frac{1}{R_3} = G_3, \cdots, \frac{1}{R_n} = G_n$$

から，並列回路のコンダクタンスすなわち合成コンダクタンス G_0 〔S〕は

$$G_0 = G_1 + G_2 + G_3 + \cdots + G_n \quad [\mathrm{S}]$$

となり，各コンダクタンスの和に等しいことがわかる．

は，式 (1.9) からつぎの式で表される。

$$I_1 : I_2 : I_3 = \frac{V}{R_1} : \frac{V}{R_2} : \frac{V}{R_3}$$

$$= \frac{1}{R_1} : \frac{1}{R_2} : \frac{1}{R_3} \quad (1.15)$$

となる。

したがって，"各枝路に流れる電流の比は，それぞれの枝路の抵抗の逆数の比に等しい" ことがわかる。

また，各枝路に流れる電流は図 1.19 のように，並列回路 a-b 間の端子電圧が未知の場合でも，全電流 I〔A〕がわかれば，合成抵抗 R_0〔Ω〕を用いてつぎの式で求められる。

$$I_1 = \frac{R_0}{R_1} I \ \text{〔A〕}, \ I_2 = \frac{R_0}{R_2} I \ \text{〔A〕}, \ I_3 = \frac{R_0}{R_3} I \ \text{〔A〕} \quad (1.16)$$

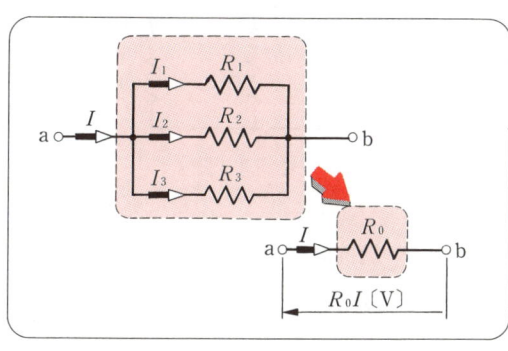

図 1.19　全電流 I から分流電流を求める方法

例題 $3.$

$2\,\Omega$，$3\,\Omega$，$6\,\Omega$ の抵抗を並列に接続し，この回路に $12\,\text{V}$ の電圧を加えたとき，合成抵抗，回路に流れる電流および各枝路に流れる電流を求めなさい。

解答　まず，回路の合成抵抗 R_0〔Ω〕は

$$R_0 = \frac{1}{\frac{1}{2}+\frac{1}{3}+\frac{1}{6}} = 1 \ [\Omega]$$

したがって，回路に流れる電流 I〔A〕は，オームの法則から

$$I = \frac{12}{1} = 12 \ [A]$$

つぎに，$2\,\Omega$，$3\,\Omega$，$6\,\Omega$ の抵抗に流れる電流をそれぞれ I_1，I_2，I_3〔A〕とすれば，三つの抵抗には同じ電圧 $12\,V$ が加わることから

$$I_1 = \frac{12}{2} = 6 \ [A], \quad I_2 = \frac{12}{3} = 4 \ [A], \quad I_3 = \frac{12}{6} = 2 \ [A]$$

問 5. 図 1.20 のように，$20\,\Omega$ と $30\,\Omega$ の抵抗が並列接続されたものに，$5\,A$ の電流が流れている。各枝路の電流 I_1，I_2 はいくらか。

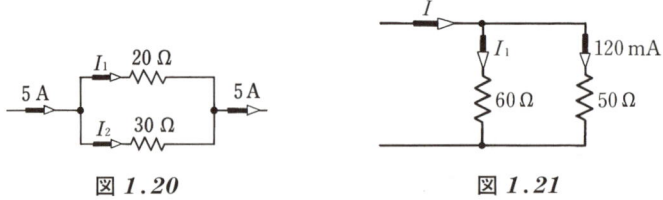

図 1.20　　　　　　　　図 1.21

問 6. 図 1.21 の回路で，$50\,\Omega$ の抵抗に $120\,mA$ の電流が流れるとき，枝路の電流 I_1〔mA〕および全電流 I〔mA〕を求めなさい。

1.2.2　直列回路

図 1.22 のように，抵抗 R_1，R_2，R_3，…，R_n を一列にして，たがいに隣り合った各抵抗の両端子を接続する方法を，抵抗の **直列接続** (series connection) という。

また，この接続でつくられた回路を **直列回路** (series circuit) という。

1 キルヒホッフの第2法則　　すでに学んだキルヒホッフの第

1.2 直流回路の計算

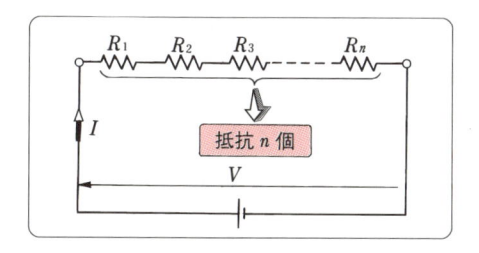

図 1.22 抵抗の直列接続

1法則が電流に関する法則であるのに対し，**キルヒホッフの第2法則**(Kirchhoff's second law) は電圧に関する法則である。この法則はつぎのように表される。

"回路網中の任意の閉じた回路において，起電力の代数和は電圧降下

電圧降下の符号
電流の向きとたどる向きが同じとき…正(+)
〔例〕$+R_1I_1$

起電力の符号
起電力の向きとたどる向きが逆のとき…負(−)
〔例〕$-E_2$

起電力の符号
起電力の向きとたどる向きが同じとき…正(+)
〔例〕$+E_1$

電圧降下の符号
電流の向きとたどる向きが逆のとき…負(−)
〔例〕$-R_3I_3$

(a) 閉じた回路①における起電力と電圧降下の符号

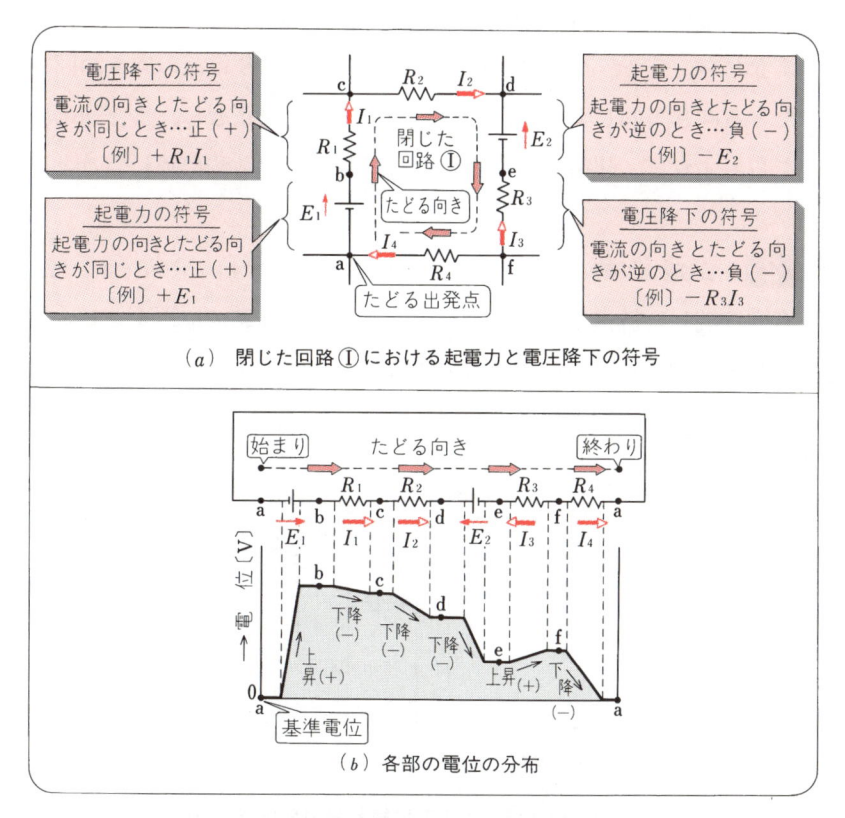

(b) 各部の電位の分布

図 1.23 閉じた回路①における電位の分布

の代数和に等しい。ただし，閉じた回路をたどる向きと同じ向きの起電力および電圧降下を正とし，反対向きのものを負とする。"

例えば，図 1.23(a) の閉じた回路 ① において，各部の電流が矢印の向きに流れているものとする。閉じた回路 ① の点 a を基準電位として，a→b→c→…→f→a の順にたどると，各部の電位の分布は図 (b) のようになる。点 a から電位は上昇，下降を繰り返しながら変化し，再び点 a にもどると 0 V になる。

これらを式で表すとつぎのようになる。

$$E_1 - R_1 I_1 - R_2 I_2 - E_2 + R_3 I_3 - R_4 I_4 = 0 \tag{1.17}$$

$$\therefore \quad E_1 - E_2 = R_1 I_1 + R_2 I_2 - R_3 I_3 + R_4 I_4 \tag{1.18}$$

すなわち，式 (1.17) において，起電力の向きや電流の向きが回路をたどる向きと同じ場合に，起電力，電圧降下を正とし，また逆の場合を負とすれば，起電力の代数和は電圧降下の代数和に等しいことがわかる。

2　合成抵抗　図 1.24(a) のように，抵抗 R_1, R_2, R_3〔Ω〕を直列接続し，抵抗の直列回路をつくる。この回路では，キルヒホッフの第1法則からどの点を通る電流も同じである。

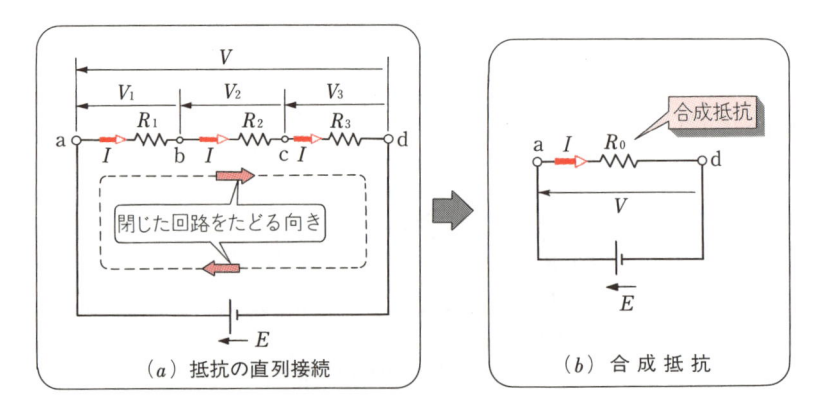

図 1.24　抵抗の直列接続とその合成抵抗

いま，閉じた回路とそのたどる向きを決め，これについてキルヒホッフの第2法則を用いると，つぎの式が成り立つ。

$$E = R_1 I + R_2 I + R_3 I \quad [\text{V}] \tag{1.19}$$

点 a-d 間の電圧 V [V] はその起電力 E [V] に等しいから，式(1.19)を整理すると

$$V = R_1 I + R_2 I + R_3 I = (R_1 + R_2 + R_3) I \quad [\text{V}]$$

となる。いま，$R_1 + R_2 + R_3 = R_0$ と置くと

$$V = R_0 I \quad [\text{V}]$$

$$\therefore \quad R_0 = \frac{V}{I} \quad [\Omega] \tag{1.20}$$

となる。

抵抗 R_0 [Ω] は，図(b)のように直列接続の合成抵抗である。

抵抗 $R_1, R_2, R_3, \cdots, R_n$ [Ω] を直列に接続したときの合成抵抗はつぎのようになる。

$$R_0 = R_1 + R_2 + R_3 + \cdots\cdots + R_n \quad [\Omega] \tag{1.21}$$

式(1.21)から，"直列接続の合成抵抗は，各抵抗の和に等しい"ことがわかる。

3 **抵抗による分圧** 図 1.24(a) の直列回路の抵抗 R_1, R_2, R_3 [Ω] に現れる電圧 V_1, V_2, V_3 [V] は，つぎのように表される。

$$V_1 = R_1 I \quad [\text{V}], \quad V_2 = R_2 I \quad [\text{V}], \quad V_3 = R_3 I \quad [\text{V}] \tag{1.22}$$

各抵抗に流れる電流は I [A] であるので，式(1.22)から

$$I = \frac{V_1}{R_1} = \frac{V_2}{R_2} = \frac{V_3}{R_3} \quad [\text{A}] \tag{1.23}$$

となる。これを電圧の比で表すと

$$V_1 : V_2 : V_3 = R_1 : R_2 : R_3 \tag{1.24}$$

となる。

24 1. 直流回路

したがって，各抵抗に分圧される電圧は，それぞれの抵抗に比例することになる。

問 7. 図 1.25 のように，3 Ω，4 Ω，5 Ω の抵抗を直列に接続し，その両端に 24 V の電圧を加えた。回路に流れる電流 I を求めなさい。また，各抵抗の両端に現れる電圧 V_1，V_2，V_3 はいくらか。

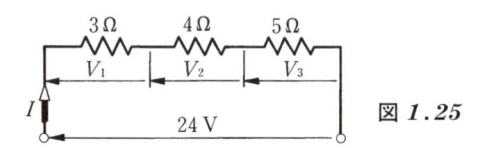

図 1.25

例題 4.

抵抗値が 0.5 Ω の導線 2 本を使って，起電力 12 V の電池を負荷抵抗 9 Ω に接続した。このとき，各導線の電圧降下および負荷の両端の電圧はいくらか。

解答 図 1.26 の閉じた回路について，キルヒホッフの第 2 法則を用いて電圧に関する式をたてると

$$12 = 0.5\,I + 9\,I + 0.5\,I$$

$$(0.5 + 9 + 0.5)\,I = 12$$

$$10\,I = 12$$

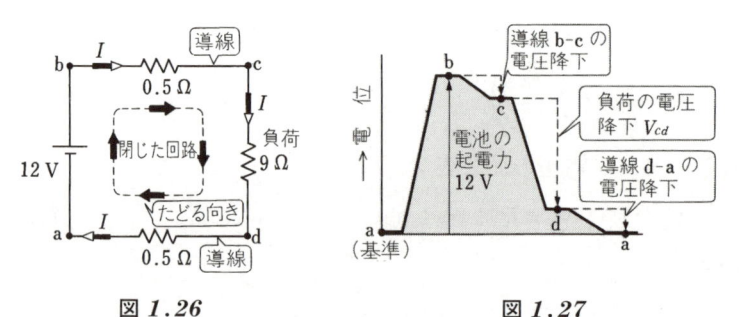

図 1.26

図 1.27

$$\therefore\ I = \frac{12}{10} = 1.2\,\text{[A]}$$

導線 b-c の電圧降下は

$$0.5 \times 1.2 = 0.6\,\text{[V]}$$

同様に，導線 d-a の電圧降下は

$$0.5 \times 1.2 = 0.6\,\text{[V]}$$

また，負荷の両端の電圧 V_{cd} は

$$V_{cd} = 9 \times 1.2 = 10.8\,\text{[V]}$$

または，図 1.27 における回路の電位の分布により，つぎのようにして求められる。

$$V_{cd} = 12 - 0.6 - 0.6 = 10.8\,\text{[V]}$$

1.2.3　直並列回路

抵抗の直列接続と並列接続を組み合わせた回路を，抵抗の**直並列回路** (series-parallel circuit) という。図 1.28 (a) のような回路の合成抵抗を求めるには，つぎの手順で行えばよい。

まず，抵抗 $R_2\,[\Omega]$ と $R_3\,[\Omega]$ の並列回路の合成抵抗 $R_{01}\,[\Omega]$ を求めると，つぎのようになる。

$$R_{01} = \frac{1}{\dfrac{1}{R_2} + \dfrac{1}{R_3}} = \frac{1}{\dfrac{R_3 + R_2}{R_2 R_3}} = \frac{R_2 R_3}{R_2 + R_3}\,[\Omega]$$

つぎに，図 (b) のように，抵抗 R_1 と合成抵抗 R_{01} の直列接続の合成抵抗が，図 (c) の $R_{02}\,[\Omega]$ とすればつぎのようになる。

$$R_{02} = R_1 + R_{01} = R_1 + \frac{R_2 R_3}{R_2 + R_3}\,[\Omega] \qquad (1.25)$$

26   1. 直 流 回 路

(a) 図: I, R_1, b, R_2, R_3 並列, c, a, V

(b) R_2, R_3 の並列接続の合成抵抗 R_{01}

(c) R_1, R_{01} の直列接続の合成抵抗 R_{02}

図 1.28　抵抗の直並列回路

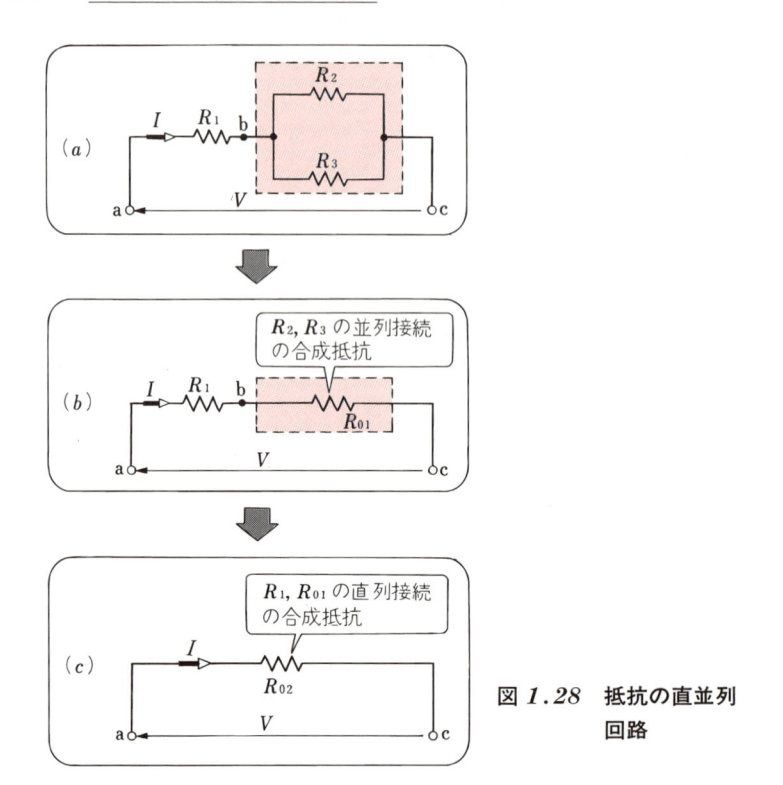

問 8. 図 1.29 の回路において，回路に流れる電流 I および b-c 間の電圧 V を求めなさい。

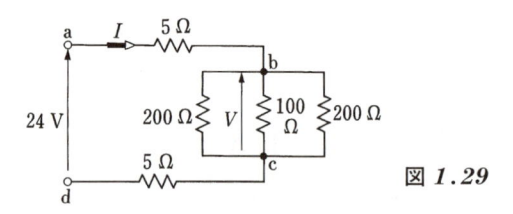

図 1.29: 24 V，5 Ω，200 Ω，100 Ω，200 Ω，5 Ω

1.2.4　応　用　回　路

1　**ホイートストンブリッジ**　図 1.30 のように，2 個の抵抗 R_1, R_3 および R_2, R_4 をそれぞれ直列に接続したものを，さらに並列に接続する。この二つの枝路を検流計[†1]で橋渡しをした回路を**ホイートストンブリッジ**[†2]（Wheatstone bridge）という。ホイートストンブリッジは，抵抗値が 10^{-2}～10^6 Ω 程度の精密な抵抗測定に広く用いられている。

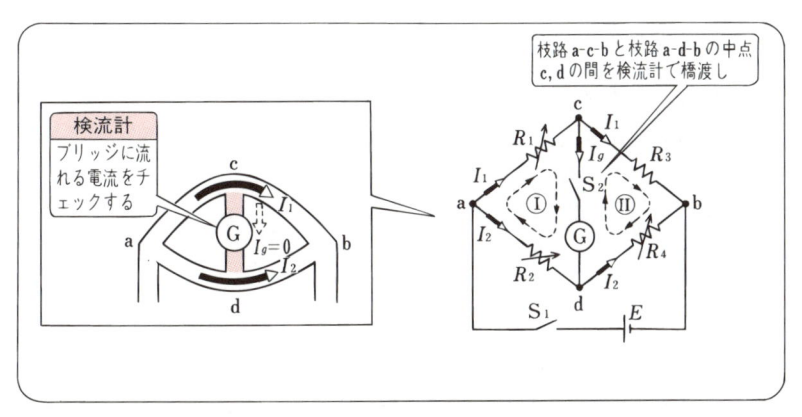

図 1.30　ホイートストンブリッジ[†3]

いま，各抵抗 R_1, R_2, R_4 を調整し，検流計 G の指針の振れを零にすると，c-d 間の電位差は零になる。このような状態をブリッジが**平衡**（balance）したという。

このとき，検流計 G に流れる電流 I_g は零であるから，キルヒホッフの第 1 法則により，抵抗 R_1 に流れる電流 I_1 は抵抗 R_3 にそのまま流

[†1]　微小な電流を検出できる電流計で，目盛は零中心形となっている。
[†2]　ホイートストン（Sir Charles Wheatstone，1802～1875，イギリス人）によって考案された。
[†3]　可変抵抗器の図記号は，JIS C 0617-4：1997 に定められているが，本書では，広く慣用されている図記号を使用する。

れる。同様に，抵抗 R_4 に流れる電流は，抵抗 R_2 に流れる電流 I_2 に等しい。

そこで，閉じた回路 ① および閉じた回路 ⑪ について，検流計のコイルの抵抗を r とし，キルヒホッフの第2法則により式をたてると，つぎのようになる。

$$R_1 I_1 + r \times 0 - R_2 I_2 = 0 \tag{1.26}$$

$$R_3 I_1 - r \times 0 - R_4 I_2 = 0 \tag{1.27}$$

式 (1.26)，(1.27) を整理すると，つぎのようになる。

$$R_1 I_1 = R_2 I_2 \tag{1.28}$$

$$R_3 I_1 = R_4 I_2 \tag{1.29}$$

式 (1.28) の各辺を式 (1.29) の各辺で割れば

$$\frac{R_1}{R_3} = \frac{R_2}{R_4} \quad \text{または} \quad R_1 R_4 = R_2 R_3 \tag{1.30}$$

となる。

式 (1.30) は，このブリッジ回路の平衡条件を示す式である。

式 (1.30) で，抵抗 R_1，R_2，R_4 の値が決まると，抵抗 R_3 を未知抵抗とすれば，未知抵抗は式 (1.30) を変形したつぎの式で求められる。

$$R_3 = \frac{R_1}{R_2} R_4 \tag{1.31}$$

ここで，ホイートストンブリッジによる抵抗測定のように，既知量を調整して検流計に流れる電流を零にし，このときの既知量から未知量を求める方法を **零位法**(れいいほう) (zero method) という。

また，電圧計や電流計のような計器の指示値から測定値を求める方法を **偏位法** (deflection method) という。

例題 5．

図 1.31 の回路において，3 辺の抵抗が図示のような値のとき，つぎの問に答えなさい。

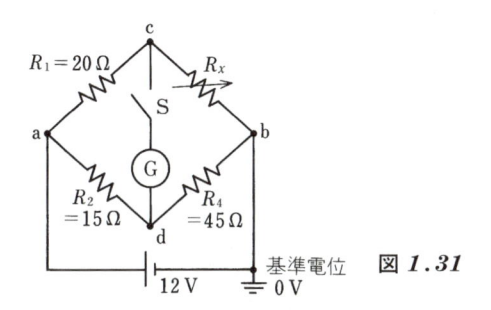

図 1.31

(1) スイッチ S を切った状態で可変抵抗 R_x の値が $80\,\Omega$ のとき，点 c，点 d の電位および c-d 間の電位差を求めなさい。

(2) スイッチ S を入れ，可変抵抗 R_x を変化させたとき，検流計の振れが零になった。このときの R_x の値は何〔Ω〕か。

解答 (1) 枝路 acb に流れる電流 I_1 は

$$I_1 = \frac{12}{20+80} = 0.12 \,[\text{A}]$$

点 b の電位は $0\,\text{V}$ で，これより $R_x I_1$〔V〕だけ電位が上昇して点 c の電位 V_c が生じるから V_c は

$$V_c = R_x I_1 = 80 \times 0.12 = 9.6 \,[\text{V}]$$

同様にして，点 d の電位 V_d は枝路 adb に流れる電流

$$I_2 = \frac{12}{15+45} = 0.2 \,[\text{A}]$$

から

$$V_d = R_4 I_2 = 45 \times 0.2 = 9 \,[\text{V}]$$

したがって，c-d 間の電位差 V_{cd} は

$$V_{cd} = V_c - V_d = 9.6 - 9 = 0.6 \,[\text{V}]$$

30　　1. 直流回路

(2) 平衡条件 $20 \times 45 = 15 \times R_x$ から

$$R_x = \frac{20 \times 45}{15} = 60 \, [\Omega]$$

2 **二つ以上の起電力を含む回路**　二つ以上の起電力を含んだ回路において，各部の電流，電圧および抵抗を求める方法にはいろいろあるが，ここではキルヒホッフの法則による解法，重ね合わせの理による解法およびテブナンの定理による解法を取り上げる。

(a) キルヒホッフの法則による解法　この法則はすでに **1.2** 節「直流回路の計算」のところで学んだので，例題を実際に解いて理解を深めよう。

例題 6.

図 1.32 の回路において，キルヒホッフの法則から各抵抗に流れる電流およびその向きを求めなさい。

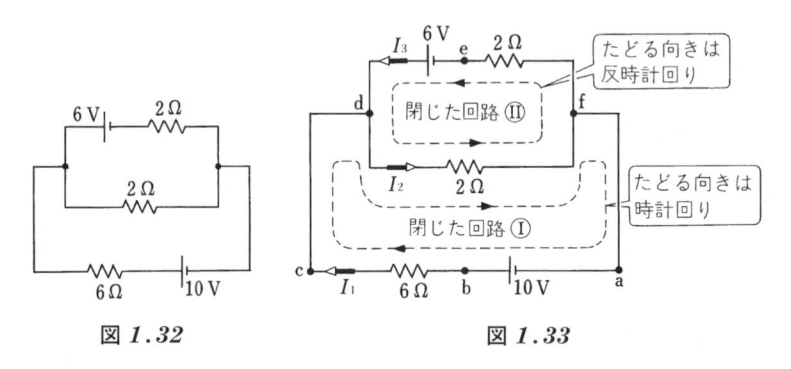

図 1.32

図 1.33

[解答]　図 1.33 のように，各抵抗に流れる電流を I_1, I_2, I_3 [A]とする。未知数は I_1, I_2, I_3 の三つである。したがって，三つの方程式からなる連立方程式をたて，これを解けば I_1, I_2, I_3 が求められる。

① 図 1.33 の矢印のように，電流 I_1, I_2, I_3 の正の向きを仮定する。も

し，方程式の解が負の値になったときには，実際に流れる電流の向きは仮定した向きと逆である。

② 第1法則を用いて，接続点dについて電流に関する方程式をたてる。
$$I_1 - I_2 + I_3 = 0 \tag{1}$$

③ 第2法則を用いて，起電力，電圧に関する方程式を二つたてる。このためには，閉じた回路 ① および ⑪ をつくり，たどる向きを決める。

閉じた回路 ① では，点aから矢印の向きに a→b→c→d→f→a とたどると
$$10 = 6I_1 + 2I_2 \tag{2}$$

閉じた回路 ⑪ では，点eから e→d→f→e とたどると
$$6 = 2I_2 + 2I_3 \tag{3}$$

④ 3元連立1次方程式 (1), (2), (3) を解く。

まず，式 (1) を変形した $I_3 = -I_1 + I_2$ を式 (3) に代入して整理すると
$$6 = 2I_2 + 2(-I_1 + I_2) = -2I_1 + 4I_2 \tag{4}$$

式 (2) の両辺を2倍する。
$$20 = 12I_1 + 4I_2 \tag{5}$$

式 (5) から式 (4) を引いて I_2 を消去する。
$$14 = 14I_1 \quad \therefore \quad I_1 = \frac{14}{14} = 1 \,〔\text{A}〕$$

$I_1 = 1$ を式 (2) に代入する。
$$10 = 6 \times 1 + 2I_2 \quad \therefore \quad I_2 = \frac{10-6}{2} = 2 \,〔\text{A}〕$$

$I_1 = 1$, $I_2 = 2$ を式 (1) に代入する。
$$1 - 2 + I_3 = 0 \quad \therefore \quad I_3 = 1 \,〔\text{A}〕$$

したがって，$I_1 = 1$ A，$I_2 = 2$ A，$I_3 = 1$ A であり，各電流の向きは仮定した向きと同じである。

(b) 重ね合わせの理による解法　キルヒホッフの法則では，連立方程式などを利用して解かなければならない。しかしここで取り上げる方法は，オームの法則による直列・並列・直並列接続の回路計算で解くことができるので理解しやすい。

"回路網中に二つ以上の起電力を含む場合，各枝路に流れる電流は，個々の起電力が単独にあり，他の起電力は取り除いてそこを短絡[†1]したときに，その枝路に流れる電流の代数和に等しい。"これを**重ね合わせの理**（principle of superposition）という。

図1.34(a)の回路において，具体的に抵抗 R〔Ω〕に流れる電流 I〔A〕を求めてみよう。

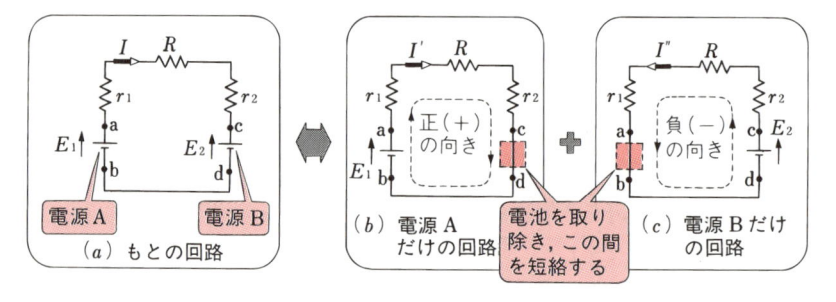

図1.34　重ね合わせの理

まず，図(b)のように，電源Bを取り除いてc-d間を短絡し，電源Aだけの回路をつくる。この場合，抵抗 R に流れる電流 I'〔A〕は，起電力および電流の正の向きを時計回りとすると

$$I' = \frac{E_1}{r_1 + r_2 + R} \text{〔A〕}$$

となる。

つぎに，図(c)のように電源Aを取り除いてa-b間を短絡し，電源

[†1] 抵抗 0Ω の導線を端子間につなぐことをいい，ショート (short) ともいう。実際上は，抵抗がほぼ 0Ω の導線といい換えてもよい。

Bだけの回路をつくる。この場合，抵抗 R に流れる電流 I'' 〔A〕は

$$I'' = \frac{E_2}{r_1 + r_2 + R} \quad 〔A〕$$

となる。

ここで，電流 I の向きを正とすると，電流 I' はこれと向きが一致するから正，電流 I'' は逆向きであるから負として，I' と I'' を合成する。

したがって，求める電流 I はつぎの式で表される。

$$I = I' + (-I'') = \frac{E_1}{r_1 + r_2 + R} - \frac{E_2}{r_1 + r_2 + R}$$

$$= \frac{E_1 - E_2}{r_1 + r_2 + R} \quad 〔A〕$$

なお，重ね合わせの理は電圧の計算にも適用できる。

例 題 7.

図 1.35 の回路において，重ね合わせの理から各抵抗に流れる電流 I_1, I_2 および I_3〔A〕を求めなさい。

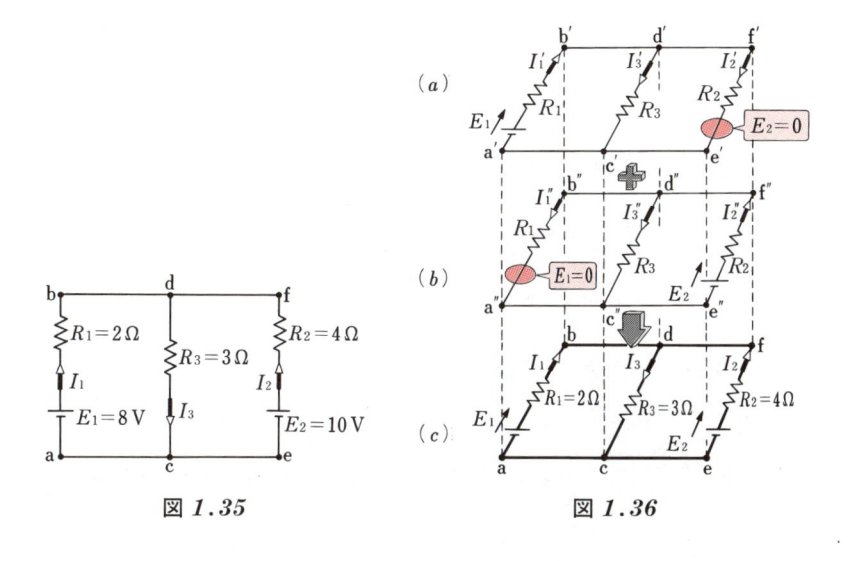

図 1.35

図 1.36

解答 まず，図 $1.36(a)$ のように，起電力 $E_2=0$ とすると，起電力 E_1 だけの直並列回路となるので，各部の電流 I_1', I_2', I_3' 〔A〕は簡単に求められる。

$$I_1' = \frac{E_1}{R_1 + \dfrac{R_2 R_3}{R_2 + R_3}} = \frac{8}{2 + \dfrac{4 \times 3}{4 + 3}} = \frac{8}{\dfrac{26}{7}} = 8 \times \frac{7}{26} = \frac{28}{13} \text{ 〔A〕}$$

$$I_2' = I_1' \times \frac{R_3}{R_2 + R_3} = \frac{28}{13} \times \frac{3}{4+3} = \frac{12}{13} \text{ 〔A〕}$$

$$I_3' = I_1' \times \frac{R_2}{R_2 + R_3} = \frac{28}{13} \times \frac{4}{4+3} = \frac{16}{13} \text{ 〔A〕}$$

つぎに，図 (b) のように起電力 $E_1=0$ とすると，起電力 E_2 だけの直並列回路における各部の電流 I_2'', I_1'', I_3'' 〔A〕は

$$I_2'' = \frac{E_2}{R_2 + \dfrac{R_1 R_3}{R_1 + R_3}} = \frac{10}{4 + \dfrac{2 \times 3}{2 + 3}} = \frac{25}{13} \text{ 〔A〕}$$

$$I_1'' = I_2'' \times \frac{R_3}{R_1 + R_3} = \frac{25}{13} \times \frac{3}{2+3} = \frac{15}{13} \text{ 〔A〕}$$

$$I_3'' = I_2'' \times \frac{R_1}{R_1 + R_3} = \frac{25}{13} \times \frac{2}{2+3} = \frac{10}{13} \text{ 〔A〕}$$

したがって，図 1.35 の回路の電流 I_1, I_2, I_3 の向きを正とし，図 (c) のように，これらの電流を各分枝で重ね合わせるとつぎのようになる。

$$I_1 = I_1' + (-I_1'') = \frac{28}{13} + \left(-\frac{15}{13}\right) = 1 \text{ 〔A〕}$$

$$I_2 = (-I_2') + I_2'' = -\frac{12}{13} + \frac{25}{13} = 1 \text{ 〔A〕}$$

$$I_3 = I_3' + I_3'' = \frac{16}{13} + \frac{10}{13} = 2 \text{ 〔A〕}$$

（c） テブナンの定理による解法　図 $1.37(a)$ のように，まず，起電力を含んだ回路において，端子 a–b 間の電圧を V_{ab} 〔V〕とする。つぎに，図 (b) のように，回路中の電源を取り去ってその両端を短

1.2 直流回路の計算

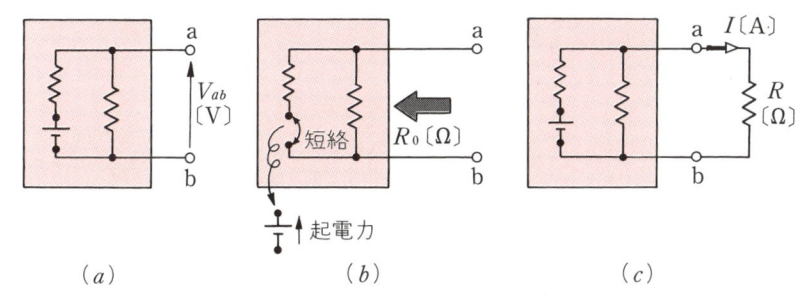

図1.37 テブナンの定理

絡したとき，端子a-b間から見た回路の抵抗を R_0 〔Ω〕とする。

いま，図(c)のように，端子a-b間に抵抗 R 〔Ω〕を接続すると，抵抗 R に流れる電流 I 〔A〕はつぎの式で表される。

$$I=\frac{V_{ab}}{R_0+R} \ \text{〔A〕} \tag{1.32}$$

これを，**テブナンの定理**（Thévenin's theorem）という。

例題 8.

図1.35の回路において，電流 I_3 〔A〕をテブナンの定理で求めなさい。

解答 図1.38(a)により，端子a-b間の電圧 V_{ab} 〔V〕は

$$I_0=\frac{10-8}{2+4}=\frac{1}{3} \ \text{〔A〕}$$

から

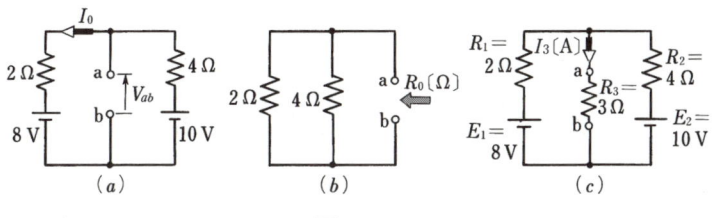

図1.38

$$V_{ab} = 10 - 4 \times \frac{1}{3} = \frac{26}{3} \ [\text{V}]$$

また,図(b) から,端子 a–b 間の抵抗 R_0 〔Ω〕は

$$R_0 = \frac{2 \times 4}{2+4} = \frac{4}{3} \ [\Omega]$$

したがって,端子 a–b 間に抵抗 R_3 を接続すると,この抵抗 R_3 に流れる電流 I_3 〔A〕は,式 (1.32) からつぎのようになる。

$$I_3 = \frac{\frac{26}{3}}{\frac{4}{3}+3} = \frac{\frac{26}{3}}{\frac{13}{3}} = 2 \ [\text{A}]$$

1.3 抵抗の性質

1.3.1　抵抗率と導電率

　一定温度,同一材質の導体どうしでも,断面積や長さによって抵抗は異なる。いま,図 $1.39(a)$ のように,長さ l 〔m〕の導体に電圧 V 〔V〕を加えると電流 I 〔A〕が流れる。このときの導体両端の抵抗を R 〔Ω〕とする。

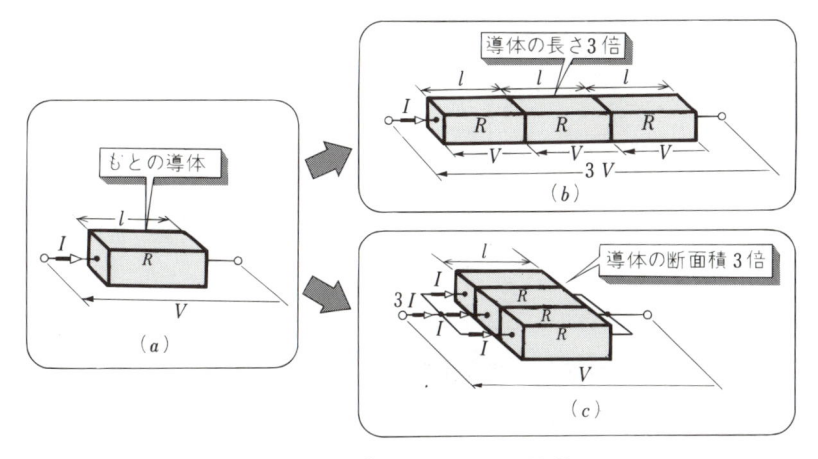

図 1.39　導体の形状と抵抗

　そこで,図 (b) のように,3本の導体を電流を流す向きに直列に接続して,長さ $3l$ 〔m〕の導体にする。これに電流 I 〔A〕を流すと,この導体の両端の電圧は $3V$ 〔V〕になる。電流が一定で,電圧が3倍に

なるから，抵抗は $3R$〔Ω〕に増加したことになる。

また，図(c)のように3本の導体を並列に接続して，これらの両端に電圧 V〔V〕を加えると，電流は $3I$〔A〕に増加するから，抵抗は $\dfrac{R}{3}$〔Ω〕に減少したことになる。

これを整理するとつぎのようになる。

"抵抗は導体の長さに比例し，断面積に反比例する。"

図 1.40 のように，長さ l〔m〕，断面積 A〔m²〕の導体の抵抗 R〔Ω〕は，比例定数を ρ（ロー）とすると，つぎの式で表される。

$$R = \rho \frac{l}{A} \quad 〔Ω〕 \tag{1.33}$$

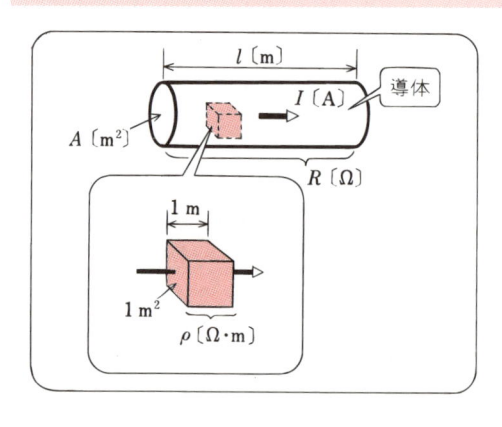

図 1.40　抵 抗 率

ρ は導体の材質によって決まる値で，長さ1m，断面積1m²の導体の抵抗を表す。これを導体の **抵抗率** (resistivity) という。単位には **オームメートル** (ohm meter，単位記号 Ω·m) を用いる[†1]。

また，抵抗率の逆数を **導電率** (electric conductivity) といい，これを σ（シグマ）で表す。単位には **ジーメンス毎メートル** (siemens per meter，単位記号 S/m) を用いる。

[†1] 電線のようにきわめて細長い形状のものは，長さを〔m〕，断面積を〔mm²〕で表し，単位には〔Ω·mm²/m〕を用いることが多い。

抵抗率 ρ と導電率 σ との関係はつぎの式で表される。

$$\sigma = \frac{1}{\rho} \quad [\text{S/m}] \tag{1.34}$$

表 1.2 は，おもな金属の抵抗率を示したものである。電線やケーブル[†1]などの導体には，銅やアルミニウムが多く用いられている。

表 1.2　おもな金属の抵抗率

金属	抵抗率 $\rho [\Omega \cdot \text{m}] \times 10^{-8}$	
	0 ℃	100 ℃
銀	1.47	2.08
銅	1.55	2.23
金	2.05	2.88
アルミニウム	2.50	3.55
タングステン	4.9	7.3
亜鉛	5.5	7.8
鉄(純)	8.9	14.7
白金	9.81	13.6
鉛	19.2	27
ニクロム	107.3	108.3

（理科年表 2000 年版）

例題 9.

直径 1.6 mm，長さ 100 m の銅線の抵抗はいくらか。ここに，線材の銅の抵抗率を 1.72×10^{-8} $\Omega \cdot$m とする。

解答　直径 $1.6 \text{ mm} = 1.6 \times 10^{-3}$ m であるから，銅線の断面積 A [m²] は

$$A = \pi \times \left(\frac{1.6 \times 10^{-3}}{2}\right)^2 = \frac{\pi \times 1.6^2}{4} \times 10^{-6} = 2.01 \times 10^{-6} \; [\text{m}^2]$$

[†1] 絶縁物で被覆した電線を複数本集め，その周囲をポリエチレン，鉛などで外装したもの。

したがって，長さ 100 m の銅線の抵抗 R は

$$R = \rho \frac{l}{A} = 1.72 \times 10^{-8} \times \frac{100}{2.01 \times 10^{-6}} = 0.856 \, [\Omega]$$

1.3.2 抵抗の温度係数

図 1.41 のように，銅，アルミニウムなどの金属導体は，温度が上昇すると抵抗が増加する。一方，炭素，半導体，絶縁物および電解液[†1]などは，温度が上昇すると，抵抗が減少する性質を持っている。

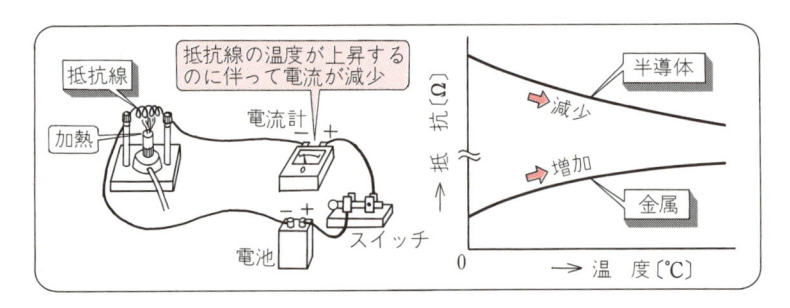

図 1.41　温度による物質の抵抗の変化

純粋な金属は温度による抵抗の変化が大きいが，合金は小さい。

合金のうち，特にマンガニン[†2]やコンスタンタン[†3]などは，温度の変化によって抵抗がほとんど変わらないので，抵抗器の抵抗線として使用される。抵抗器については $1.3.3$ 項「抵抗器」で学ぶ。

物質の温度が 1℃ 上昇したとき，抵抗の変化する割合を **抵抗の温度係数** といい，量記号に α（アルファ），単位記号に $[℃^{-1}]$ を用いる。

例えば，図 1.42 のように，20℃ のときの抵抗が $R_{20}\,[\Omega]$ で 1℃ 上

[†1] 食塩水，希硫酸などのように電流が流れやすい水溶液。55 ページで学ぶ。
[†2] Cu：84 %，Ni：4 %，Mn：12 % の合金。
[†3] Cu：60 %，Ni：40 % の合金。

表 1.3　おもな金属の温度係数

金　属	平均温度係数 $\alpha_{0,100} \times 10^{-3}$ [°C^{-1}]
銀	4.2
銅	4.4
金	4.1
アルミニウム	4.2
タングステン	4.9
亜　　鉛	4.2
鉄(純)	6.5
白　　金	3.9
鉛	4.1
ニクロム	0.1

(理科年表 2000 年版)

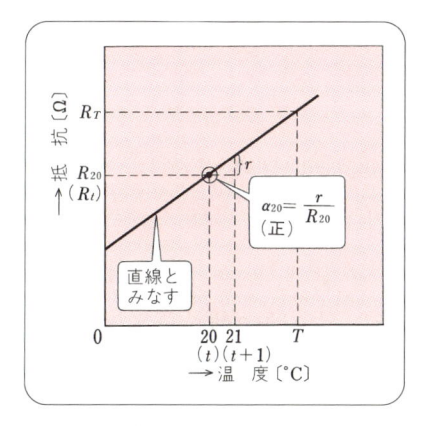

図 1.42　温度 20°C における温度係数

昇したとき，抵抗が r [Ω] 増加したとすれば，20°C における抵抗の温度係数 α_{20} [°C^{-1}] はつぎの式で表される。

$$\alpha_{20} = \frac{r}{R_{20}} \quad [\text{°C}^{-1}] \tag{1.35}$$

温度上昇により抵抗が増加する物質の温度係数は正となり，温度上昇により抵抗が減少する物質の温度係数は負となる。

一般に，物質の温度が t [°C] のとき，物質の抵抗 R_t [Ω] とその温度における温度係数 α_t [°C^{-1}] がわかれば，T [°C] のときの抵抗 R_T [Ω] はつぎの式で求められる。

$$R_T = R_t \{1 + \alpha_t (T - t)\} \quad [\Omega] \tag{1.36}$$

各金属の 0～100°C の温度係数の平均値[†1]を，表 1.3 に示す。

[†1] 温度係数の値は同一物質でも温度によって異なるので，ここでは 0～100°C の間で平均した値を示す。$\alpha_{0,100} = \dfrac{\rho_{100} - \rho_0}{100\,\rho_0}$。ここに，$\rho_0$ は 0°C における抵抗率，ρ_{100} は 100°C における抵抗率である。

1.3.3　抵　抗　器

回路の電流を調整するためにつくられた素子または装置を抵抗器 (resistor) という。抵抗器に使用される抵抗体の材料としては，① 抵抗率が大きいこと，② 抵抗の温度係数が小さいこと，③ 耐久性に優れていることなどの条件がそろっていることが望ましい。この条件をほぼ備えたマンガニン線，コンスタンタン線などの金属線や炭素皮膜などの材料が使用される。

抵抗器は用途によって，回路素子用，精密測定用，電流調整用に分けられる。また，抵抗器には抵抗値が一定の固定抵抗器 (fixed resistor) と抵抗値を変えることができる可変抵抗器 (variable resistor) がある。

1 固定抵抗器　図 1.43 はおもな固定抵抗器を示している。図 (a) は，磁器でできた絶縁物にマンガニン線などの抵抗線を巻いた巻線抵抗器 (wire wound resistor) である。

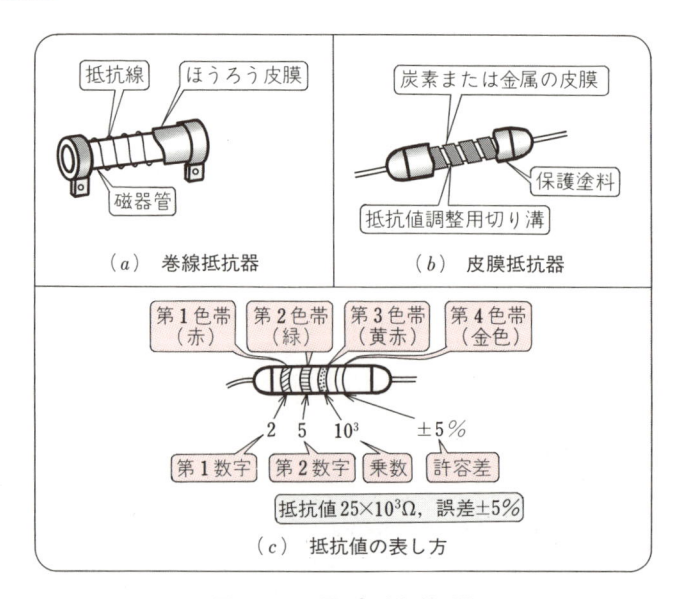

(a) 巻線抵抗器　　(b) 皮膜抵抗器

(c) 抵抗値の表し方

第1色帯(赤)　第2色帯(緑)　第3色帯(黄赤)　第4色帯(金色)
2　5　10^3　±5%
第1数字　第2数字　乗数　許容差
抵抗値 $25×10^3 Ω$，誤差 ±5%

図 1.43　固　定　抵　抗　器

また，図 (b) のように，磁器の表面に炭素や金属の薄い膜を付着させ，この膜にらせん状の切り溝をつくる。この切り溝を多くすれば，皮膜の断面積が小さくなり，長さは長くなるから抵抗値は増加する。逆に，切り溝を少なくすると抵抗値は減少する。

　このような抵抗器を **皮膜抵抗器** (film resistor) というが，炭素の皮膜を用いたものを **炭素皮膜抵抗器** (carbon-film resistor)，金属の膜を用いたものを **金属皮膜抵抗器** (metal film resistor) という。皮膜抵抗器は，回路素子として小形にできているため，図 (c) のように，**色表示** すなわち **カラーコード** [†1] (color code) で抵抗値を表すことが多い。

2　可変抵抗器　　図 1.44 は，おもな可変抵抗器を示している。図 (a) は，炭素皮膜上を接触子で滑らせ，端子 1, 2 間または 2, 3 間の抵抗値を変えるものである。これを **滑り皮膜抵抗器** といい，電子機器，音響機器などの部品に用いられる。

　図 (b) のように，円筒状磁器にマンガニン線などを巻き，その上に接触子を滑らすことによって抵抗値を変えるようにしたものを **滑り抵抗器** (slide rheostat) という。これは回路の電圧や電流の調整に用いられる。

　また，図 (c) は，ダイヤルにより必要な抵抗値に組み合わせることができる。これを **ダイヤル形抵抗器** といい，測定用として広く用いられる。

[†1] カラーコード表はつぎのとおりである。

(JIS C 5062-1997)

色	黒	茶色	赤	黄赤	黄	緑	青	紫	灰色	白	金色	銀色	無色
第 1・2 色帯	0	1	2	3	4	5	6	7	8	9			
第 3 色帯	10^0	10^1	10^2	10^3	10^4	10^5	10^6	10^7	10^8	10^9	10^{-1}	10^{-2}	
第 4 色帯		$\pm 1\%$	$\pm 2\%$						$\pm 5\%$	$\pm 10\%$			$\pm 20\%$

1. 直流回路

（a）炭素皮膜可変抵抗器

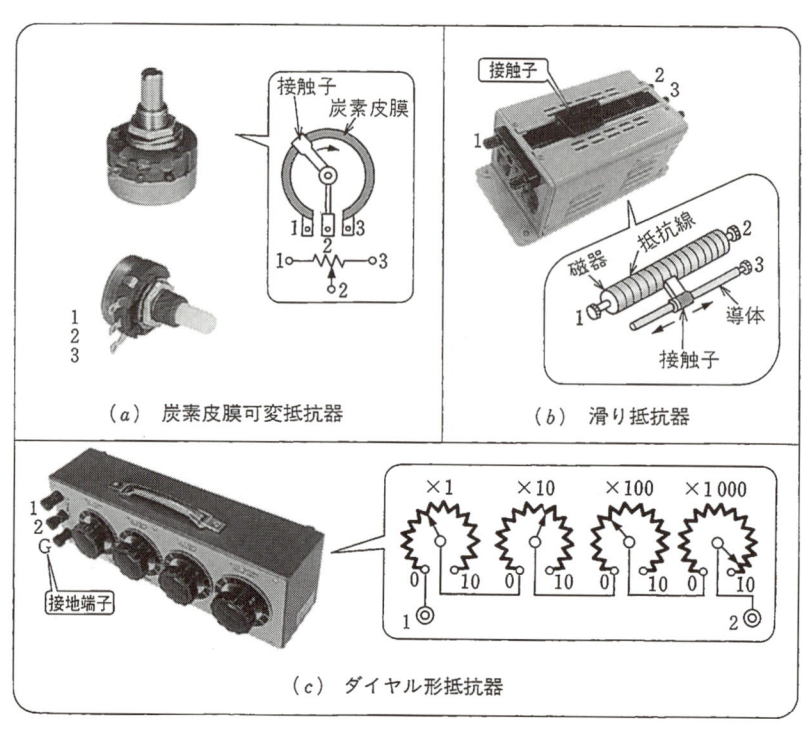

（b）滑り抵抗器

（c）ダイヤル形抵抗器

図 1.44　可変抵抗器

3　抵抗器の定格値　　抵抗器の銘板[†1]（name plate）や本体表面には，電流や電力の値が表示されている。これは，抵抗器を使用すると電流が流れ発熱し，この発熱がある限度を超えると抵抗器は焼損するため，安全に使用できる電流または電力[†2]の許容値を定め表示している。これらの値を **定格値** （rated value）という。

[†1]　電気機器の本体に取り付けられた表示板で，これには，定格値をはじめ，製造年月日，製造所，製造番号などが記載されている。

[†2]　電力は，*1.4.5*項で学ぶ。

1.4 電流のいろいろな作用

1.4.1 電流の3作用

電流による作用にはつぎの三つがある。

1 発熱作用　抵抗に電流が流れると熱が生じる。図 1.45 は，この発熱作用の応用例を示したものである。電気ポットの底部に電熱線を置き，これに電流を流すと電熱線から熱が発生し，湯が沸くしくみになっている。

図 1.45　電気ポット

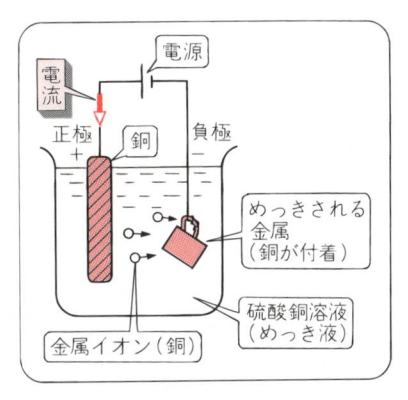

図 1.46　電気めっき

2 化学作用　食塩水や硫酸銅溶液などの電解液に電流が流れると，電気分解や電気めっきなどの化学作用が起こる。図 1.46 に，負極にめっきをしようとする材料をつないだとき，電流の化学作用により銅めっきが行われる例を示す。

46　1. 直流回路

3　磁気作用　電線などに電流を流すと，その周囲に磁気が現れる。図 1.47 に，磁気作用を利用した電磁継電器 (electromagnetic relay) を示す。

図のように，絶縁電線を鉄心に巻いたコイルをつくる。これに電流を流すと，コイル内に磁気が発生し，鉄心は磁石になって鉄片を吸引し，接点が閉じるしくみになっている。

ここでは，発熱作用および化学作用を取り上げて学習する。磁気作用については，第 2 章「電流と磁気」で学ぶ。

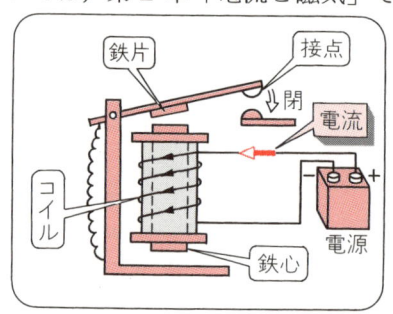

図 1.47　電磁継電器

1.4.2　ジュールの法則

図 1.48 のように，抵抗に電流を流すと電気エネルギーが消費される。このエネルギーはすべて熱に変換されることをジュール[†1]が実験によって確かめた。そして，その実験結果からつぎの法則を発見した。

"抵抗に流れる電流によって毎秒発生する熱量は，電流の 2 乗と抵抗

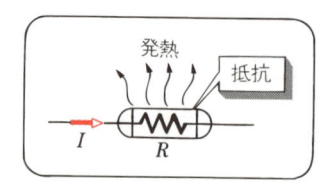

図 1.48　抵抗の発熱

[†1]　James Prescott Joule（1818〜1889），イギリス人。

の積に比例する。"

これを**ジュールの法則**（Joule's law）という。このとき発生する熱を**ジュール熱**（Joule heat）と呼び，熱量の単位に**ジュール**[†1]（joule，単位記号 J）を用いる。

そこで，抵抗 R〔Ω〕に電流 I〔A〕を t〔s〕間流したとき，発生する熱量 H〔J〕はつぎの式で表される。

$$H = RI^2 t \quad 〔\text{J}〕 \tag{1.37}$$

例題 10.

40 Ω の抵抗に 5 A の電流を 3 分間流したとき，発生する熱量は何 J か。

解答 式 (1.37) より，$H = RI^2 t$〔J〕に，$R = 40\,\Omega$，$I = 5\,\text{A}$，$t = 3 \times 60\,\text{s}$ を代入すると

$$H = 40 \times 5^2 \times 3 \times 60 = 1.8 \times 10^5 \quad 〔\text{J}〕$$

問 9. 温度 15°C の水 3 kg を 80°C にするには，何〔J〕の熱量が必要か。

1.4.3　ジュール熱の利用例

抵抗に流れる電流によって生じるジュール熱は

① 発熱の際に，ガスやにおいが発生しないのでクリーンな熱源である。

[†1] 熱量の単位には，ジュールのほかに**カロリー**（calorie，単位記号 cal）が用いられることもある。1 cal は，1 g の水を 1°C 上昇させるのに必要な熱量である。〔J〕と〔cal〕との間にはつぎの関係がある。
$$1\,\text{cal} \fallingdotseq 4.2\,\text{J} \quad \text{または} \quad 1\,\text{J} \fallingdotseq 0.24\,\text{cal}$$

② 電流を加減することによって，温度調節が容易にできる。
などの特徴がある。

図 1.49 は，マイカ板にニクロム線や鉄クロム線のようなヒータ線を巻きつけた電気アイロンの利用例である。図 1.50 は，両電極間に 2 枚の材料を重ねて電流を流すと電極先端に電流が集中し，高熱で点溶接ができる例を示している。図 1.51 は，電気炉で，溶融しようとする原料の中に 2 本の炭素電極を入れ，原料に直接電流を流し，発生するジュール熱によって原料を溶融するものである。

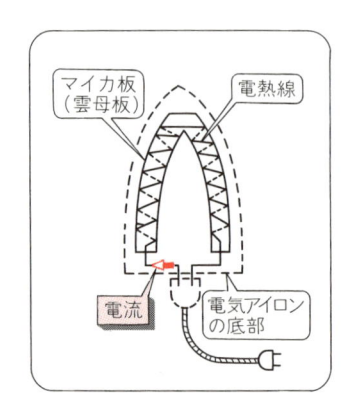

図 1.49 電気アイロン

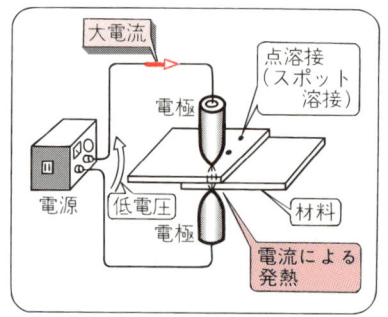

図 1.50 点 溶 接

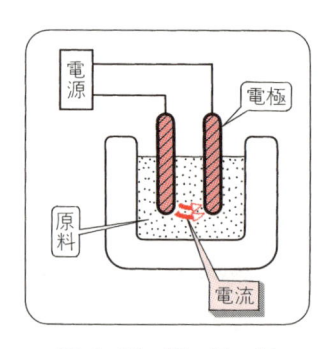

図 1.51 電 気 炉

1.4.4 電線の許容電流

導体に電流が流れると，導体の抵抗によりジュール熱が発生し，温度が上昇する。一般に，電線は導体を絶縁物で被覆しているが，導体に過大電流が流れると，高い温度になって絶縁を劣化させるだけでなく，火災の危険にさらされることになる。これを防止するために，電線に安全に流すことができる最大電流が決められている。この電流を

表 1.4 絶縁電線の許容電流

単線		成形単線および より線	
直径〔mm〕	許容電流〔A〕	断面積〔mm²〕	許容電流〔A〕
1.0 以上 1.2 未満	16	0.9 以上 1.25 未満	17
1.2 〃 1.6 〃	19	1.25 〃 2 〃	19
1.6 〃 2.0 〃	27	2 〃 3.5 〃	27
2.0 〃 2.6 〃	35	3.5 〃 5.5 〃	37
2.6 〃 3.2 〃	48	5.5 〃 8 〃	49
3.2 〃 4.0 〃	62	8 〃 14 〃	61
4.0 〃 5.0 〃	81	14 〃 22 〃	88
5.0 〃	107	22 〃 30 〃	115

（注）周囲温度 30℃以下

（「電気設備技術基準・解釈」第172条, 172-1表）

表 1.5 コードの許容電流

公称断面積〔mm²〕	素線数/直径〔本/mm〕	許容電流〔A〕
0.75	30/0.18	7
1.25	50/0.18	12
2.0	37/0.26	17
3.5	45/0.32	23
5.5	70/0.32	35

（注）絶縁物の種類はビニル混合物（耐熱性を有するものを除く），天然ゴム混合物で周囲温度は30℃以下

（内線規程）

許容電流（allowable current）といい，電線の種類，太さおよび周囲の温度によって異なる。表 1.4，表 1.5 に，ビニル絶縁電線およびコードの許容電流を示す。

　回路に許容電流を超えた電流が流れたときは，電線や電気器具を保護するために，回路を遮断しなければならない。図 $1.52(a)$ に示す**ヒューズ**（fuse）は，負荷に過大電流が流れたとき，ジュール熱により自ら溶断して回路を遮断するものである。

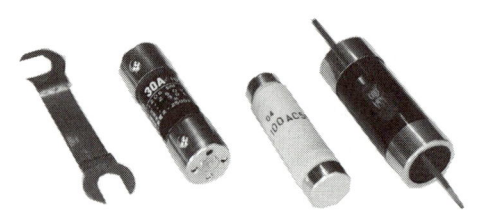

　　　　　　(a)　ヒューズ　　　　　　　(b)　配線用遮断器
　　　　　　　　　図 1.52　過電流遮断器

　また図 (b) は，各家庭に取りつけられている**配線用遮断器**[†1]（molded-case circuit-breaker）で，屋内配線や器具を過電流から保護するためのものである。これは，ジュール熱により，バイメタルを作動させて回路を遮断する。

　図 1.52 に，いろいろな過電流遮断器の外観を示す。

1.4.5　電力と電力量

1　電　　力　　図 1.53 のように，抵抗 R〔Ω〕に電流 I〔A〕が t 秒間流れると，RI^2t〔J〕の電気エネルギーが消費され，これがすべて H〔J〕の熱エネルギーに変換されることは，式 (1.37) で学ん

[†1]　ノーヒューズブレーカともいう。

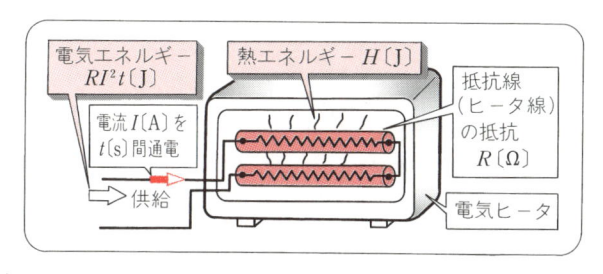

図 1.53　電気エネルギーと発熱

だとおりである。

そこで，抵抗 R〔Ω〕に 1 s 当り供給される電気エネルギーは，つぎの式で表される。

$$\frac{RI^2t}{t}=RI^2=VI \quad 〔\mathrm{J/s}〕 \tag{1.38}$$

ここで，1秒当りの電気エネルギーを **電力** (electric power) といい，量記号に P，単位に **ワット** (watt，単位記号 W)[†1] を用いる。

したがって，電力 P〔W〕を電流 I〔A〕，電圧 V〔V〕，抵抗 R〔Ω〕で表すと，つぎのようになる。

$$P=RI^2=VI=\frac{V^2}{R} \quad 〔\mathrm{W}〕 \tag{1.39}$$

2　電　力　量　1 s 当りの電気エネルギーが電力であるのに対して，電流が抵抗にある時間流れたとき，消費された電気エネルギーの総量を **電力量** (electric energy) と呼ぶ。電力量は電力と時間の積で表され，単位に **ワット秒** (watt second，単位記号 W・s) を用いる。

図 1.54 のように，P〔W〕の電力を t〔s〕間使用したとき，電力量 W〔W・s〕はつぎの式で表される。

$$W=Pt \quad 〔\mathrm{W\cdot s}〕 \tag{1.40}$$

[†1]　ワット〔W〕とジュール毎秒〔J/s〕の関係は 1 W＝1 J/s となる。

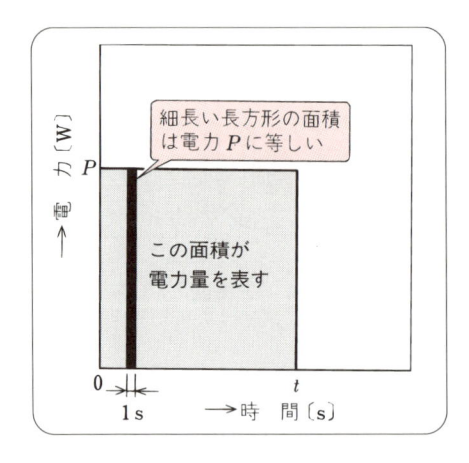

図 1.54 電力量と電力

ここで，ワット秒は小さすぎるので，実用上，ワット時（単位記号 W・h）やキロワット時（単位記号 kW・h）が用いられる。

〔J〕と〔W・h〕および〔kW・h〕との間にはつぎの関係がある。

$1 \text{[W·h]} = 60 \times 60 \text{[W·s]} = 3.6 \times 10^3 \text{[J]}$

$1 \text{[kW·h]} = 10^3 \times 60 \times 60 \text{[W·s]} = 3.6 \times 10^6 \text{[J]}$

例題 11.

電熱器に 100 V の電圧を加え，5 A の電流を 3 時間流した。この時間内に消費される電力〔W〕および電力量〔kW・h〕を求めなさい。

解答 電熱器の電力 P〔W〕は式 (1.39) から

$P = VI = 100 \times 5 = 500 \text{[W]}$

500 W = 0.5 kW であるから，式 (1.40) から電力量 W〔kW・h〕はつぎのようになる。

$W = Pt = 0.5 \times 3 = 1.5 \text{[kW·h]}$

問 10. 12 A の電流が 15 Ω の抵抗に流れているとき，消費される電力

問 11. 100 V，1.2 kW の電気ストーブを15分間使用したとき，消費される電力量〔kW·h〕を求めなさい。

3 電気機器の効率

図 1.55 のように，起電力 E〔V〕，内部抵抗 r〔Ω〕の電源が，抵抗 R〔Ω〕の負荷に電力を供給しているとき，電源に流れる電流 I〔A〕，電源の端子電圧を V〔V〕とすれば，電源の発生電力 p_i〔W〕は，つぎの式で表される。

$$\begin{aligned}p_i &= EI = (V + rI) \times I \\ &= VI + rI^2 = p_o + p_l \end{aligned} \quad (1.41)$$

ただし，$p_o = VI$，$p_l = rI^2$ とする。

式 (1.41) で，p_o は電源が負荷に供給する電力である。これを電源の **出力** (output) という。出力 p_o は，起電力 E が一定ならば，負荷の抵抗 R〔Ω〕が電池の内部抵抗 r〔Ω〕に等しいとき，最大である。

また，p_l は電源内部で発生電力の一部が消費され，ジュール熱となって失われる電力である。これを **損失** (loss) というが，特に，抵抗で失われる損失を **抵抗損** (resistance loss) という。

一般に，図 1.56 で，電気機器に供給された電力のうち，どれくらい出力として取り出せるかを示す割合を **効率** (efficiency) といい，百分率

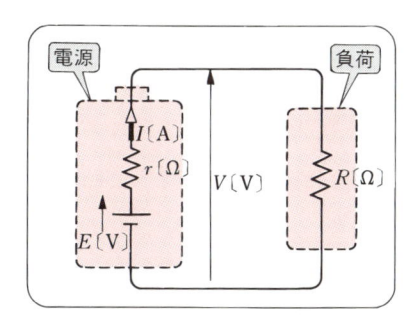

図 1.55 電源の効率

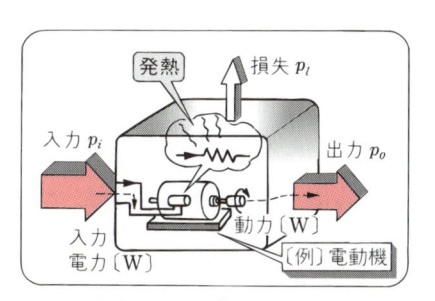

図 1.56 電気機器の効率

で表す。

ここで，電気機器に供給された電力を 入力 (input) という。いま，入力を p_i〔W〕，出力を p_o〔W〕とすると，効率 η〔％〕はつぎの式で表される。

$$\eta = \frac{p_o}{p_i} \times 100 \,〔\%〕 \tag{1.42}$$

また，電気機器の損失を p_l〔W〕とすれば，効率 η〔％〕はつぎのようになる。

$$\eta = \frac{p_o}{p_o + p_l} \times 100 \,〔\%〕 \tag{1.43}$$

式 (1.43) で，損失 p_l のない効率 100 ％ の電気機器が理想である。しかし実際には，電流のむだな消費による発熱や，第 2 章で学ぶ磁気の漏れによる損失などがあり，電気機器の効率は 100 ％ よりも下回る。

効率の高い機器には，90 ％ 以上の効率を持つ変圧器[†1] があるが，電動機[†2] のような回転機はこれよりも低い。効率が高いほど，エネルギーの浪費が少ない優れた省エネルギー機器といえる。

1.4.6　電流の化学作用

1 電 気 分 解　　食塩 NaCl は，陽イオン Na^+ と陰イオン Cl^- が交互に規則正しく配列された結晶構造になっている。この状態では，全体として電気的に中性である。

ところが，図 1.57 のように，食塩を水に入れると，これらのイオンは別個に水分子に引かれて結晶から離れ，移動できるようになるので，電気を導くことが可能になる。

[†1]　2.3.5 項で学ぶ。
[†2]　2.4.3 項で学ぶ。

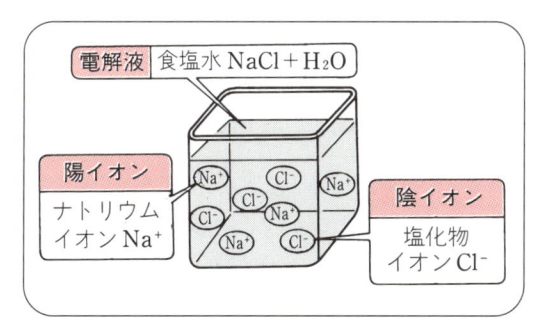

図1.57　食塩水の電離

　一般に，物質が陽イオンと陰イオンに分かれることを**電離** (ionization) または**イオン化**という。また，塩化ナトリウムや塩化水素のように，水に溶けてイオンに分かれる物質を**電解質**(electrolyte) といい，その水溶液を**電解液** (electrolyte solution) という。電解質の代表的なものには，酸性の硫酸，アルカリ性の水酸化ナトリウム，中性の食塩がある。
　いま，図1.58のように，食塩水が入った容器の中に陽極，陰極いず

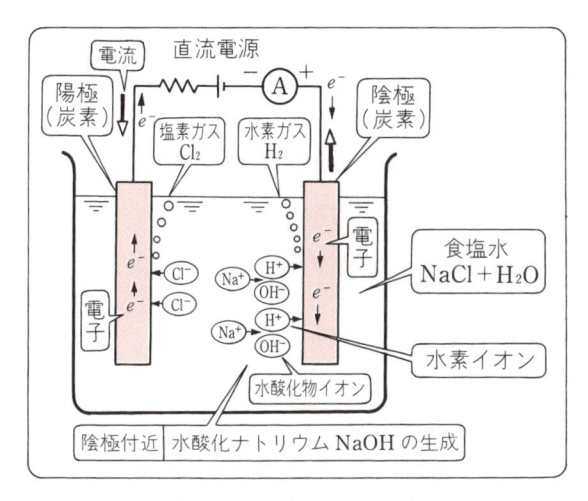

図1.58　電気分解

れも白金でできた電極棒を入れ，この電極間に直流電圧を加えるとつぎのような化学変化が起こる。

陽極では，塩化物イオン Cl^- が酸化されて電気的に中性な塩素ガス Cl_2 を発生する。

一方，陰極では，水の電離によって生じた水素イオン H^+ のほうがナトリウムイオン Na^+ よりも還元されやすい[†1]ので，水素イオン H^+ が還元されて水素ガス H_2 を発生する。また，陰極付近では，移動してきたナトリウムイオン Na^+ と残された水酸化物イオン OH^- により，濃度の大きい水酸化ナトリウム $NaOH$ が得られる。

このようにして，電子はつぎつぎに陽極から直流電源を通って陰極に移動し，電解液中でもイオンが移動するので，電流が流れ続ける。

電解液に電流が流れることにより化学変化が生じる現象を **電気分解** (electrolysis) という。

2 ファラデーの法則 1833 年，ファラデー[†2]は電気分解の現象について実験を重ねた結果，つぎのような二つの法則を発見した。

(i) 電極に析出する物質の量は，電解溶液中を通過した電気量に比例する。
(ii) 同じ電気量で析出する物質の量は，イオンの種類によらず，イオンの価数[†3]に反比例する。

これを，電気分解に関するファラデーの法則 という。

[†1] ある物質の原子が電子を失ったとき，その原子は酸化されたという。反対に，ある物質の原子が電子を受け取ったとき，その原子は還元されたという。
[†2] Michael Faraday(1791～1867)，イギリス人。電磁誘導現象の発見者と同じ。**2.3.1** 項参照。
[†3] ナトリウムイオン Na^+ を 1 価の陽イオン，硫酸イオン SO_4^{2-} を 2 価の陰イオンといい，この 1 価，2 価などの数は，原子がイオンとなるときに放出したり受け取ったりする電子の数を示し，これをイオンの価数という。

ふつう，電気量の単位にはクーロン〔C〕を用いるが，電子 1 mol[†1]の持つ電気量をクーロン単位で表したものを**ファラデー定数**といい，その値は 96 500〔C/mol〕である。

ここで，電気分解において，流れた電気量と電極に析出される物質の量との関係を考えてみよう。

いま，電解液中に I〔A〕の電流を t〔s〕間流したとき，通過した電気量は It〔C〕であるから $\dfrac{It}{96\,500}$〔mol〕の電子が流れたことになる。

価数 m，式量[†2]（原子量）M のイオンでは，電子 1 mol の電気量で $\dfrac{M}{m}$〔g/mol〕が析出する。

したがって，電気分解によって析出した物質の量 W〔g〕は，次式で表される。

表 1.6　おもな元素の原子量とイオンの価数

元素	イオン	原子量（概数）	イオンの価数
水素	H^+	1.0	1
ナトリウム	Na^+	23.0	1
銀	Ag^+	107.9	1
銅	Cu^{2+}	63.5	2
ニッケル	Ni^{2+}	58.7	2
亜鉛	Zn^{2+}	65.4	2
アルミニウム	Al^{3+}	27.0	3
酸素	O^{2-}	16.0	2
塩素	Cl^-	35.5	1

[†1] 物質の量を粒子数で表すと，巨大な数になり不便である。そこで，物質を構成する単位粒子 6.02×10^{23} 個の集団を 1 単位として表した量を物質量といい，単位にモル(mol)を用いる。1 mol あたりの粒子数 6.02×10^{23} /mol をアボガドロ定数という。

[†2] 原子の原子量の総和を式量という。

$$W = \frac{M}{m} \times \frac{It}{96\,500} \quad [\text{g}] \tag{1.44}$$

表 1.6 に，おもな元素の原子量とイオンの価数を示す。

問 12. 硫酸銅溶液に電極を入れ 3 A の電流を 1 時間流したとき，陰極に析出される銅の質量は何 [g] か。ここに，銅の原子量は 63.5 とする。

3 電池

(a) 電池の分類 図 1.59 は，エネルギー源別に電池を分類した図を示している。いろいろな電池のうち，化学エネルギーを利用した化学電池が最も広く使われている。

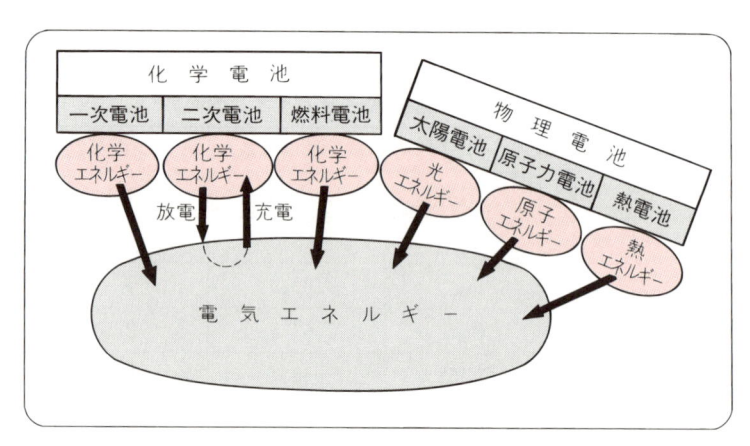

図 1.59 いろいろな電池とエネルギー変換

その中でも，日常生活に欠かすことができないマンガン乾電池，アルカリマンガン電池，リチウム電池などは，化学物質が化学変化を起こしてエネルギーを放出するとしだいに活物質[†1]が失われ，電池としての機能がなくなる。

---

†1 エネルギーのもとになるもので，起電力を与える物質。例えば，マンガン乾電池では，二酸化マンガン，亜鉛がその働きをしている。

1.4 電流のいろいろな作用

このように，いったん消耗したら再生不能の電池を 一次電池 (primary battery) という。

鉛蓄電池やアルカリ蓄電池などは， 放電 (electric discharge)[†1] によって活物質が変化した後で，逆に 充電 (charge)[†2] することにより再生できる。このような電池を 二次電池 (secondary battery) という。

そのほか，環境を汚染しない電気エネルギー源として注目されている電池には， 太陽電池 (solar battery) や 燃料電池 (fuel cell) などがある。図 1.60 は，太陽電池の構造を示している。

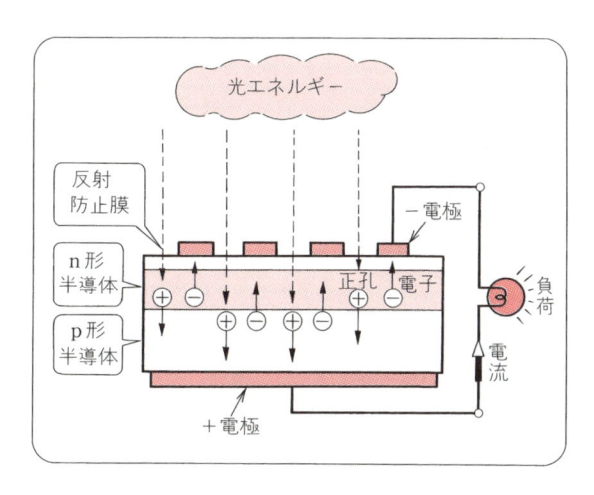

図 1.60 太陽電池

太陽電池は，シリコンのような半導体に，不純物として他の原子を微少量入れると，半導体の性質が変化する。不純物として入れた原子から電子が放出され，抵抗が小さくなる半導体をｎ形半導体という。また，不純物から正孔[†3] が放出され，抵抗が小さくなる半導体をｐ形半導体という。

[†1] 電池から電流を取り出すこと。
[†2] 電池に電流を供給すること。
[†3] 原子から一つの電子が飛び出すと，その後に正の電荷が残る。この正の電荷を負の電荷が抜けた孔という意味で正孔またはホールという。

p形半導体とn形半導体を接合したものに太陽光線などを照射すると，半導体内部に電子と正孔ができる。接合部の電位差により，電子はn形半導体へ，正孔はp形半導体へ流入するため，電池の端子間には起電力が発生する。このときのエネルギー変換効率[†1]は，10％台と低い。

太陽電池は，発生する起電力が天候に左右されるので，二次電池と併用する。またこの電池は，開発当初には宇宙衛星や無人灯台に用いられていたが，蛍光灯光の波長に合った電池の出現により，電子式卓上計算機や時計などに普及している。さらに，太陽光発電用として期待されている。

図 1.61 に示す燃料電池は，水素ガスを水素イオンに変えて，それを酸素ガスと反応させ，電気エネルギーと水をつくり出すものである。

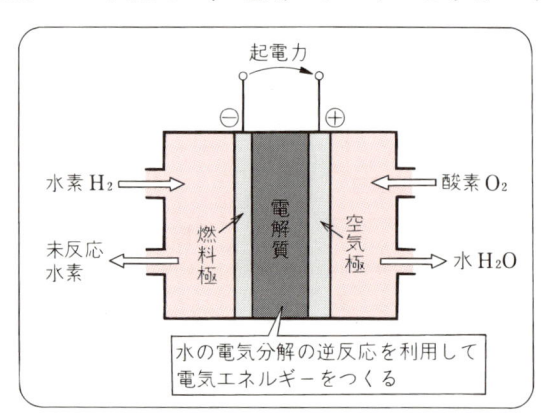

図 1.61 燃料電池の構成

これは，起電力発生の際に騒音も少なく，廃棄物は水だけのため清浄である。また，エネルギー損失が少なく，エネルギー変換効率は，約80％程度ときわめて高い。自動車などの駆動用電源，燃料電池発電用として開発途上にあり，実用化が期待される。

[†1] $\dfrac{1\,\mathrm{m}^2\,当りの太陽電池の発生電力\,[\mathrm{W}]}{1\,\mathrm{m}^2\,当りの入射光のエネルギー強度\,[\mathrm{W}]} \times 100\,[\%]$

(b) おもな一次電池　携帯に用いるため，電池内部の電解液が洩れないよう固形にしたものを 乾電池 (dry element battery) という。

一次電池の代表は マンガン乾電池 であり，最も広く普及している。

図 1.62 にその構造を示す。この電池は，正極に炭素C，負極に亜鉛缶 Zn が用いられている。また中心部の炭素棒の周囲には，減極剤となる二酸化マンガン MnO_2，電解液の塩化亜鉛 $ZnCl_2$ および導電材として炭素体の粉末を混ぜた正極合剤が詰められている。

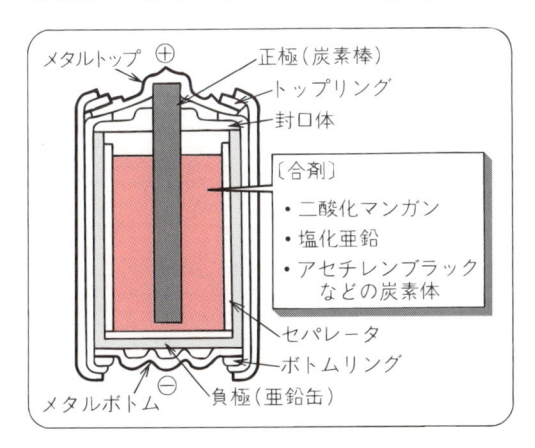

図 1.62 マンガン乾電池の構造

ところで，電池に電流が流れると，正極表面が水素ガスに包まれ，これが電流の流れを妨げるため，電池の起電力を低下させる。このような作用を 分極作用 (polari-zation effect) という。

したがって，そのままでは実用にならない。この水素ガスを消滅させる物質を 減極剤 (depolarizer) という。これには，水素と化合しやすい二酸化マンガンのような酸化剤を用いれば，分極作用の発生を防止できる。

なお，電解液として，塩化亜鉛の代わりに強アルカリ性の水酸化カリウム KOH を用いたものが，アルカリマンガン電池[†1](alkaline man-

---
†1　通称，アルカリ乾電池という。

表1.7 おもな一次電池

分類	正極活物質	電解液	負極活物質	公称電圧(V)	特徴	用途
マンガン乾電池	二酸化マンガン (MnO_2)	塩化亜鉛 ($ZnCl_2$)	亜鉛 (Zn)	1.5	種類が多く、最も普及している。間欠放電向き。	懐中電灯、携帯ラジオ、カメラ
アルカリマンガン電池	二酸化マンガン (MnO_2)	水酸化カリウム (KOH)	亜鉛 (Zn)	1.5	放電特性が安定。大電流放電で連続使用向。保存性がよい。	ストロボ、テープレコーダ、玩具、携帯テレビ
酸化銀電池	酸化銀 (Ag_2O)	水酸化カリウム (KOH) または水酸化ナトリウム (NaOH)	亜鉛 (Zn)	1.55	電圧変動が小さい。低温特性がよい。放電特性が安定。	小形電子機器、腕時計、カメラ
空気電池	酸素 (O_2)	水酸化カリウム (KOH) または塩化アンモニウム (NH_4Cl) 塩化亜鉛 ($ZnCl_2$)	亜鉛 (Zn)	1.4	電池容量が同一サイズの電池より大きい。寿命が長い。	ボタン形化補聴器、ポケットベル
リチウム電池 (二酸化マンガン系)	二酸化マンガン (MnO_2)	炭酸プロピレン(PC)など有機溶媒＋過塩素酸リチウム ($LiClO_4$)	リチウム (Li)	3.0	使用温度範囲が広い。エネルギー密度が大きい。耐漏液性がよい。	時計、カメラ、コンピュータのメモリ

ganese dioxide cell）である．

表 1.7 に，おもな一次電池の構成，公称電圧[†2]，特徴および用途を示す．また，図 1.63 に，リチウム電池の構造を示す．

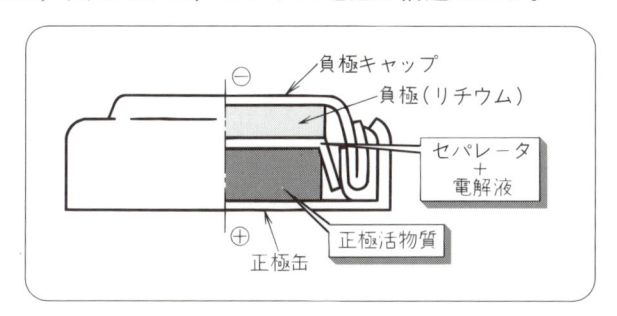

図 1.63 リチウム電池（偏平形）の構造

（c） おもな二次電池 二次電池で代表的なものは，自動車用電池として使われている 鉛蓄電池 （lead storage battery）である．

図 1.64 に鉛蓄電池の構造を示す．これは，電槽内に電解液として希硫酸[†2]を満たし，正極板と負極板の間に，両極板短絡防止のために隔

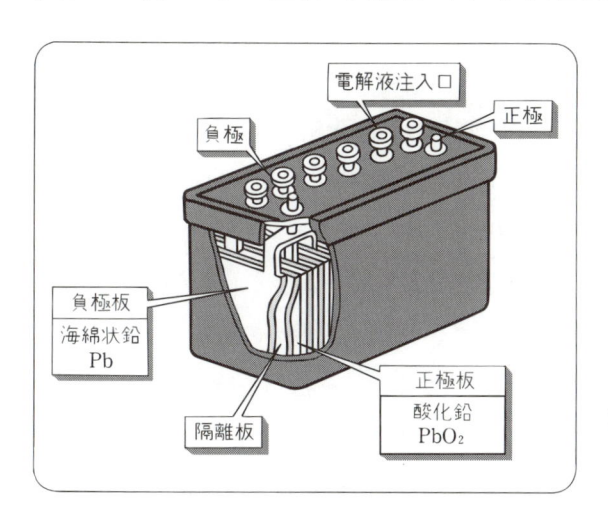

図 1.64 鉛蓄電池の構造

[†1] 電池の表示に用いる電圧．
[†2] 比重は 1.215〜1.240．

離板を入れている．正極と負極を交互に必要な枚数だけ重ねると，目的とする容量の鉛蓄電池が得られる．公称電圧は 2 V である．

充放電時に起こる化学変化はつぎのとおりである．

(負極)　$\underset{\text{鉛}}{Pb} + \underset{\text{硫酸イオン}}{SO_4{}^{2-}} \underset{\text{充電}}{\overset{\text{放電}}{\rightleftarrows}} \underset{\text{硫酸鉛}}{PbSO_4} + 2\,\underset{\text{電子}}{e^-}$

(正極)　$2\,\underset{\text{電子}}{e^-} + \underset{\text{二酸化鉛}}{PbO_2} + 4\,\underset{\text{水素イオン}}{H^+} + \underset{\text{硫酸イオン}}{SO_4{}^{2-}} \underset{\text{充電}}{\overset{\text{放電}}{\rightleftarrows}} \underset{\text{硫酸鉛}}{PbSO_4} + 2\,\underset{\text{水}}{H_2O}$

(全反応)　$\underset{\text{鉛(負極)}}{Pb} + 2\,\underset{\text{硫酸(電解液)}}{H_2SO_4} + \underset{\text{二酸化鉛(正極)}}{PbO_2} \underset{\text{充電}}{\overset{\text{放電}}{\rightleftarrows}} \underset{\text{硫酸鉛(負極)}}{PbSO_4} + 2\,\underset{\text{水}}{H_2O} + \underset{\text{硫酸鉛(正極)}}{PbSO_4}$

放電を継続すると，正極，負極はともに表面が硫酸鉛 $PbSO_4$ の白色粉末でおおわれてくる．また，水が生成されるので，電解液の比重はしだいに小さくなる．このため端子電圧は低下する．

充電によって電気エネルギーを供給すると，両極板では放電の場合とまったく逆の反応が起こる．正極は二酸化鉛 PbO_2，負極は鉛 Pb にもどり，希硫酸の比重が増すので端子電圧も上昇していく．こうして再び化学的にエネルギーが蓄えられる．

このように鉛蓄電池は，放電，充電を繰り返して，長く使用できる．また，放電中の電圧変動が小さく，比較的大電流の放電にも耐えることができる．しかし，自己放電[†1] が多く，過放電を行うと充電が不能になる恐れがあるので，取り扱いに注意を要する．

一方，**アルカリ蓄電池** (alkaline storage battery) は，水酸化カリウム KOH や水酸化ナトリウム NaOH など強アルカリ性電解液を使用する

[†1] 電池の正極と負極間を開放しておいても，わずかずつ放電していく現象．

蓄電池の総称である。そのなかでも，**ニッケルカドミウム蓄電池**は，過放電，過充電に耐え，衝撃や振動に強く，耐久性があることから用途が広い。

さらに近年は，電子機器やパーソナルコンピュータなどがコードレス化，小形化，軽量化されているのに伴い，高エネルギー密度の**ニッケル・水素蓄電池**や**リチウムイオン蓄電池**の用途が急速に伸びている。

表 1.8 に，おもな二次電池の構成，公称電圧，特徴，用途を示す。

表 1.8 おもな二次電池

分類	正極活物質	電解液	負極活物質	公称電圧〔V〕	特徴	用途
鉛蓄電池	二酸化鉛 (PbO_2)	希硫酸 (H_2SO_4)	鉛 (Pb)	2.0	安定した品質で信頼性が高い。大電流放電向き。	自動車用を中心として通信用，船舶用，車両用など用途が広い。
ニッケル・カドミウム蓄電池	オキシ水酸化ニッケル (NiOOH)	水酸化カリウム (KOH)	カドミウム (Cd)	1.2	機械的強度が大きい。保守・取り扱いが容易。自己放電がやや大きい。	大形の通信用のものから超小形の携帯用のものまで，用途が広い。
ニッケル・水素蓄電池	オキシ水酸化ニッケル (NiOOH)	水酸化カリウム (KOH)	水素吸蔵合金	1.2	高エネルギー密度を持つ。鉛やカドミウムなどの重金属を用いないので清浄である。	カメラ一体形VTR，ノート形パソコン，携帯電話など。
リチウムイオン蓄電池	コバルト酸リチウム ($LiCoO_2$)	リチウム塩を溶かした有機電解液	黒鉛層間化合物 (LiC_6)	3.6	高電圧，高エネルギー密度で自己放電が比較的小さい。清浄である。	携帯電話，ノート形パソコン，カメラ一体形VTRなど。

(d) 二次電池の特性　図 1.65 のように，二次電池の放電が進むと，端子電圧がしだいに下がるが，ある値を超えてもなお放電を続けると，電池の寿命に著しい影響を及ぼす。この端子電圧を**放電終期**

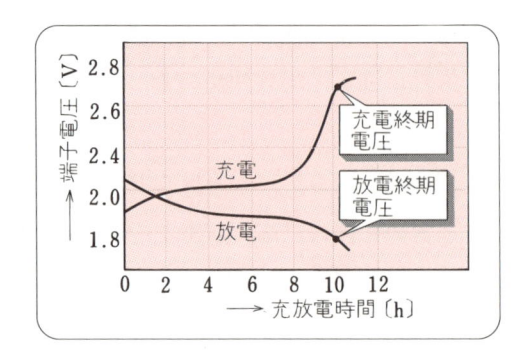

図 1.65　鉛蓄電池の充放電特性

電圧†1（final discharge voltage）という。

十分に充電された蓄電池を放電し，放電終期電圧に下がるまでに放出した電気量を **容量**（capacity）といい，単位には **アンペア時**（ampere-hour，単位記号 A・h）を用いる。例えば，5 A で 10 時間放電できる蓄電池の容量は 5×10＝50〔A・h〕である。

電池の容量は電流と時間の積で表されるが，放電させる電流の大きさによっても異なる。鉛蓄電池では，一定電流で放電して 10 時間で放電終期電圧に達したとき，これを **10 時間放電率** という。また，アルカリ蓄電池では，**5 時間放電率** を使用する。

図 1.65 は，鉛蓄電池の 10 時間充放電特性を示したものである。

1.4.7　熱電現象

1　ゼーベック効果　　図 1.66 のように，2 種の金属線の両端を接続して閉じた回路をつくり，二つの接続点をそれぞれ異なる温度に保つと，その回路に一定向きの起電力が生じて電流が流れる。

この現象を **ゼーベック効果**†2（Seebeck effect）といい，このとき生じ

---

†1　約 1.8 V で，**放電終止電圧** ともいう。
†2　1821 年，ゼーベック（Thomas Johann Seebeck，1770〜1831，ドイツ人）によって発見された。

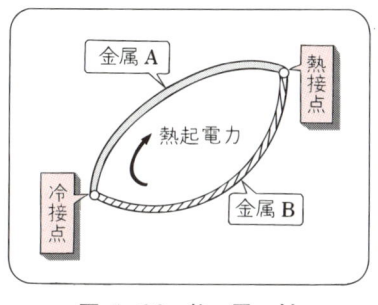

図 1.66 熱電対

表 1.9 いろいろな金属の白金に対する熱起電力（冷接点 0 ℃, 熱接点 100 ℃のとき）

金属	熱起電力〔mV〕
アンチモン	+4.89
クロメル	+2.81
鉄	+1.98
亜鉛	+0.76
銅	+0.76
マンガニン	+0.61
アルミニウム	+0.42
ビスマス	−7.34
コンスタンタン	−3.51
ニッケル	−1.48

（理科年表 2000 年版）

る起電力を **熱起電力** (thermoelectromotive force) という。また，このような2種の金属線の組み合わせを **熱電対**(thermoelectric couple) という。

熱電対に発生する起電力は，2種の金属の種類および両接続点間の温度差によって変わる。

表 1.9 に，白金とほかの金属を組み合わせたとき，これに生じる熱起電力を示す。表中の熱起電力の符号はその向きを表す。

この符号は，図 1.67 のように，0 ℃の接続点から白金を通り 100 ℃の接続点に向かうときには ＋，逆向きのときには － を意味している。

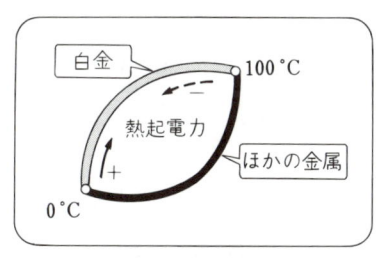

図 1.67 白金-ほかの金属に生じる熱起電力の向き

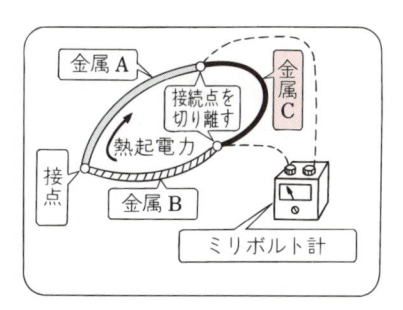

図 1.68 中間金属挿入法則

図 1.68 において，金属 A と金属Ｂとの閉じた回路に任意の金属Ｃを挿入しても，金属Ｃの両接続点の温度が同じならば，閉じた回路の起電力は変わらない。これを 中間金属挿入法則 という。

この法則から，金属Ｃの代わりに計器を接続すれば，熱起電力を測定できる。

2 ゼーベック効果の応用例

（a） **熱電温度計**　　図 1.69 のように，温度を測定しようとする場所に熱電対の熱接点を挿入し，他端の冷接点を 0 °C に保ち，その熱起電力を測定すれば温度を知ることができる。

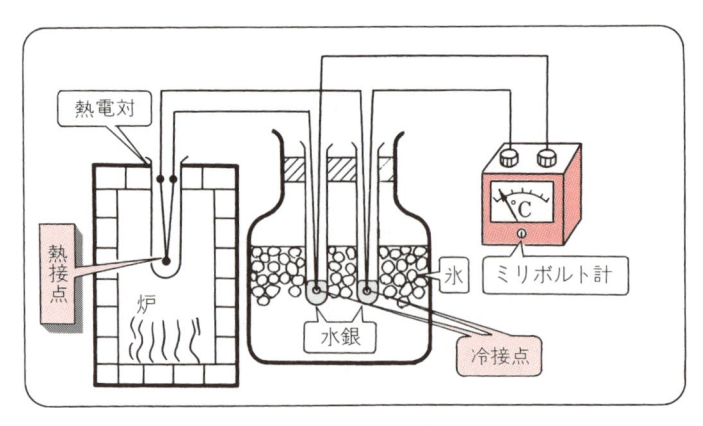

図 1.69　熱 電 温 度 計 の 原 理

これが 熱電温度計 (thermoelectric thermometer) で，電圧計にはあらかじめ熱起電力に対応する温度を目盛って，直読できるようになっている。

（b） **熱電形計器**　　熱電形計器 (electrothermal instrument) は，熱線に測定しようとする電流を流して熱電対の一方の接点を加熱し，この温度差によって生じた熱起電力で，計器の指針を振らせるものである。

図 1.70 に熱電形計器の構成を示す。これは，電流計として直流から高い周波数の交流まで測定できるが，特に高周波電流計に使われることが多い。

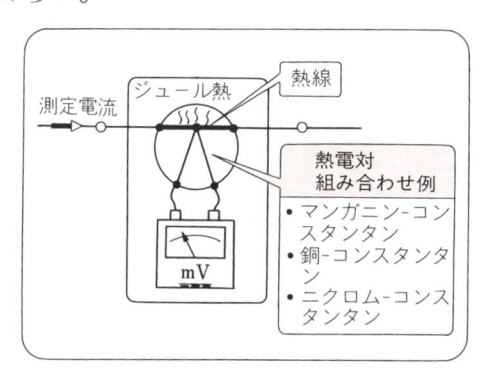

図 1.70　熱電形計器

3　ペルチエ効果　図 1.71 において，熱電対に電流を流すと，二つの接点には，ジュール熱以外の熱の発生または熱の吸収が起こる。この現象を **ペルチエ効果**[†1]（Peltier effect）という。発熱量と吸熱量は電流に比例して増加する。

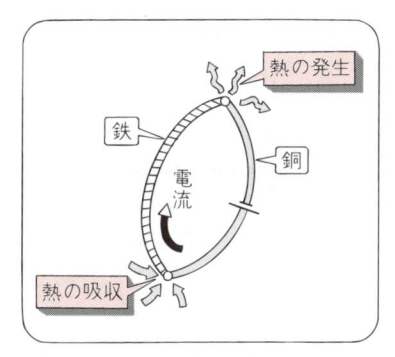

図 1.71　銅-鉄のペルチエ効果

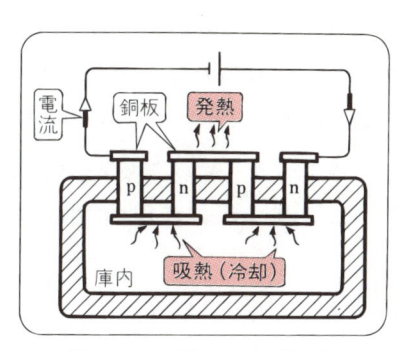

図 1.72　電子冷蔵庫

[†1]　1834 年，ペルチエ（Jean Charles Athanase Peltier, 1785〜1845, フランス人）によって発見された。

4 電子冷却

図 1.72 のように，p 形半導体と n 形半導体を組み合わせてこれに電流を流すと，半導体と銅板との接合部でペルチエ効果による発熱と吸熱が生じる。金属線の場合には，熱伝導がよいため，発熱・吸熱両接点間の温度差を保持しにくいが，半導体の場合には，熱伝導が悪いのでペルチエ効果は大きくなる。

これらの p 形，n 形の半導体の素子群を直列に接続し，発熱部と吸熱部をまとめ，吸熱部を冷却に利用したものが 電子冷却 （thermoelectric refrigeration）である。

電子冷却は，工業用，医療用など応用価値は高い。

練習問題 1

❶ つぎの各量を（ ）内の単位で表しなさい。
 (i) 0.056 A （mA）　　(ii) 275 kV （V）
 (iii) 680 000 Ω （MΩ）　　(iv) 370 μA （A）

❷ 1 500 億個の電子が持つ電荷の総量は何〔μC〕か。

❸ 起電力の大きさが 3 V の電池を図 1.73 のようにつないだとき，つぎの (i)〜(v) について各点の電位および 2 点間の電位差を求めなさい。ここに，点 e, 点 f は接地点（0 V）とする。

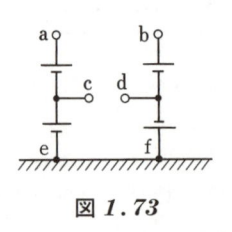

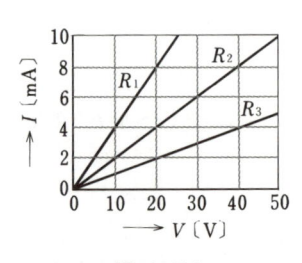

図 1.73

図 1.74

（ⅰ）点 a の電位　　　（ⅱ）点 b の電位　　　（ⅲ）点 d の電位
（ⅳ）a-b 間の電位差　　（ⅴ）c-d 間の電位差

❹ 図 1.74 のように，電圧 V と電流 I との関係が与えられたとき，抵抗 R_1, R_2, R_3 の値を求めなさい。

❺ 抵抗率 $1\,\Omega\cdot mm^2/m$ は何〔$\Omega\cdot m$〕か。

❻ つぎの物質のうち，抵抗の温度係数が負のものをあげなさい。
　　　鉄　シリコン　銅　白金　ゴム　炭素　希硫酸溶液

❼ 図 1.75 の回路において，つぎの各値を計算しなさい。
（ⅰ）回路の電流 I〔A〕　　（ⅱ）50 Ω の抵抗の電圧降下
（ⅲ）点 b の電位　　　　　（ⅳ）a-c 間の電位差

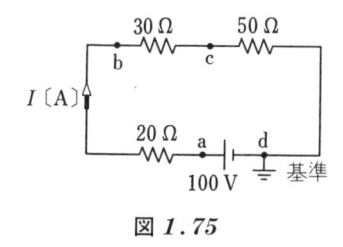

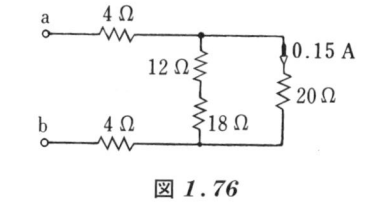

図 1.75

図 1.76

❽ 図 1.76 の回路において，20 Ω の抵抗に 0.15 A の電流を流したとき，つぎの各値を求めなさい。
（ⅰ）端子 a-b 間の抵抗　　（ⅱ）端子 a-b 間の電圧

❾ 図 1.77 の回路において，各抵抗に流れる電流 I_1, I_2, I_3 の大きさと向きを求めなさい。ただし，キルヒホッフの法則および重ね合わせの理の二つの解法を利用する。

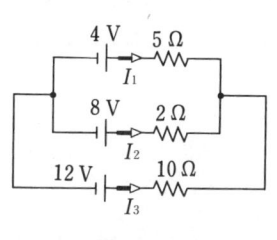

図 1.77

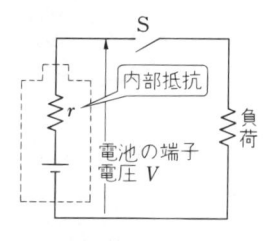

図 1.78

❿ 図 1.78 において，スイッチ S を切ったとき，電池の電圧は 2.1 V であった．つぎに，スイッチ S を入れて 2 A の電流を流したとき，電池の電圧は 1.9 V になった．この電池の内部抵抗は何〔Ω〕か．

　なお，電池の内部抵抗とは，電池にある電解液や電極などの抵抗により，正極と負極の間に現れる抵抗をいう．

⓫ 20 Ω の抵抗に電流を流すと，1 kW の電力を消費した．流した電流はいくらか．

⓬ 図 1.79 のように，抵抗が 0.3 Ω の電線 2 本を使って，100 V 用 500 W の負荷に電力を供給するとき，負荷に 100 V が加わっているならば，電源の電圧はいくらか．また，2 本の電線中の消費電力はいくらか．

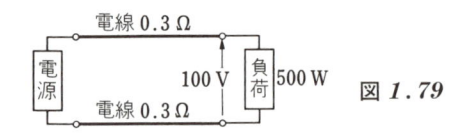

図 1.79

⓭ 定格電力 $\frac{1}{2}$ W，抵抗 200 Ω の炭素皮膜抵抗器の定格電流はいくらか．

⓮ 500 W の電熱器を使って，15 ℃ の水 2 kg を 65 ℃ にあたためるのに要する時間を求めなさい．ここに，電熱器の効率は 60 % とする．

⓯ 容量 20 A·h の鉛蓄電池から 2 A の電流を取り出したい．連続して何時間使用できるか．

研究問題

❶ ケーブルに 32 mA の電流が流れている．断面を毎秒何個の電子が通過しているか．

❷ 6 V の蓄電池に抵抗をつないだとき，0.3 A の電流が流れた．いま，抵

抗を 5% だけ増加したとき，電流は何〔A〕減少するか。

❸ ある導体の断面積を $\frac{1}{2}$ 倍にし，長さを 3 倍にすると，変形後の抵抗は元の抵抗の何倍になるか。

❹ 20 °C において抵抗が 10 Ω の軟銅線がある。この軟銅線の温度を 75 °C まで上昇させたときの抵抗を求めなさい。ここに，20 °C におけるこの軟銅線の温度係数は 4.3×10^{-3} °C^{-1} とする。

❺ 図 1.80 において，スイッチ S を入れたり，切ったりしても，電流計の指示は 15 A で一定である。抵抗 R_1, R_2 の値を求めなさい。

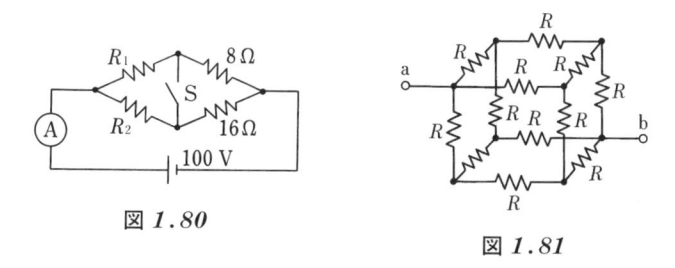

図 1.80

図 1.81

❻ 図 1.81 のように，抵抗 R〔Ω〕を立方体に接続したとき，端子 a-b 間の合成抵抗を求めなさい。

❼ 図 1.82(a) のように，端子 a-b 間に 100 V の電圧を加えたとき，d-e 間の電圧は 20 V になった。つぎに，図 (b) のように，端子 d-e 間に 150 Ω の抵抗を接続したとき，d-e 間の電圧は 15 V になった。

いま，図 (c) のように，d-e 間を短絡すると，短絡する枝路に流れる電流 I はいくらになるか。

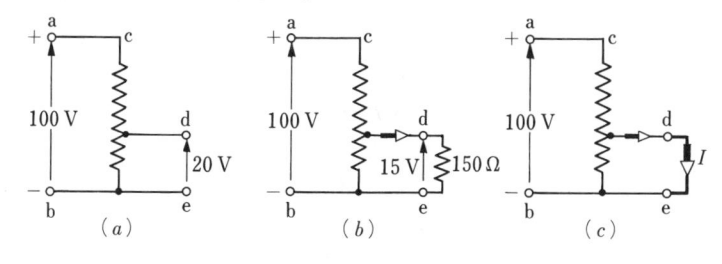

図 1.82

❽ 図 1.83 の回路で，スイッチ S が切れているとき，抵抗 R_2 に流れる

電流は 3 A であった。つぎの各問に答えなさい。

（ⅰ）このとき，抵抗 R_2 の値を求めなさい。

（ⅱ）スイッチ S を入れたとき，抵抗 R_3 の消費電力 P を求めなさい。

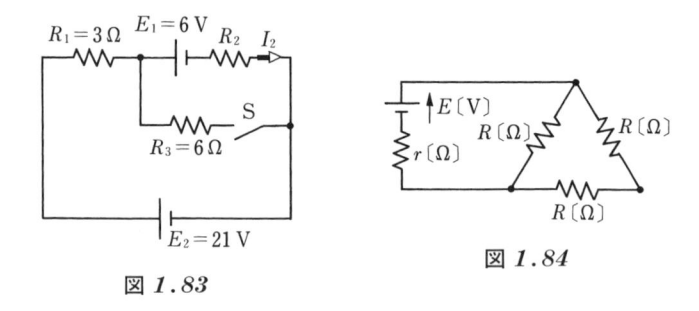

図 1.83

図 1.84

❾ 図 1.84 の回路で，負荷に消費される電力を求めなさい。

❿ 定格 100 V，600 W の電力を消費している抵抗線の長さを 1.6 倍，直径を 0.8 倍すると，その抵抗線の消費電力はいくらになるか。

⓫ 電動機の出力が 2 kW，効率が 85 % のとき，入力および損失を求めなさい。

⓬ 100 V，100 W の白熱電球がある。この電球のタングステンフィラメントの点灯時の抵抗と消灯時の抵抗を求めなさい。ただし，点灯時のフィラメントの温度は 2 900 ℃，タングステンの抵抗温度係数 $\alpha_{20}=0.005$ とし，消灯時の温度は 20 ℃ とする。

⓭ 図 1.85 のように，起電力 E〔V〕，内部抵抗 r〔Ω〕の電源がある。この電源から負荷 R_l に最大電力を供給するには，R_l の抵抗値をいくらにすればよいか。また，このときの最大電力はいくらか。

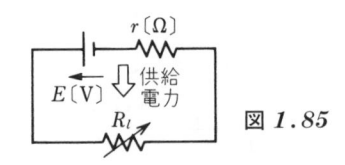

図 1.85

⓮ 1.5 A の電流を硝酸銀水溶液に 2 時間流したとき，陰極に析出される銀の量はいくらか。ここに，銀の原子量は 107.9 とする。

2 電流と磁気

　発電機は，各種の動力エネルギーと磁石を使って，電気エネルギーを発生している。

　一方，工場の電動機は電気エネルギーと磁石で機械動力を得ている。このように磁石は，今日の生活文化の向上や産業の発達に大きな貢献をしている。

　ここでは，磁石のもととなる電流と磁気との関係についてベクトルを利用しながら学ぶ。さらに，電気の利用を飛躍的に向上させた変圧器の原理となる，電磁誘導の作用についても学ぶ。

2.1 磁気

2.1.1 磁気現象

1 磁石 磁石が鉄片を引きつけたり，自由に回転できるようにした磁石が南北を指して静止するという現象はよく知られている。このような現象を磁気現象という。

磁石が鉄片を引きつける力は両端付近で強く，ここを磁極 (magnetic pole) という。図 2.1 のように，ほぼ北を指すほうの磁極を N 極 (N-pole) または正極 (positive pole)，＋極，ほぼ南を指すほうの磁極を S 極 (S-pole) または負極 (negative pole)，－極という。磁極の強さを表す量記号に m，単位にウェーバ (weber，単位記号 Wb) を用いる。

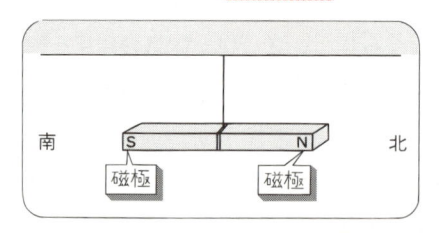

図 2.1 磁 石

磁極には，N 極と S 極のように異種の磁極間には吸引力，N 極と N 極，S 極と S 極のように，同種の磁極間には反発力が働く性質がある。この力は，二つの磁極の強さの積に比例し，距離の 2 乗に反比例する。これを磁気に関するクーロンの法則[†1] (Coulomb's law) という。

[†1] 1785 年，クーロン (Charles Augustin de Coulomb，1736～1806，フランス人) によって導き出された。3.1.2 項も参照。

図 2.2 のように，磁極の強さを m_1, m_2 〔Wb〕，両磁極間の距離を r 〔m〕とすれば，つぎの式で表される。

$$F = k \frac{m_1 m_2}{r^2} \quad \text{〔N〕} \tag{2.1}$$

k は比例定数で，磁極の置かれた周囲の物質で決まる。くわしくは 90 頁で学ぶ。

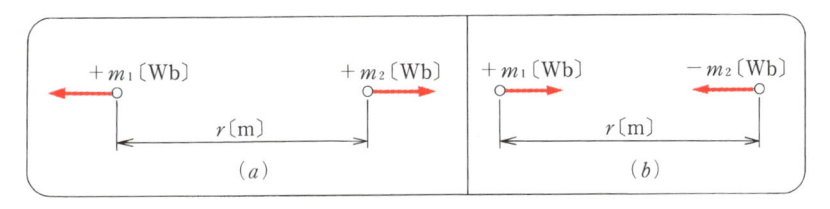

図 2.2 クーロンの法則

2 磁気誘導 図 2.3 のように，磁石の N 極を鉄片に近づけると，鉄片には，磁石に近い端に S 極，遠い端に N 極が現れる。この現象を**磁気誘導** (magnetic induction) という。

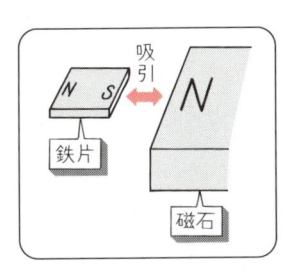

図 2.3 磁気誘導

この磁気誘導によって，磁石の N 極と鉄片の S 極はたがいに引き合うから，鉄片は磁石に引きつけられる。鉄片の両端に，磁気誘導作用により N 極，S 極が現れる。この現象を，鉄片が**磁化** (magnetization) されたという。

2.1.2　磁　　　界

1　**磁界と磁界の強さ**　ある磁極の近くに他の磁極を近づけると，この磁極の間には力が働くが，このように，磁気的な力の働く空間を **磁界**（magnetic field）または **磁場** という。

磁界内の **磁界の強さ**（magnetic field strength）は，図 2.4 のように，その点に $+1$ Wb の磁極を置いたとき，この磁極に働く力の大きさと向きで表し，量記号に H，単位に **アンペア毎メートル**（ampere per meter，単位記号 A/m）を用いる。

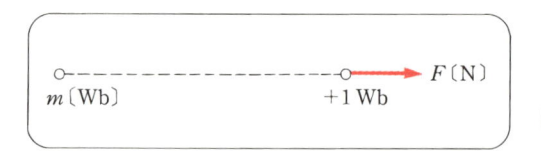

図 2.4　磁界の強さ

すなわち，1 A/m は，1 Wb の磁極に働く力が 1 N であるような磁界の大きさである。したがって，H〔A/m〕の磁界中に m〔Wb〕の磁極を置けば，これに働く力 F〔N〕は，つぎの式で表される。

$$F = mH \quad \text{〔N〕} \tag{2.2}$$

このように，磁界の強さは，大きさと向きを持つ **ベクトル量**（vector quantity）である。

2　**磁　力　線**　磁界の状態は目に見えないのでわかりにくいが，磁石上の紙片に鉄粉を散布し，軽くたたけば，図 2.5（a）のように鉄粉が線に沿うように整列する。

そこで，磁界の様子をわかりやすくするために，図（b）のような仮想的な線を考える。これを **磁力線**（line of magnetic force）という。

磁力線にはつぎの性質がある。

①　磁力線はN極から出てS極に入る。

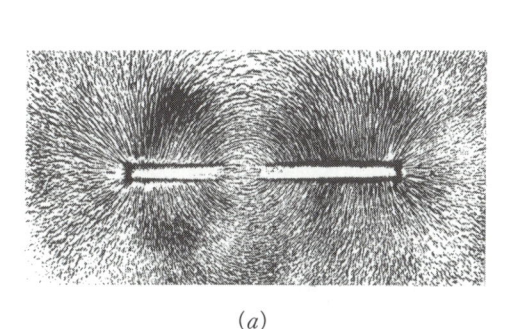

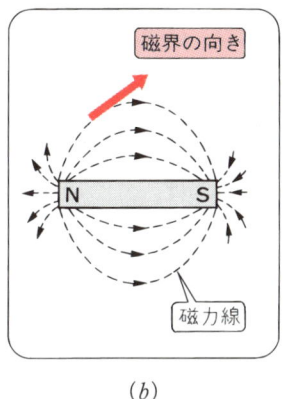

図 2.5 磁 力 線

② 磁力線の接線の向きは，その点の磁界の向きと一致し，密度は，その点の磁界の大きさに等しい。

③ 磁極のないところでは，磁力線は発生したり，消えたりせず，連続であり，交わることはない。

④ 磁力線自身は縮もうとし，同じ向きの磁力線は相互に反発し合う。

3 ベクトル　ベクトル (vector) は，図 2.6 のように，大きさに対応した長さと，その先につけた向きを示す矢印を持つ線分で表す。ベクトルを文字で表すときは，$\vec{H}$ または $\dot{H}$ のように，文字の上に → や・をつける。

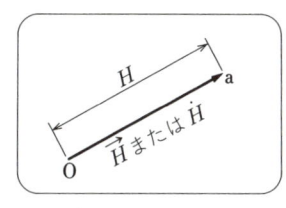

図 2.6 ベクトル

ベクトル $\vec{H}$ の大きさは，H または $|\vec{H}|$ で表し，これをベクトルの絶対値 (absolute value) という。

2. 電流と磁気

図において，点 O を **始点** (initial point)，点 a を **終点** (terminal point) という。始点の位置に関係なく，絶対値が等しく，向きが同じベクトルは，相等しいという。

また図 2.7 のように，$+m$〔Wb〕，$-m$〔Wb〕の棒磁石による磁界の強さは，二つのベクトルにより平行四辺形をつくり，始点から対角線を引いて求める。

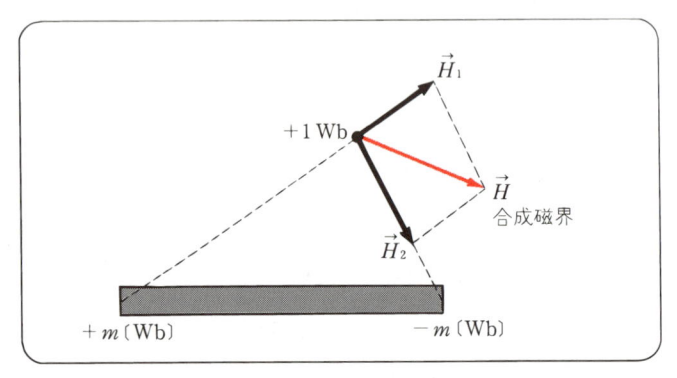

図 2.7 合成磁界

4 ベクトルの成分表示 図 2.8 のように，直交座標 xOy の原点 O をベクトル $\vec{A}$ の始点とすれば，その終点は座標で表すことができるので

$$\vec{A} = (A_x, A_y) \tag{2.3}$$

と書くことにする。これを **数ベクトル** といい，A_x をベクトル $\vec{A}$ の x 成分，A_y をベクトル $\vec{A}$ の y 成分という。

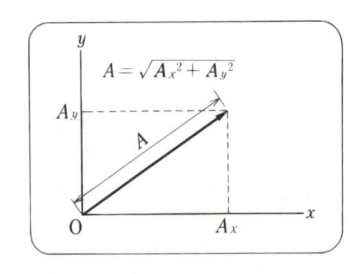

図 2.8 数ベクトル

2.2 電流と磁界

2.2.1 電流による磁界

図 2.9 に示すように，導体の近くに磁針を置き，導体に電流を流すと磁針が振れる[†1]。電流を逆向きに流すと，磁針の振れも逆になる。このことは，電流によって磁気的な力が磁針に働いたことになり，電流によって磁界が発生したといえる。

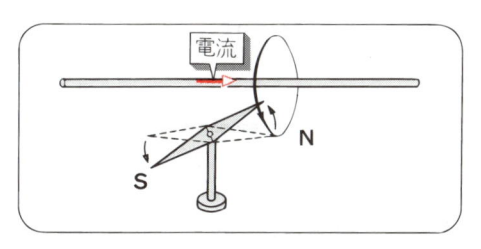

図2.9　電流による磁界

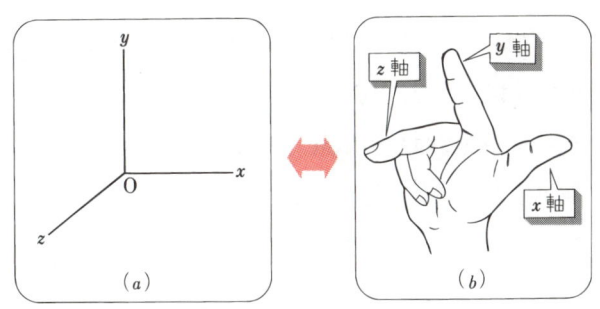

図2.10　直 交 座 標

[†1] 1820 年，エルステッド（Hans Christian Oersted, 1777〜1851, デンマーク人）によって発見された。

3次元空間における電気や磁気の現象などは，図 $2.10(a)$ の直交座標を用いて，右手を対応させて考えると，向きなどがわかりやすいことが多い。

一般には，図 (b) のように，右手の親指，人差し指，中指をたがいに直交するように開いて，親指，人差し指，中指の向きをそれぞれ，直交座標軸の x 軸，y 軸，z 軸の正の向きと対応させる。

図 2.11 において，直線状導体に電流を y 軸の正の向きに流すと，xz 平面上に導体を中心とする同心円状の磁界ができる。

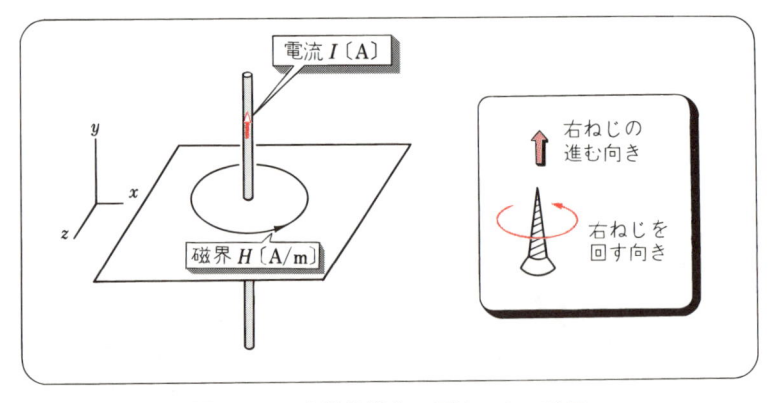

図 2.11　直線状導体の電流による磁界

すなわち，"右ねじの進む向きに電流を流すと，右ねじの回転する向きに磁界ができる"。また，電流と磁界を入れ換えてもこれは成り立つ。

これを**アンペアの右ねじの法則**（Ampere's right-handed screw rule）という。この磁界と電流の関係を紙面に描くとき，紙面の表から裏への向きを⊗（クロス），紙面の裏から表への向きを⊙（ドット）と定める。

電流の作る磁界の大きさは，つぎの**ビオ・サバールの法則**[†1]（Biot-

[†1]　ビオ（Jean Baptiste Biot，1774〜1862，フランス人）とサバール（Félix Savart，1791〜1841，フランス人）によって，実験から導き出された。

Savart law) で求められる。

図 2.12 (a) において，xy 平面上にある導体の点 O における接線方向を x 軸とするとき，導体の微小長さ Δl 〔m〕に電流 I 〔A〕が流れると，点 O から r 〔m〕離れた点 P の磁界の大きさ ΔH 〔A/m〕は，x 軸向きの Δl に対して OP がなす角を θ 〔rad〕とすれば，つぎの式で表される。

$$\Delta H = \frac{I \Delta l}{4 \pi r^2} \sin \theta \quad \text{〔A/m〕} \quad (-\pi < \theta \leqq \pi) \tag{2.4}$$

磁界の向きは右ねじの法則により決められ，z 軸の正の向きである。

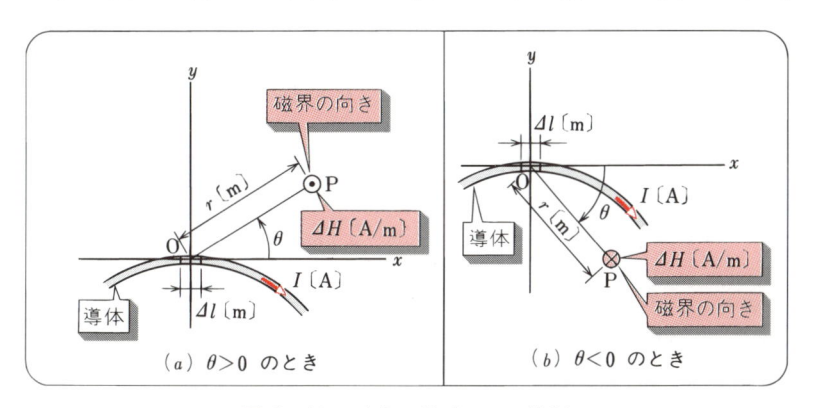

(a) $\theta > 0$ のとき　　(b) $\theta < 0$ のとき

図 2.12　ビオ・サバールの法則

なお，図 (b) のように θ が負になる点 P では，磁界の向きは正の場合と逆になる。

1　**円形コイルの中心の磁界**　　図 2.13 のように，点 O を中心とする半径 r 〔m〕の 1 回巻きのコイルに，電流 I 〔A〕が流れている。

円形コイルを n 等分し，任意の微小長さ Δl 〔m〕に流れる電流 I によって点 O に生じる磁界の大きさ ΔH 〔A/m〕は，式 (2.4) から

$$\Delta H = \frac{I \Delta l}{4 \pi r^2} \sin \frac{\pi}{2}$$

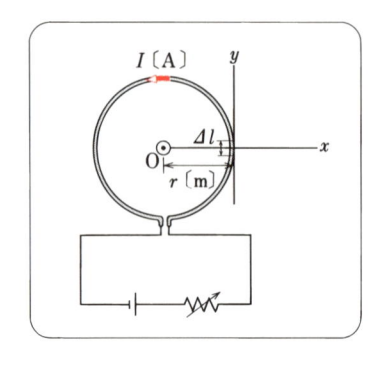

図 2.13 円形コイルの中心の磁界

$$=\frac{I\Delta l}{4\pi r^2} \quad [\text{A/m}]$$

となる。ΔH の向きはすべての Δl について同じで，z 軸の正の向きであるから，点 O に生じる磁界の大きさ H [A/m] は

$$H = \frac{I}{4\pi r^2}(\Delta l + \Delta l + \cdots\cdots + \Delta l)$$

$$= \frac{I}{4\pi r^2} \times 2\pi r$$

$$= \frac{I}{2r} \quad [\text{A/m}] \tag{2.5}$$

となる。磁界の向きは z 軸の正の向きである。

N 回巻きのコイルの場合は

$$H = \frac{NI}{2r} \quad [\text{A/m}] \tag{2.6}$$

となる。

問 1. 半径 5 cm の 2 回巻きの円形コイルに，2 A の電流を流したとき，コイルの中心の磁界の大きさはいくらか。

2 無限直線導体による磁界 図 2.14 において，導体を中心とする xz 平面上の円を考え，n 等分した微小長さ $\Delta l_1, \Delta l_2, \cdots, \Delta l_n$ の位置における磁界の大きさをそれぞれ，$H_1, H_2, \cdots, H_n$ とするとき，磁

界と電流の間にはつぎの関係が成り立つ。

$$H_1 \Delta l_1 + H_2 \Delta l_2 + \cdots\cdots + H_n \Delta l_n = \sum_{k=1}^{n} H_k \Delta l_k = I \qquad (2.7)$$

式（2.7）を**アンペアの周回路の法則**（Ampere's circuital law）という。また，閉曲線内に複数の導体があるときは，電流 I は右ねじの法則による電流の向きを正として，その代数和をとればよい。

図 2.14 において，xz 平面と電線との交点から r 〔m〕離れた点の磁界の大きさ H 〔A/m〕は，式（2.7）から

$$H \times 2\pi r = I$$

となり

$$H = \frac{I}{2\pi r} \quad \text{〔A/m〕} \qquad (2.8)$$

となる。これは，ビオ・サバールの法則から計算することもできる。

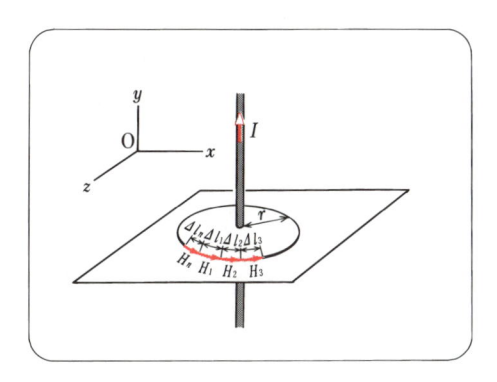

図 2.14　アンペアの周回路の法則

3　**無限長ソレノイド内部の磁界**　図 2.15 のように，電線をらせん状に巻いた細長いコイルを**ソレノイド**（solenoid）という。無限長ソレノイド内部の磁界の向きは右ねじの法則によって，図のようにコイルの軸と平行になり，コイルの軸と直角方向の磁界は零と考えられる。

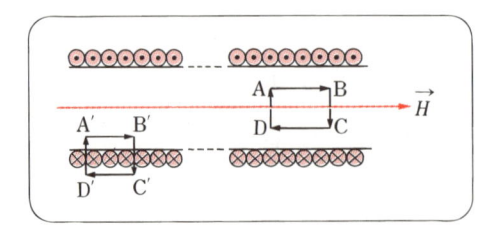

図 2.15　無限長ソレノイド内部の磁界

　ソレノイド内部に長方形の閉曲線 ABCDA をとり，アンペアの周回路の法則を適用する。AB，CD 上の磁界の大きさを H_{AB}, H_{CD}〔A/m〕とすれば，閉曲線内には電流がないから，$\overline{AB}=\overline{CD}=l$〔m〕として

$$H_{AB}\,l - H_{CD}\,l = 0$$

となる。この式から

$$H_{AB} = H_{CD} = H \quad 〔A/m〕$$

となり，内部の磁界の強さ $\vec{H}$ はどの部分でも等しい。このような磁界を **平等磁界**（uniform magnetic field）という。

　同じようにして，ソレノイドの外部の磁界の強さはどの部分でも等しく，無限遠とも等しくなければならない。無限遠では磁界の強さは零でなければならないので，外部の磁界は零である。

　図におけるソレノイドの表面を含む閉曲線 A′B′C′D′A′ をとり，$\overline{A'B'}=l$〔m〕，単位長さ当りの巻数を N_0 とすれば，アンペアの周回路の法則により

$$Hl = N_0 l I$$

となり

$$H = N_0 I \quad 〔A/m〕 \tag{2.9}$$

となる。

　4　**環状コイルによる磁界**　　図 2.16 のような無端ソレノイドを環状コイルという。環状コイルの外側に漏れる磁力線がないものとすると，環状コイル内の磁界の向きは図の矢印のようになり，どこも

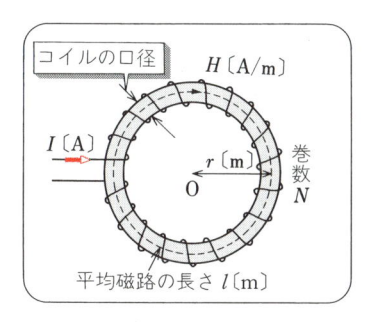

図 2.16　環状コイルによる磁界

等しい。

　磁界の大きさ H 〔A/m〕は，巻数を N，電流を I〔A〕，環状コイルの平均半径を r〔m〕とすれば，コイルの口径に対し r が十分大きければ磁路の長さ l は $2\pi r$〔m〕で，アンペアの周回路の法則により

$$Hl = H \times 2\pi r = NI$$

であるから

$$H = \frac{NI}{2\pi r} \ \text{〔A/m〕} \tag{2.10}$$

となる。

問 2． 無限に長いソレノイドがある。巻数は 10 cm について 50 回である。2 A の電流を流したとき，ソレノイド内部の磁界の大きさを求めなさい。

問 3． 図 2.16 において，$r=10$ cm，$I=5$ A とすると，ソレノイド内部の磁界の大きさを 800 A/m にするには，巻数をいくらにすればよいか。

5　磁束と透磁率　図 2.17(a) のように，環状鉄心に巻いたコイルに電流を流すと，鉄心中には磁界ができて，図のような磁力線ができる。

　この鉄心の一部に空げきをつくると，図(b) のように磁極ができ，

2. 電流と磁気

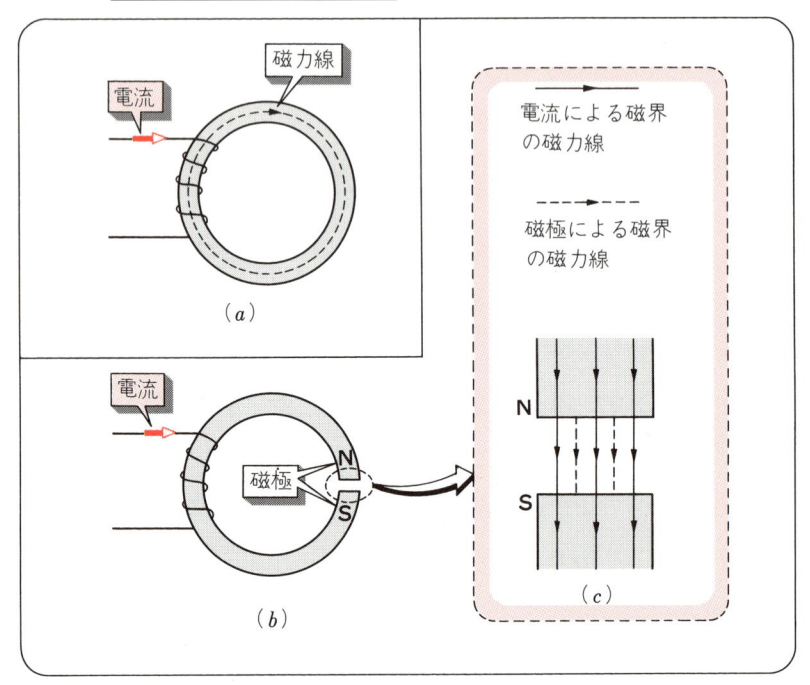

図2.17 鉄心中の磁力線

この磁極からも磁力線が出るから，空げき付近の磁界は，電流による磁界と磁極による磁界とが合成されて，図(c)のようになる。

図からわかるように，空げきでは磁極による磁力線が加わるので，鉄心中の磁界の大きさは，空げきの磁界の大きさよりも小さくなって，図2.18(a)のように，空げき部分で磁力線は不連続になる。

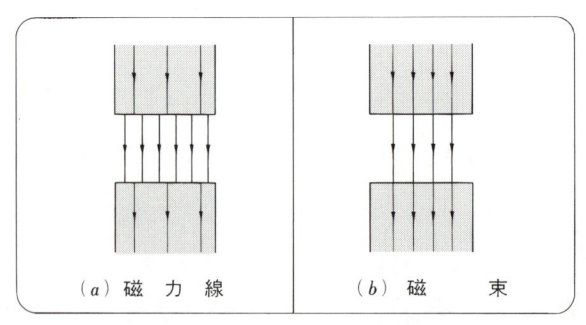

図2.18 磁力線と磁束

そこで，空げきなどによって生じる磁極で不連続にならないものとして，図(b)のような**磁束** (magnetic flux) を考える。磁束の単位には，磁極の強さの単位と同じ**ウェーバ**が用いられる。$+m$〔Wb〕の磁極からはm〔Wb〕の磁束が出るが，磁力線は磁極の周りの媒質によって異なる。

また，単位面積当りの磁束の量を**磁束密度** (magnetic flux density) と定義し，$\vec{B}$で表す。磁束密度の単位には**テスラ** (tesla，単位記号 T) または**ウェーバ毎平方メートル**（単位記号 Wb/m²）を用いる。

磁束密度$\vec{B}$〔T〕はベクトル量で，磁界の強さ$\vec{H}$〔A/m〕との間にはつぎのような式が成り立つ。

$$\vec{B} = \mu \vec{H} \tag{2.11}$$

この式のμ（ミュー）は**透磁率** (permeability) と呼ばれ，磁界のある空間における媒質によって定められる定数である。単位は〔Wb/(A・m)〕であるが，実用上は**ヘンリー毎メートル** (henry per meter，単位記号 H/m) が用いられる。式 (2.1) の k は $k = \dfrac{1}{4\pi\mu}$ となる。

特に空間が真空のとき，**真空の透磁率** (permeability of vacuum) としてμ_0で表す。μ_0の値はつぎのようになる。

$$\mu_0 = 4\pi \times 10^{-7} \text{〔H/m〕} \tag{2.12}$$

透磁率μと真空の透磁率μ_0との比

$$\mu_r = \frac{\mu}{\mu_0} \tag{2.13}$$

をその物質の**比透磁率** (relative magnetic permeability) という。これは，物質の磁気的な性質を表す重要な値である。

表 2.1 に比透磁率の例を示す。

アルミニウムなどの$\mu_r > 1$の物質は，磁界と同じ向きに磁化され，これを**常磁性体** (paramagnetic material) という。銅などの$\mu_r < 1$の物質

表 2.1 比透磁率 μ_r

物質	μ_r	物質	μ_r
空気	1.000 000 365	純鉄	200〜300
水	0.999 991 2	けい素鋼*	500〜1 500
銅	0.999 990 6	パーマロイ**	8 000
アルミニウム	1.000 214	スーパーマロイ***	10^5

* 鉄に3〜5％のけい素を含む合金
** Ni:78.5％, Fe:21.5％ の合金
*** Mo:5％, Ni:79％, Mn:0.3％, Fe:15.7％ の合金

（「理科年表など」）

は磁界と逆の向きに磁化され，これを**反磁性体**（diamagnetic material）という。また，鉄などの $\mu_r \gg 1$ である物質を**強磁性体**という。

式（2.11）からわかるように，磁束密度が同じ場合にも，磁界の大きさは透磁率によって異なる。透磁率の大きい物質の中では，磁界の大きさは小さくなる。図 2.18 の場合には，鉄心中と空げきでの磁束密度は等しいから，透磁率の大きい鉄心中のほうが，空げきより磁界の大きさが小さくなり，そのぶんだけ磁力線は不連続になっている。

2.2.2　磁気回路

1　磁気回路　図 2.19 において，コイルに電流 I〔A〕を流すと鉄心は磁化され，鉄心中に磁束 ϕ〔Wb〕が通る。磁束の通路を**磁気回路**（magnetic circuit）または**磁路**（magnetic path）という。

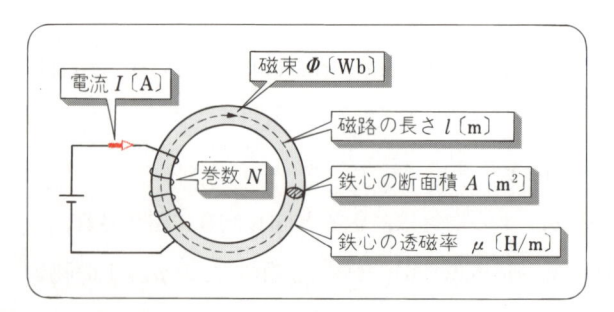

図 2.19　磁気回路

アンペアの周回路の法則により

$$Hl = NI, \qquad H = \frac{NI}{l}$$

となるから，磁束密度 B 〔T〕は，式 (2.11) から

$$B = \mu H = \frac{\mu NI}{l} \quad \text{〔T〕}$$

となる。したがって，磁束 $\varPhi$ 〔Wb〕は

$$\varPhi = BA = \frac{\mu NIA}{l} = \frac{NI}{\dfrac{l}{\mu A}} = \frac{F_m}{R_m} \quad \text{〔Wb〕} \tag{2.14}$$

となる。式 (2.14) は，電気回路におけるオームの法則

$$I = \frac{E}{R}$$

に対応する。ここで，$F_m = NI$ を **起磁力** (magnetomotive force) といい，単位に **アンペア**（単位記号 A）を用いる。

　F_m〔A〕は，電気回路における起電力 E〔V〕に相当し，また電気回路における抵抗に相当する

$$R_m = \frac{1}{\mu} \cdot \frac{l}{A} \tag{2.15}$$

を **磁気抵抗** (magnetic reluctance) という。単位は〔A/Wb〕になるが，実用上は **毎ヘンリー** (reciprocal henry, 単位記号 H^{-1}) が用いられる。

表 2.2　磁気回路と電気回路の対応

電　気　回　路	磁　気　回　路
起　電　力　E〔V〕	起　磁　力　$F_m = NI$〔A〕
電　　　流　I〔A〕	磁　　　束　$\varPhi$〔Wb〕
電気抵抗 $R = \dfrac{1}{\sigma} \cdot \dfrac{l}{A}$〔Ω〕	磁気抵抗 $R_m = \dfrac{1}{\mu} \cdot \dfrac{l}{A}$〔$H^{-1}$〕
導　電　率　σ〔S/m〕	透　磁　率　μ〔H/m〕

表 2.2 に，磁気回路と電気回路の対応を示す．表のように対応させると，磁気回路にオームの法則やキルヒホッフの法則が適用できる．

例題 1.

図 2.20 のような磁気回路がある．長さ 50 cm，ギャップ長 0.1 cm，断面積 2 cm² の鉄心の磁路に，60 A の起磁力を与えた．磁束 Φ を求めなさい．ここで，鉄心の比透磁率を 1 000 とする．

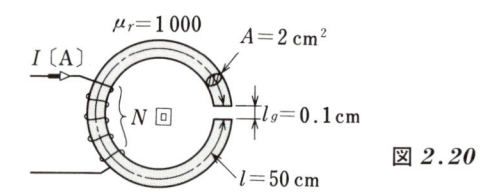

図 2.20
$\mu_r = 1\,000$
$A = 2\,\text{cm}^2$
$I\,[\text{A}]$
$N\,[回]$
$l_g = 0.1\,\text{cm}$
$l = 50\,\text{cm}$

解答 鉄心およびギャップの磁気抵抗を $R_{mi}\,[\text{H}^{-1}]$ および $R_{mg}\,[\text{H}^{-1}]$ とすれば

$$R_{mi} = \frac{1}{\mu_0 \mu_r} \cdot \frac{l}{A} = \frac{1}{4\pi \times 10^{-7} \times 1\,000} \cdot \frac{50 \times 10^{-2}}{2 \times 10^{-4}} = 1.99 \times 10^6\,[\text{H}^{-1}]$$

$$R_{mg} = \frac{1}{\mu_0} \cdot \frac{l_g}{A} = \frac{1}{4\pi \times 10^{-7}} \cdot \frac{0.1 \times 10^{-2}}{2 \times 10^{-4}} = 3.98 \times 10^6\,[\text{H}^{-1}]$$

したがって，全磁気抵抗 $R_m\,[\text{H}^{-1}]$ は，R_{mi} と R_{mg} が直列に接続されたものとして

$$R_m = R_{mi} + R_{mg} = 1.99 \times 10^6 + 3.98 \times 10^6 = 5.97 \times 10^6\,[\text{H}^{-1}]$$

のように求められる．磁束 Φ は，式 (2.14) から

$$\Phi = \frac{F_m}{R_m} = \frac{60}{5.97 \times 10^6} = 1.01 \times 10^{-5}\,[\text{Wb}]$$

問 4． 例題 1. と同じ環状鉄心において，巻数 100 回のコイルに 2 A の電流を流したときの磁束を求めなさい．

2 **磁気遮へい**　　磁束を完全に遮断する物質は特別な場合を除いてはないが，磁束は透磁率の大きい鉄心中は通りやすいという性質がある。これを利用して，磁気の影響を軽減したい機器の周りを鉄やパーマロイのような透磁率の大きいもので囲むと，外部の磁束はその中を通り，中空部分へ入るのは少なくなって，機器に対する外部磁界の影響を軽減することができる。これを磁気遮へい (magnetic shield) という。

図 2.21 は，磁界中に球殻状の磁性体を置いたとき断面図の磁束の分布を示したものである。例として，指示計器の可動部をパーマロイで包んで，外部磁界の影響を軽減している。

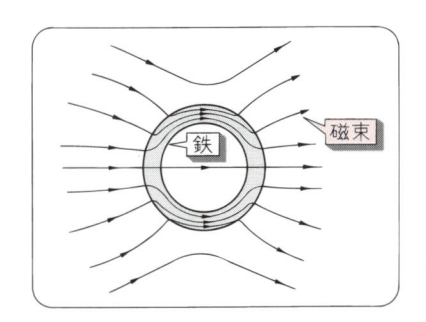

図 2.21　磁気遮へい

2.2.3　鉄 の 磁 化

1 **初磁化曲線**　　図 2.22(a) において，一度も磁化されていない鉄心に巻いたコイルに電流を流し，その大きさを零からある値 I 〔A〕まで増加させていくと，鉄心中の磁束も変化する。電流と磁束の代わりに，磁界の大きさ H〔A/m〕と磁束密度 B〔T〕で表すと，図 (b) のような曲線となる。

磁束密度 B は，初め磁界の大きさ H に比例して大きくなるが，しだ

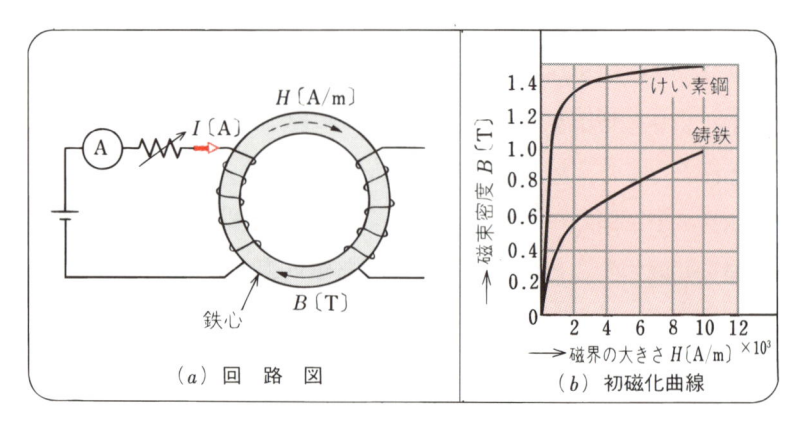

図2.22 鉄の初磁化曲線

いに磁束密度の増加が少なくなり，最後には，磁界の大きさを増しても，磁束密度はほとんど増加しなくなる。この状態を磁気飽和(magnetic saturation) という。けい素鋼は，鋳鉄に比べて大きな磁束密度を得ることができる。

磁束密度 B と磁界の大きさ H との関係を示す曲線を初磁化曲線 (initial magnetization curve) という。この曲線は，鉄心の材質によって変わる。図(b)からわかるように，磁束密度と磁界の大きさは比例しないので，透磁率 μ は一定値にならない。

2 ヒステリシス曲線 図2.23のように，磁界の大きさ H を O から H_m まで増加させると，磁束密度 B は O→a のように変化する。

H を H_m からしだいに減少させて零にすると，磁束密度 B は a→b のように変化し，$H=0$ で $B=0$ とならず，$\overline{Ob}$ に等しい値 B_r が残る。この B_r を残留磁束密度 (remanent magnetic flux density) という。

さらに負の向きの磁界を加え，H を大きくすると，やがて B は零となる。このときの磁界の大きさ $\overline{Oc}=|H_c|$ を保磁力 (coercive force) という。

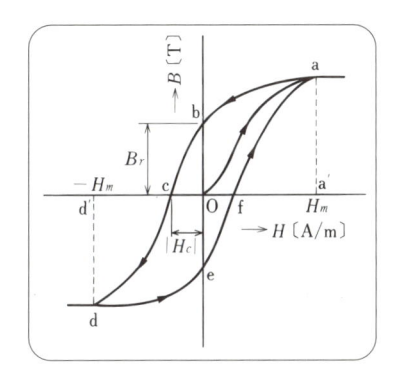

図 2.23 ヒステリシス曲線

　さらに H を $-H_m$ まで変化させた後，再び正の向きに H_m まで変化させると，磁束密度は c→d→e→f→a のように変化し，一つの閉曲線を描く。この閉曲線を **ヒステリシス曲線**（hysteresis loop）という。初磁化曲線やヒステリシス曲線のことを，単に **磁化曲線**（magnetization curve）または **BH 曲線**（B-H curve）ということがある。

　鉄心中の磁界の大きさを変化させると，この曲線の内部の面積に比例した熱損失が生じる。この損失を **ヒステリシス損**（hysteresis loss）といい，電動機や変圧器などでは鉄心を用いているので，このような損失がある。

　炭素含有量の少ない鋼に，4～5 ％ 以下のシリコンを加えたけい素鋼は，図 2.24 のように，ヒステリシス曲線の面積が小さく，ヒステリシス損が少ないので，電動機や変圧器などの鉄心材料として用いられる。永久磁石として用いられる材料[†1]は，図のように，残留磁束密度と保磁力が大きい。

[†1] 例えば，KS 鋼（C：0.9 ％，Co：35 ％，Cr：3～6 ％，W：4 ％，ほか Fe），アルニコ 5（Al：8 ％，Ni：14 ％，Co：23 ％，Cu：3 ％，ほか Fe）がある（理科年表 2000 年版 による）。

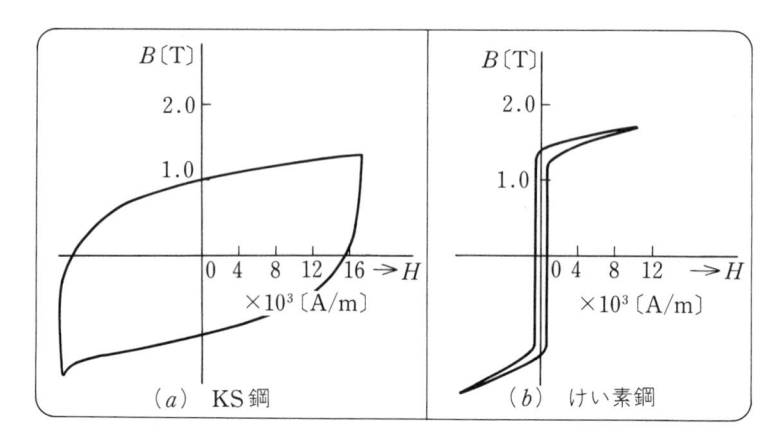

図 2.24　けい素鋼と KS 鋼のヒステリシス曲線

2.3 電磁誘導作用

2.3.1 電磁誘導

　図 $2.25(a)$ のように，検流計 G を接続したコイルの中に，磁石を入れたり出したりすると，検流計 G の指針が左右に振れる。また，図 (b) において，スイッチ S を入れると，その瞬間だけ検流計 G の指針が振れ，スイッチ S を切ると，逆に振れる。この実験から，コイル B に電圧が発生したことがわかる。

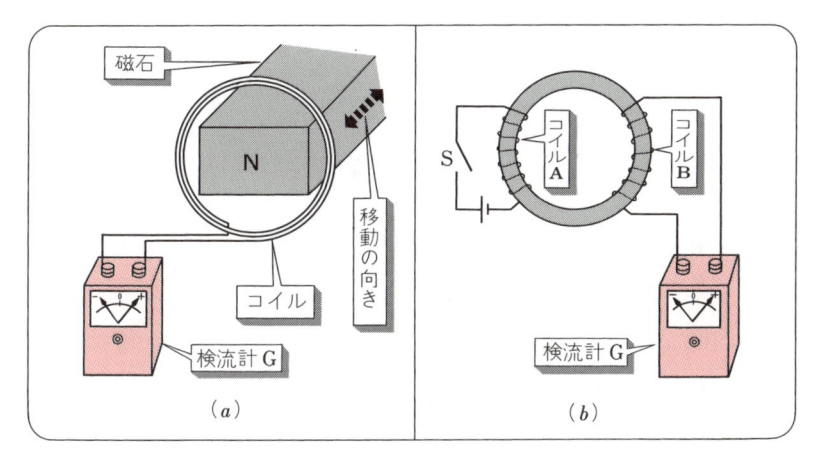

図 2.25　電磁誘導の実験

　このような現象を 電磁誘導 (electromagnetic induction) といい，発生した電圧を 誘導電圧 (induced voltage) または 誘導起電力 (induced electromotive force) といい，流れる電流を 誘導電流 (induced current)

という．

2.3.2　誘導起電力の大きさと向き

磁界中で導体が磁束を切ると，誘導起電力が発生する．その向きは，直交座標で x 軸の正の向きを導体の運動の向き，y 軸の正の向きを磁界の向きとすると，z 軸の正の向きが起電力の向きとなる．

図 2.26 のように，"右手の親指，人差し指，中指をたがいに直角に開き，親指を導体の運動の向き，人差し指を磁界の向きとすれば，中指が誘導起電力の向きとなる"．これを **フレミングの右手の法則**[†1] (Fleming's right-hand rule) という．

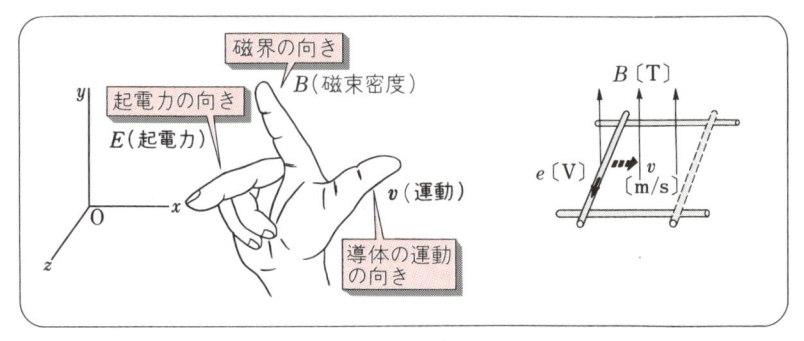

図 2.26　フレミングの右手の法則

また，図 2.25 の実験において，図 (a) では，コイルを磁石に近づけたとき検流計の指針は＋の向きに振れ，離したときはーの向きに振れる．図 (b) では，スイッチを入れたとき＋の向きに振れ，切ったときはーの向きに振れる．これは，それぞれの場合の誘導起電力の向きが逆であることを示している．これは，"誘導起電力は磁束の変化を妨

[†1]　フレミング（John Ambrose Fleming, 1849〜1945, イギリス人）によって考案された．

げる向きに生じている"からで，これを**レンツの法則**（Lenz's law）という。

図 2.25 の実験において，コイルの巻数 N を多くしたり，磁石を速く動かすと，検流計 G の指針の振れが大きくなる。すなわち，"**誘導起電力の大きさは，コイルの巻数とコイルを貫いている磁束の時間的な変化の割合の積に比例する**"。これを**電磁誘導に関するファラデーの法則**という。

したがって，レンツの法則とファラデーの法則により，N 巻きのコイルを貫いている磁束が，Δt〔s〕間に $\Delta \Phi$〔Wb〕だけ変化するときの誘導起電力 e〔V〕は，つぎの式で表される。

$$e = -N\frac{\Delta \Phi}{\Delta t} \quad 〔\text{V}〕 \tag{2.16}$$

負の符号は，誘導起電力が磁束の変化を妨げる向きに生じることを表す。また，N 巻きのコイルを Φ の磁束が貫いているとき，コイルと磁束は鎖交しているといい，$N\Phi$ を**磁束鎖交数**（number of flux interlinkage）という。

問 5. 巻数 500 回のコイルを貫く磁束が，0.2 s 間に 0.06 Wb の割合で変化するとき，コイルに誘導される起電力の大きさは何〔V〕か。

2.3.3　渦　電　流

図 2.27(a) において，鉄心を貫く磁束 Φ が変化すると，鉄心中に誘導起電力が発生し，その起電力により電流 I_e が流れる。この電流は鉄心中で渦状に流れるので，**渦電流**（eddy current）という。

渦電流によりジュール熱が発生して損失となるが，この損失を**渦電流損**（eddy-current loss）という。

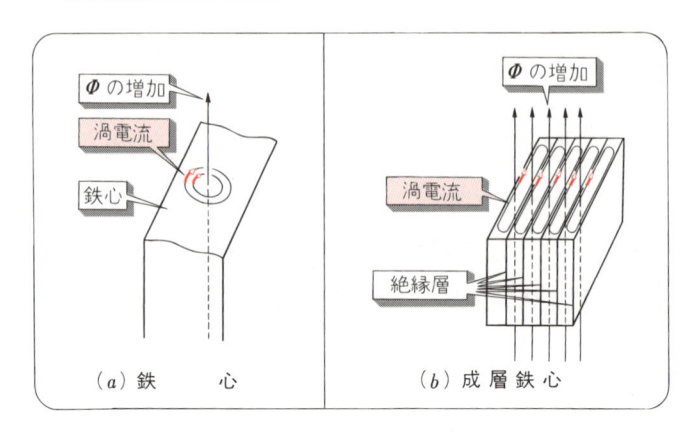

図 2.27 渦 電 流

　渦電流は電気機器の効率を低下させるので，これを減少させる工夫が必要である。図(b)のように，薄い鉄板を絶縁して積み重ねた**成層鉄心** (laminated core) にすると，渦電流が流れにくくなる。

　ヒステリシス損と渦電流損の和を**鉄損** (magnetic core loss) という。この鉄損を少なくするために，変圧器や回転機では，けい素鋼板を成層鉄心にして使用し，渦電流を減らして効率を高めるようにしてある。

2.3.4　インダクタンス

　コイルには，ラジオ受信機などに用いる空心コイルや磁心を入れたものがある。コイルを小形化するには，高い比透磁率の磁心を使えば，巻数を少なくすることができる。

　コイルは，電磁石として利用するだけでなく，静電容量と組み合わせた共振回路やフィルタ，雑音防止回路用などの素子としても用いられる。

　1　**自己誘導と自己インダクタンス**　　図 2.28 において，コイルに流れる電流が変化すると，磁束が変化し，その磁束の変化を妨げ

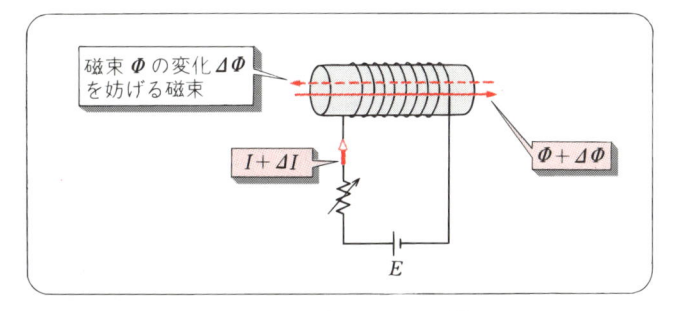

図 2.28 自 己 誘 導

る向きの起電力がコイル内に発生する。この現象を**自己誘導**(self induction) といい，起電力を**自己誘導起電力**という。

Δt〔s〕間に電流が ΔI〔A〕変化し，磁束が $\Delta \Phi$〔Wb〕変化したとすれば，誘導起電力 e〔V〕は，$\Delta \Phi$ が ΔI に比例するから

$$e = -N\frac{\Delta \Phi}{\Delta t} = -L\frac{\Delta I}{\Delta t} \quad \text{〔V〕} \tag{2.17}^{\dagger 1}$$

となる。比例定数 L はコイルに特有な値を持ち，形状，巻数および磁路の物質などで決まり，**自己インダクタンス**(self inductance) といい，単位には**ヘンリー** (henry，単位記号 H) を用いる。

自己インダクタンス L〔H〕は，式 (2.17) により $N\Phi = LI$ であるから

$$L = \frac{N\Phi}{I} \quad \text{〔H〕} \tag{2.18}$$

と表される。図 2.29 (a) のコイルにおいて，直径に対して長さが十分に長く，外側に漏れる磁束がないものと考えると，式 (2.9) によりコイル内部の磁界の大きさ H〔A/m〕は

$$H = N_0 I = \frac{N}{l} I \quad \text{〔A/m〕}$$

[†1] 電流が一様に変化しないときは $e = -L \lim_{\Delta t \to 0}\frac{\Delta i}{\Delta t} = -L\frac{di}{dt}$ とする。

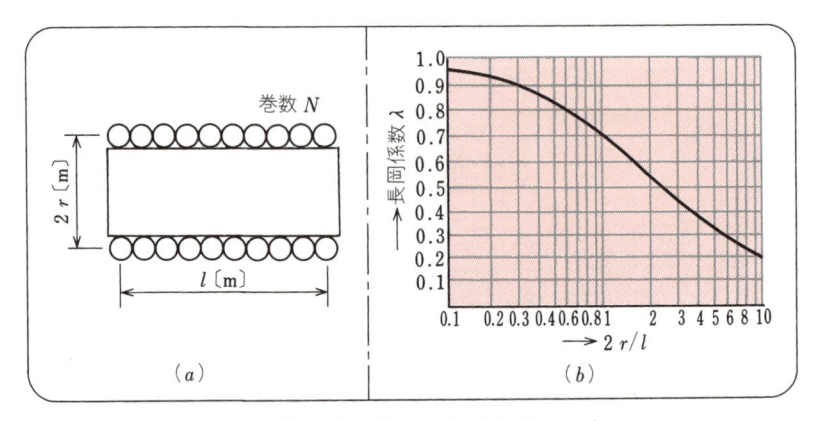

図 2.29 有限長ソレノイドと長岡係数

となる。

空気の透磁率を μ_0 [H/m], 断面積を A [m²] とすれば, 磁束 $\varPhi$ は

$$\varPhi = BA = \mu_0 HA = \frac{\mu_0 NIA}{l} = \frac{\mu_0 NI\pi r^2}{l} \quad [\text{Wb}]$$

で, 自己インダクタンス L は, 式 (2.18) から

$$L = \frac{N\varPhi}{I} = \frac{\mu_0 AN^2}{l} = \frac{\mu_0 \pi r^2 N^2}{l} \quad [\text{H}] \tag{2.19}$$

となる。

しかし, 実際のコイルでは漏れる磁束があり, 長さ l が短いと漏れる磁束が多いので, 自己インダクタンス L はつぎのようになる。

$$L = \lambda \frac{\mu_0 \pi r^2 N^2}{l} \quad [\text{H}] \tag{2.20}$$

λ（ラムダ）は長岡係数と呼ばれ, コイルの直径 $2r$ [m] と長さ l [m] の比によって決まる。

図 (b) は, コイルの長さと直径の比 $\dfrac{2r}{l}$ に対する長岡係数 λ を示したものである。

2 **コイルに蓄えられるエネルギー**　図 2.30 (a) の回路で, 点灯電圧が図の電池の電圧より高い定格値の LED は, スイッチ S を閉じ

2.3 電磁誘導作用

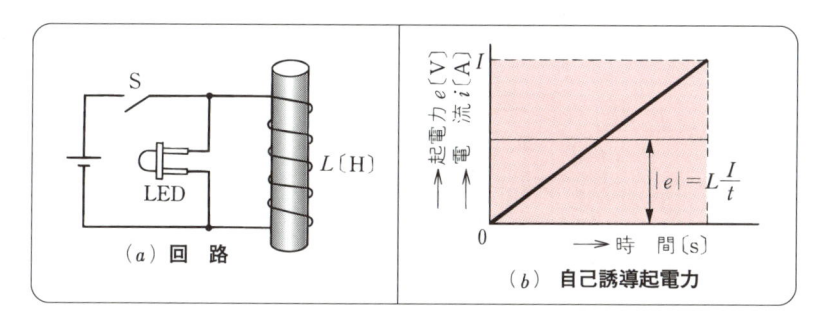

図2.30 コイルに蓄えられるエネルギー
(a) 回路
(b) 自己誘導起電力

ても電池の電圧が低いとLEDは点灯しないが、スイッチSを開くとその瞬間だけ点灯する。これは、自己インダクタンスにエネルギーが蓄えられて、スイッチSを開いた瞬間に、これを放出するために生じる現象と考えられる。このエネルギーを**電磁エネルギー**という。

自己インダクタンスL〔H〕のコイルに、電流を図(b)のように0〔A〕からI〔A〕まで一定の割合で増加させたとき、自己誘導起電力eの大きさは一定で

$$|e| = L\frac{I}{t} \quad \text{〔V〕} \tag{2.21}$$

となる。

また、t秒間の平均電流は$I_0 = \dfrac{I}{2}$〔A〕となるから、コイルに蓄えられるエネルギーW_Lは

$$W_L = |e|I_0 t = L\frac{I}{t} \times \frac{I}{2} \times t = \frac{1}{2}LI^2 \quad \text{〔J〕} \tag{2.22}$$

となる。

3 相互誘導と相互インダクタンス

(**a**) **相互インダクタンス** 図2.31において、二つのコイルのうち、電池Eに接続したコイルを**一次コイル**(primary coil)、検流計を接続したコイルを**二次コイル**(secondary coil) という。

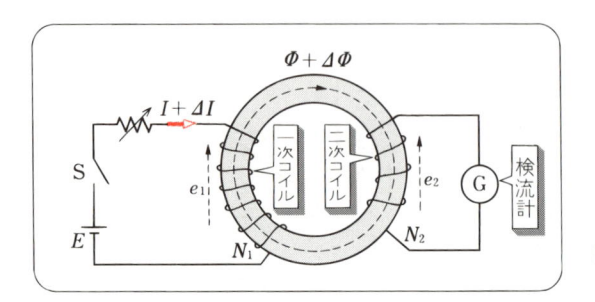

図 2.31 相互誘導

スイッチ S を入れると一次コイルに電流が流れる。この電流を変化させると，一次コイルおよび二次コイルを貫く磁束も変化するから，電磁誘導により一次コイルには自己誘導起電力が生じるが，二次コイルにも誘導起電力が生じる。一次コイルの電流の変化により，二次コイルに起電力を誘導する現象を **相互誘導** (mutual induction) という。

いま，一次コイルに流れる電流が Δt〔s〕間に ΔI〔A〕変化して，二次コイルを貫く磁束が $\Delta\Phi$〔Wb〕だけ変化したとする。N_2 回巻いた二次コイルに誘導される起電力 e_2〔V〕は，式 (2.16) からつぎの式で表される。

$$e_2 = -N_2 \frac{\Delta\Phi}{\Delta t} \quad \text{〔V〕} \tag{2.23}$$

ここで，$N_2\Delta\Phi$ は ΔI に比例するから，比例定数を M とすれば，e_2 はつぎの式で表される。

$$e_2 = -N_2 \frac{\Delta\Phi}{\Delta t} = -M \frac{\Delta I}{\Delta t} \quad \text{〔V〕} \tag{2.24}$$

M は，二つのコイルの結合状態によって決まる定数で，**相互インダクタンス** (mutual inductance) といい，単位には **ヘンリー** (henry, 単位記号〔H〕) を用いる。

また，式 (2.24) により

$$N_2\Phi = MI$$

であり，式 (2.14) により

$$\frac{\Phi}{I} = \frac{\mu_0 A N_1}{l}$$

であるから，M はつぎの式で示すことができる。

$$M = \frac{N_2 \Phi}{I} = \frac{\mu_0 A N_1 N_2}{l} \quad [\text{H}] \tag{2.25}$$

問 6. 自己インダクタンス 10 mH の一次コイルに 2 A の電流が流れている。電流が一様に減少して 0.01 s 後に零になった。一次コイルの自己誘導起電力は何 [V] か。また，二次コイルに誘導される起電力が 1.8 V であった。相互インダクタンスは何 [mH] か。

(b) 電磁結合 図 2.32 において，二つのコイルの間に相互誘導作用が生じるとき，両コイルは電磁結合の状態にあるという。

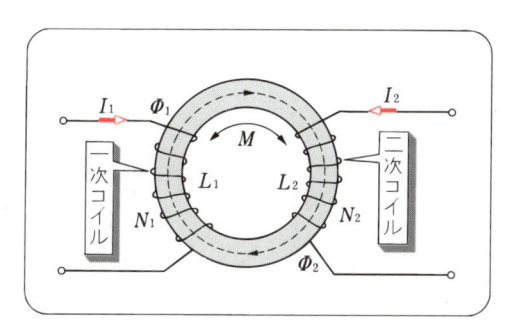

図 2.32 電磁結合

自己インダクタンス L_1 [H] の一次コイルに電流 I_1 [A] が流れるとき，磁束 Φ_1 [Wb] が生じるとすれば，式 (2.18)，(2.25) から L_1，M [H] はつぎの式で表される。

$$L_1 = \frac{N_1 \Phi_1}{I_1} \quad [\text{H}], \quad M = \frac{N_2 \Phi_1}{I_1} = \frac{N_2}{N_1} L_1 \quad [\text{H}] \tag{2.26}$$

また，自己インダクタンス L_2 [H] の二次コイルに電流 I_2 [A] が流れ，磁束 Φ_2 [Wb] が生じるとすれば，L_2，M [H] はつぎの式で

表される。

$$L_2 = \frac{N_2 \Phi_2}{I_2} \text{ [H]}, \quad M = \frac{N_1 \Phi_2}{I_2} = \frac{N_1}{N_2} L_2 \text{ [H]} \quad (2.27)$$

式 (2.26), (2.27) から

$$M^2 = L_1 L_2 \quad \therefore \quad M = \sqrt{L_1 L_2}$$

となる。実際には，両コイルの間には漏れ磁束[†1]があるから，M は $\sqrt{L_1 L_2}$ より小さくなり

$$M = k\sqrt{L_1 L_2} \quad (2.28)$$

となる。k は，両コイルの電磁結合の程度を表すもので**結合係数**(coupling coefficient) といい，$0 < k \leq 1$ である。

(c) コイルの接続 図 2.33 (a) において，直列に接続した二つのコイルの自己インダクタンスを L_1, L_2 [H]，巻数を N_1, N_2，両コイル間の相互インダクタンスを M [H] とする。

$$L = L_1 + L_2 + 2M \qquad L = L_1 + L_2 - 2M$$

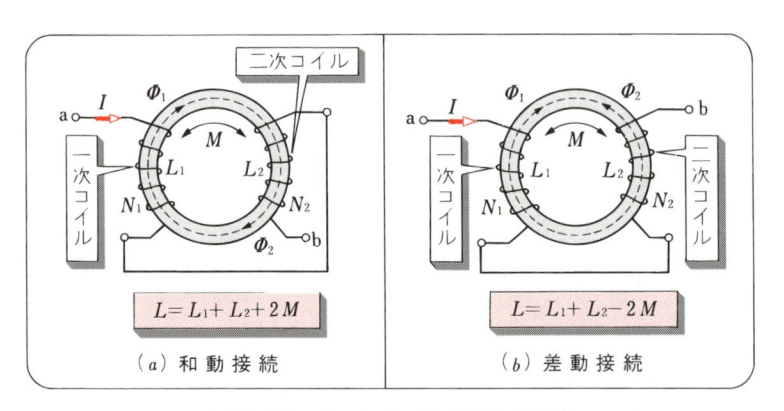

(a) 和動接続　　　　　(b) 差動接続

図 2.33　コイルの直列接続

いま，コイルに電流 I [A] を流すと，各コイルによりそれぞれ矢印の向きに磁束 Φ_1, Φ_2 [Wb] が生じる。各コイルとの磁束鎖交数はそれぞれ

[†1] 定められた磁路に限定されずそれ以外のところに漏れる磁束。

$$N_1(\Phi_1+\Phi_2), \quad N_2(\Phi_1+\Phi_2)$$

となる。端子 a, b から見た合成インダクタンス L〔H〕は

$$L=\frac{N_1(\Phi_1+\Phi_2)+N_2(\Phi_1+\Phi_2)}{I} \quad \text{〔H〕} \tag{2.29}$$

となる。式（2.29）を変形し

$$L_1=\frac{N_1\Phi_1}{I}, \quad L_2=\frac{N_2\Phi_2}{I}, \quad M=\frac{N_1\Phi_2}{I}=\frac{N_2\Phi_1}{I}$$

を代入すると

$$L=L_1+L_2+2M \quad \text{〔H〕} \tag{2.30}$$

となる。このようなコイルの接続を**和動接続**（cumulative connection）という。

図（b）のように二つのコイルを接続すると，二次コイルに流れる電流の向きが逆になるから，一次コイルのつくる磁束 Φ_1〔Wb〕と二次コイルのつくる磁束 Φ_2〔Wb〕は相反する向きとなる。端子 a, b から見た合成インダクタンスは，図（a）の場合と同様に計算すると

$$L=L_1+L_2-2M \quad \text{〔H〕} \tag{2.31}$$

となる。このようなコイルの接続を**差動接続**（differential connection）という。

問 7． 二つのコイル L_1, L_2 がある。両コイル間の相互インダクタンスは 0.4 H である。コイル L_1 に 2 A の電流を流し，一様に減少して 0.05 s 後に零になった。コイル L_2 に誘導される起電力はいくらか。

問 8． 自己インダクタンス 40 mH，90 mH の二つのコイルがある。両コイル間の相互インダクタンスを 50 mH とするとき，つぎの各問に答えなさい。
（ⅰ）結合係数 k はいくらか。
（ⅱ）和動接続のときの合成インダクタンスはいくらか。

2.3.5 電磁誘導の応用

1 変圧器の原理　変圧器は，相互誘導作用を利用して交流電圧の大きさを変える装置で，図 2.34 はその原理図である。

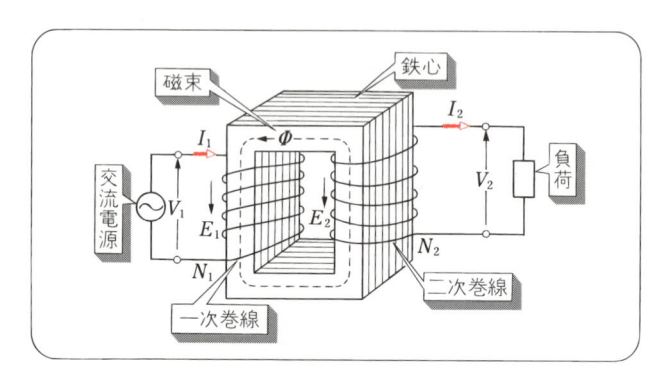

図 2.34　変圧器の原理

けい素鋼板の表面を絶縁して何枚も積み重ねたものを鉄心とし，その鉄心に巻線を施す。交流電源を接続する巻線を **一次巻線** (primary winding)，負荷を接続する巻線を **二次巻線** (secondary winding) という。また，一次巻線側を **一次側**，二次巻線側を **二次側** という。

一次巻線に正弦波交流電圧を加えると正弦波交流電流が流れ，その変化に伴って，鉄心中には正弦波状の磁束 $\varPhi$ ができる。この磁束が二次巻線を貫くので，二次巻線に起電力が誘導される。

図のように，一次側の電圧，電流，巻線の巻数，誘導起電力を，それぞれ V_1〔V〕，I_1〔A〕，N_1，E_1〔V〕とし，二次側のそれらを V_2〔V〕，I_2〔A〕，N_2，E_2〔V〕とし，また鉄心中の磁束を $\varPhi$〔Wb〕とする。E_1，E_2 は式 (2.16) から

$$E_1 = -N_1 \frac{\varDelta \varPhi}{\varDelta t} \ \text{〔V〕}, \qquad E_2 = -N_2 \frac{\varDelta \varPhi}{\varDelta t} \ \text{〔V〕} \qquad (2.32)$$

となるから

$$\frac{E_1}{E_2} = \frac{-N_1 \frac{\Delta \Phi}{\Delta t}}{-N_2 \frac{\Delta \Phi}{\Delta t}} = \frac{N_1}{N_2} = a \tag{2.33}$$

となる。

　すなわち，両巻線に誘導される起電力の比は，巻数の比に等しい。この比を変圧器の巻数比 (turn ratio) または変圧比 (transformation ratio) といい，a で表す。

　巻線の抵抗や鉄心の損失を無視すれば[†1]，$V_1 = -E_1$，$V_2 = -E_2$ となる。一次側の電圧と電流の積 $V_1 I_1$〔VA〕，および二次側の電圧と電流の積 $V_2 I_2$〔VA〕の間にはつぎの関係がある。

$$V_1 I_1 = V_2 I_2 \tag{2.34}$$

$$\frac{I_1}{I_2} = \frac{E_2}{E_1} = \frac{N_2}{N_1} = \frac{1}{a} \tag{2.35}$$

このことから，両巻線に流れる電流の比は，巻数比の逆数に等しいといえる。この比を変流比 (current transformation ratio) という。

　以上のことから，巻数比を適当な値にすれば，一次側の電圧に対して，二次側の電圧を低くすること[†2]も，高くすること[†3]もできる。

　発電所の発電機発生電圧は 10～20 kV，電力を送るときの送電電圧は 22～500 kV，デパート，ビルディング，工場など，電力の需要が大きい需要家の受電電圧は 22 kV，また，一般住宅や商店などへの配電電圧は 100 V，200 V が多く採用されている。

　このように，電力の発生から消費までの一連の電気設備では，その

[†1] 漏れ磁束，鉄損および巻線の抵抗による熱損失のない変圧器を理想変圧器という。

[†2] 降圧という。

[†3] 昇圧という。

目的に応じた電圧を用い，電力を効率よく送ったり，負荷の使用目的に合った電圧にするために，変圧器が使われる。

問 9. 交流電圧 100 V を 24 V にする変圧器がある。一次側の巻数を 1 000 回とすれば，二次側の巻数は何回か。また，二次側の電流が 10 A 流れているとき，一次側の電流はいくらか。

2 発電機の原理 図 2.35 において，y 軸の正の向きの磁束密度 B 〔T〕の平等磁界中で，長さ l 〔m〕の導体 ab を x 軸の正の向きに v 〔m/s〕の一定速度で運動させると，フレミングの右手の法則により，z 軸の正の向きに起電力 e 〔V〕が発生する。

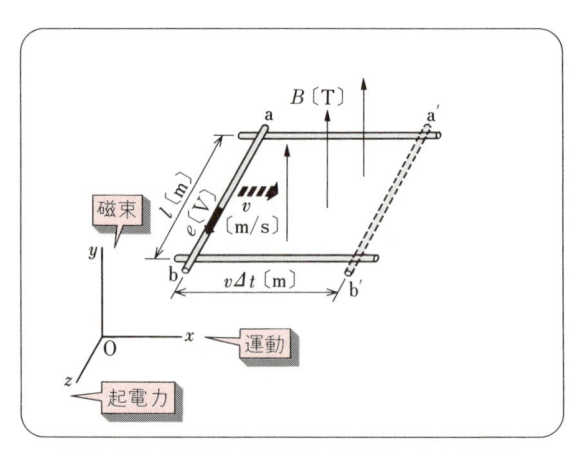

図 2.35 磁界中での導体の運動による起電力

$\varDelta t$ 〔s〕間に導体 ab は a′b′ の位置に移動するから，この間の磁束の変化 $\varDelta \varPhi$ 〔Wb〕は

$$\varDelta \varPhi = Bl v \varDelta t \quad \text{〔Wb〕}$$

となる。このとき ab 間に生じる起電力 e 〔V〕は

$$e = -\frac{\varDelta \varPhi}{\varDelta t} = -Blv \quad \text{〔V〕} \tag{2.36}$$

となる。磁界と θ [rad] の角度をなす方向に運動した場合，磁束と直角な向きの速度成分は $v \sin \theta$ [m/s] となるから，起電力 e [V] は

$$e = -Blv \sin \theta \text{ [V]} \qquad (2.37)$$

となる。

問 10． y 軸の正の向きの磁束密度 1.2 T の平等磁界において，長さ 10 cm の直線状導体を，xz 面上に z 軸の正の向きに置き，5 m/s の速さで x 軸の正の向きに運動させたとき，導体に誘導される起電力の大きさと向きを求めなさい。

図 2.36 (a) のように，N 極と S 極の間に長方形のコイルを置き，整流子片と呼ぶ金属片 C_1, C_2 を取りつけ，OO′ 軸を中心に回転できるようにする。

ブラシ B_1, B_2 を整流子片 C_1, C_2 に接触させ，コイルを矢印の向き

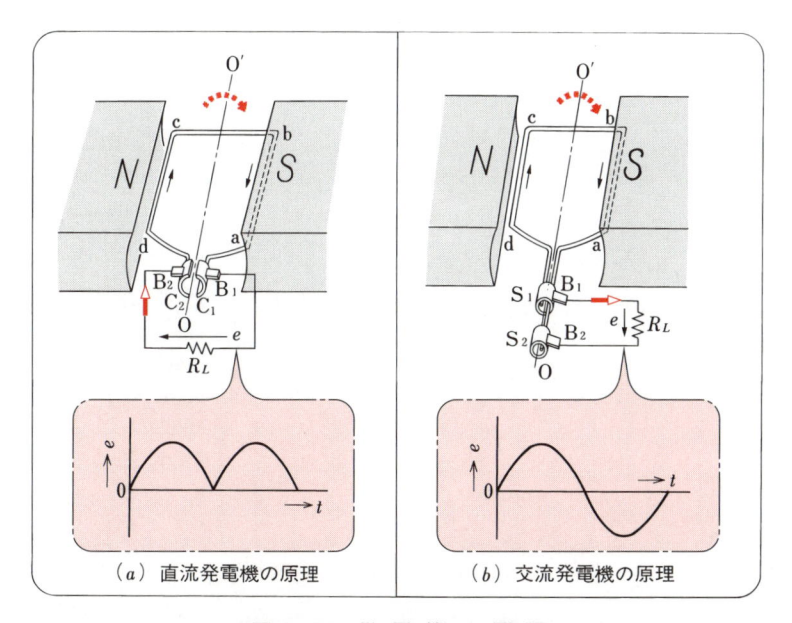

(a) 直流発電機の原理

(b) 交流発電機の原理

図 2.36 発電機の原理

に回転させると，導体 ab および cd は磁石がつくる磁界中で運動するから，フレミングの右手の法則により誘導起電力が発生し，電流が流れる。コイルが 180° 回転しても，整流子片 C_1, C_2 とブラシの働きによって，抵抗 R_L には同じ向きに電流が流れる。これが直流発電機の原理である。ここで得られる起電力 e の波形は，図(a) のような脈動状となる。

　図(a) の整流子片 C_1, C_2 を，図(b) のように，スリップリングと呼ぶ金属環 S_1, S_2 に置き換えれば，コイルの回転に伴って起電力の向きも変化する。これが交流発電機の原理である。交流については第 **4** 章で学ぶ。

2.4 電磁力

2.4.1 磁界中の電流に働く力

　図 $2.37(a)$ のように，N極とS極の間に自由に動くことができる導体 ab を入れ，導体に x 軸の正の向きの電流を流すと，z 軸の正の向きに導体が動く。電流の向きを逆にすると，導体の動く向きも逆になる。磁石を取り去って導体に電流を流しても，導体は動かない。

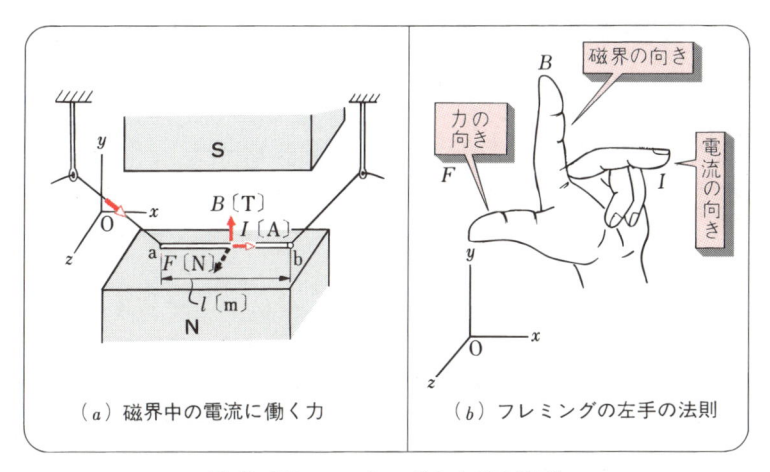

図 2.37　フレミングの左手の法則

　このように，磁界中で導体に電流を流すと導体に力が働き，これを **電磁力** (electromagnetic force) という。この力の大きさ F〔N〕は，磁束密度を B〔T〕，電流を I〔A〕，導体の長さを l〔m〕とすれば，つぎの式で表される。

$$F = BIl \ \text{[N]} \tag{2.38}$$

力と電流と磁界の向きの相互関係は，図(b) のように，"**左手の親指と人差し指と中指をたがいに直角に開き，人差し指を磁界の向き，中指を電流の向きとすると，力は親指の向きとなる**"。これを **フレミングの左手の法則** (Fleming's left-hand rule) という。

問 11. 図 2.37(a) において，磁石の平均磁束密度を 0.01 T，磁界中の導体の長さを 5 cm，導体に流れる電流を 2 A とすれば，導体に働く力はいくらか。

2.4.2 二つの電流の間に働く力

図 2.38(a) において，無限直線状導体 a，b 間の距離を r [m]，導体 a，b に流れる電流をそれぞれ I_a，I_b [A] とすれば，導体 a の電流 I_a による導体 b 上の磁界は，図のような向きにできる。

その大きさは式 (2.8) から

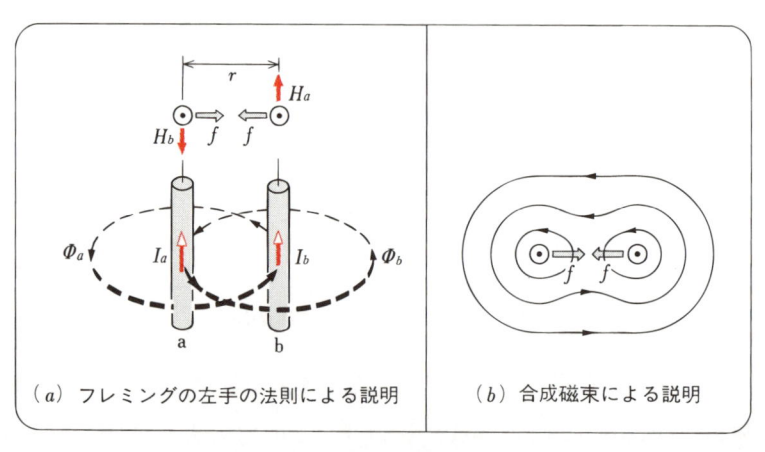

(a) フレミングの左手の法則による説明　　(b) 合成磁束による説明

図 2.38　直線状電流間に働く力

$$H_a = \frac{I_a}{2\pi r} \quad [\text{A/m}]$$

となる。導体 b の単位長さ当りに働く力 f は、式 (2.8), (2.11), (2.38) から

$$f = B_a I_b = \mu_0 H_a I_b$$
$$= 4\pi \times 10^{-7} \times \frac{I_a}{2\pi r} \times I_b = \frac{2 I_a I_b}{r} \times 10^{-7} \quad [\text{N/m}] \quad (2.39)$$

となる。また、導体 b の電流 I_b がつくる磁界によって導体 a に働く力も、式 (2.39) と同じ値として求められる。その向きは、フレミングの左手の法則により、二つの電流が同じ向きならば図 2.38 のように吸引力、反対の向きに流れるときは反発力となる。

これらのことは、図(b)のように、導体 a, b による合成の磁束を描いてみることによっても判断できる。すなわち、電流が同一の向きのとき、磁束は図(b)のようになって、磁束が収縮しようとするため、導体 a, b の間に吸引力が働く。

問 12. 空気中で無限に長い 2 本の直線状導体を 20 cm 離して平行に置き、これに同じ大きさの電流を流したとき、導体に働く力が 2×10^{-4} N/m であった。電流の大きさを求めなさい。

2.4.3　直流電動機の原理

図 2.39 のように、N 極と S 極との間に、長方形のコイルと整流子片 C_1, C_2 を一体にして回転できるようにする。

整流子片 C_1, C_2 にブラシ B_1, B_2 を接触させ、このブラシを通してコイルに電流 I [A] を流すと、フレミングの左手の法則から、y 方向に力 F [N] が働く。これは偶力となるので、コイルは OO' 軸を中心

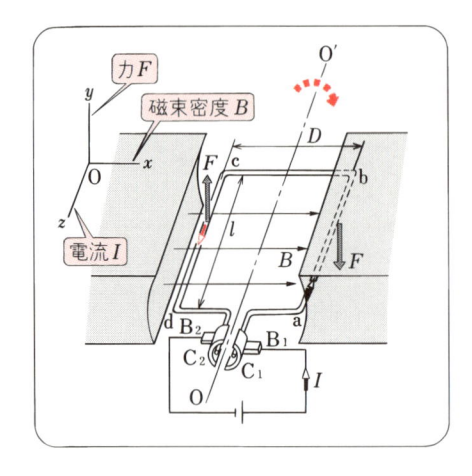

図 2.39 直流電動機の原理

に矢印の向きに回転する。

コイルが 180°回転すると，コイルを切る磁束の向きが反対になるが，整流子片 C_1，C_2 とブラシ B_1，B_2 により，コイルに流れる電流の向きも反対になるので，そのまま回転を続ける。

OO' 軸を中心とする力のモーメントは，偶力 F〔N〕と偶力間の距離 D〔m〕との積 FD で表され，これを**トルク** (torque) という。トルクの量記号には T，単位に**ニュートンメートル** (newton meter，単位記号 N・m) を用いる。導体 a-b の長さを l〔m〕，磁束密度を B〔T〕とすると，トルク T〔N・m〕はつぎの式で表される。

$$T = FD = BIlD \quad 〔\text{N·m}〕 \tag{2.40}$$

つぎに，コイルが回転して，磁界とコイル面との角度が θ のときは，導体は磁界の方向と直角だから偶力は変わらない。しかし偶力間の距離は $D = D\cos\theta$ となるので，トルク T は $T = BIlD\cos\theta$ となる。

図 2.40 に，直流電動機の構造を示す。

実際の直流電動機では，多くのコイルを，鉄心内のスロットと呼ばれる溝におさめる[†1]。したがって，整流子片も多数となり，たがいに絶

[†1] このような多数のコイルを接続したものを電機子巻線という。

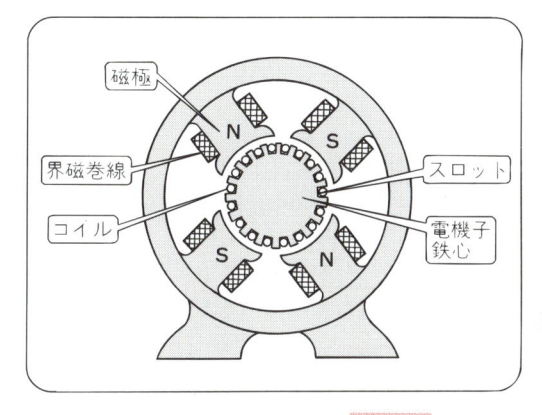

図 2.40 直流電動機の構造

縁して円筒状に仕上げたものを**整流子**（commutator）という。コイル，鉄心，整流子を総称して**電機子**（armature）という。

磁束をつくる部分を**界磁**（field system）といい，N極，S極の対の数を**磁極対数**[†1]という。界磁には一般に電磁石が用いられ，その巻線を**界磁巻線**（field winding）という。

直流発電機も直流電動機も構造はまったく同じで，発電機は機械エネルギーを電気エネルギーに変換するものであり，電動機は電気エネルギーを機械エネルギーに変換するものである。

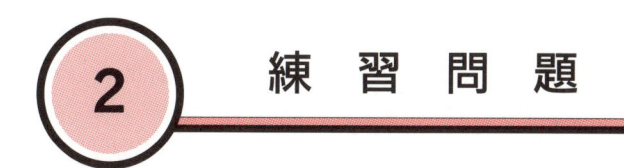

② 練習問題

❶ 磁極の強さが 1 Wb の磁極に 1 N の磁気力が作用しているとき，その点の磁界の強さ〔A/m〕はいくらか。

❷ 磁気抵抗が 2×10^5 H^{-1} の鉄心の磁束密度が 1.2 T で，鉄心の断面積が 5×10^{-4} m^2 のとき，磁束および起磁力を求めなさい。

[†1] 磁極対数×2 を磁極数または極数ということもある。

❸ 空心ソレノイドコイルの巻数が1 000回のとき，自己インダクタンスが2 mHであった。自己インダクタンスを8 mHにするには，巻数をいくらにすればよいか。

❹ 電磁結合の状態にある一方のコイルに電流を流し，0.01 s間に2 Aの変化をさせたとき，他方のコイルに3 Vの誘導起電力を生じた。コイル間の相互インダクタンスを求めなさい。

❺ 無限長の直線状導体に5 Aの電流が流れているとき，導体から15 cm離れた点における磁界の大きさと向きを求めなさい。

❻ 非常に長い2本の平行電線がある。両電線に電流 I 〔A〕を流したとき，電線の1 m当りに働く力を F 〔N〕とする。両電線の電流を3倍とし，両電線間の距離を2倍としたとき，電線の長さ1 m当りに働く力は F の何倍となるか。

研究問題

❶ 図2.41のような，磁路の平均の長さおよびギャップの長さがそれぞれ $l_1=100$ cm, $l_2=1$ cmで，断面積および比透磁率がそれぞれ $S=200$ cm², $\mu_r=2\,000$ の環状鉄心に，巻数 $N=5\,000$ のコイルを巻いたソレノイドがある。

これに電流 $I=8$ Aを流したとき，ギャップ中の磁界の強さを求めな

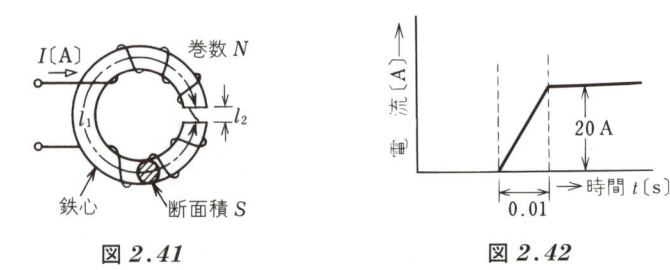

図2.41

図2.42

さい。ただし，ギャップ部における磁束の広がりはないものとする。

❷ 自己インダクタンス 10 mH のコイルに，時間に対して図 2.42 に示すような変化をする電流を流した。

このとき，コイルに生じた電圧の最大値と電圧の波形を求めなさい。

❸ 自己インダクタンス L_1 および L_2，相互インダクタンス M を有する，図 2.43 のような二つのコイルがある。

b–c を接続したとき，a–d 間の合成インダクタンスが 72 mH であり，また b–d を接続したとき，a–c 間の合成インダクタンスが 16 mH であった。このとき，相互インダクタンス M〔mH〕はいくらか。

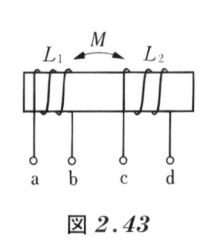

図 2.43

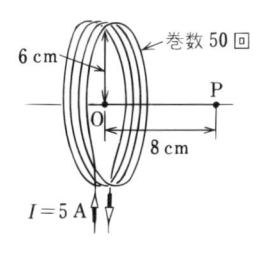

図 2.44

❹ 図 2.44 のような，平均半径 6 cm，巻数 50 回の円形コイルに，5 A の電流を流した。このとき，コイルの中心 O から軸上 OP = 8 cm の距離にある点 P における磁界の大きさと向きを求めなさい。

❺ 図 2.45 のような，半径 5 cm，10 cm の円形コイルに，10 A の電流を流した。このとき，コイルの中心の磁界の大きさと方向を求めなさい。

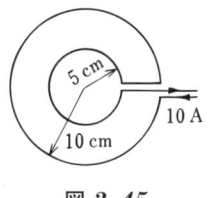

図 2.45

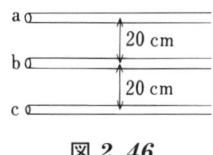

図 2.46

❻ 図 2.46 のような，20 cm の間隔で同一平面上に置いた無限直線状導

体 a, b, c に，それぞれ 5 A, 10 A, 10 A の電流を同じ向きに流した。このとき，導体 b に働く力の大きさと向きを求めなさい。

❼ 図 2.47 のような，長さ 30 cm, 幅 20 cm, 巻数 20 回で，2 A の電流 I が流れている長方形のコイルが，$B=1.0$ T の平等磁界中に $\frac{\pi}{3}$ [rad] 傾けて置いてある。このコイルに働くトルクはいくらか。

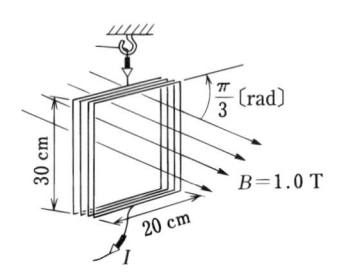

図 2.47

3 静電気

　物体を摩擦すると電気を帯びて軽いものを引きつけることは，遠くギリシャ時代から知られていた。

　電気には正電気と負電気があるが，これらの電気は，物体について静止している電気すなわち静電気である。今日われわれが，一般に利用しているものは，電気が動いて電流になる動電気である。

　ここでは，静電気を取り上げ，静電気に関する性質，諸現象およびコンデンサなどについて学ぶ。

3.1 静電現象

3.1.1 摩擦電気

　空気が乾燥している天気のよい日に，車から降りるとき，金属性のドアにさわると電撃を受けたり，また化学繊維の衣類を脱ぐとき，薄暗いところでは青白い火花が見えたりする。これは，物体が摩擦によって電気を帯びたためで，この現象を**帯電現象**という。摩擦によって生じた電気を**摩擦電気** (frictional electricity) といい，摩擦により二つの物体には，たがいに等しい量の正電気と負電気ができる。

　図 3.1 に挙げた物質のうち，任意の二つを摩擦させると，左側のものが正，右側のものが負に帯電する。

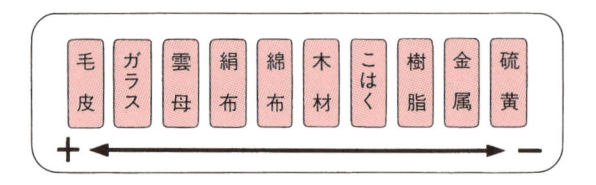

　毛皮　ガラス　雲母　絹布　綿布　木材　こはく　樹脂　金属　硫黄
　＋ ←――――――――――――――――――――→ －

図 3.1 摩擦電気系列

　帯電した物体が絶縁されていれば，その電荷は移動しない。移動しない電気を**静電気** (static electricity) といい，静電気によるさまざまな現象を**静電現象**という。空気は良好な絶縁物であるので，電荷は空気中では移動しないが，帯電した物体を接近させて電荷の移動が生じたときには，音，火花，電磁波などを発生する。

3.1.2 静　電　力

図 3.2 に示すように，二つの帯電した物体を近づけると，異種の電荷間には吸引力，同種の電荷間には反発力が働く。この力を **静電力** (electrostatic force) または **クーロン力** (Coulomb force) という。

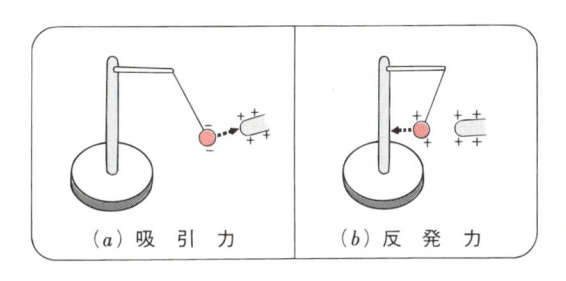

図 3.2　静電力 (1)
(a) 吸引力　(b) 反発力

　クーロンは静電気に関して実験を行い，"**二つの電荷の間に働く静電力は電荷の積に比例し，距離の2乗に反比例する**"ことを見いだした。これを **静電気に関するクーロンの法則** という。

　図 3.3 において，二つの点電荷[†1]を Q_1, Q_2 〔C〕，点電荷間の距離を r〔m〕とすれば，二つの点電荷に働く静電力 F〔N〕は

$$F = k \frac{Q_1 Q_2}{r^2} \quad 〔\text{N}〕 \tag{3.1}$$

で表される。k は比例定数で，電荷の置かれた空間の媒質によって値が違い，真空中では $k = 9 \times 10^9$ である。また，$k = \dfrac{1}{4\pi\varepsilon_0}$ と表し，$\varepsilon_0 \fallingdotseq$

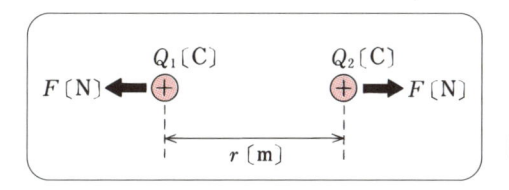

図 3.3　静電力 (2)

[†1] 電荷が空間の一点に集中していると見られるもの。

$8.854×10^{-12}$ F/m[†1] を 真空の誘電率 (permittivity of vacuum) という。

真空以外の媒質を 誘電体 (dielectric) という。誘電体中における静電力 F 〔N〕は

$$F = \frac{Q_1 Q_2}{4\pi\varepsilon r^2} \quad \text{〔N〕} \tag{3.2}$$

で表され，媒質によって異なる。ε を誘電体の 誘電率 (permittivity) という。また，真空の誘電率との比

$$\varepsilon_r = \frac{\varepsilon}{\varepsilon_0} \tag{3.3}$$

を 比誘電率[†2] (relative permittivity) といい，空気中ではほぼ1に等しく，他の誘電体では1より大きな値となる。

3.1.3　静電誘導

図 $3.4(a)$ のAは，帯電していない絶縁された導体である。

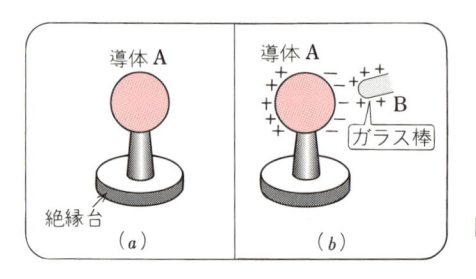

図 3.4　静電誘導

図 (b) のように，正に帯電したガラス棒Bを導体Aに近づけると，ガラス棒Bに近いほうの端にはBの電荷と反対の負電荷が，遠いほうの端にはBと同じ正電荷が現れる。

また，帯電したガラス棒Bを離すと，導体Aは，図 (a) のように，

[†1] 〔F/m〕のFはfarad（ファラド）のことで，詳しくは **3.2.2** 項で学ぶ。
[†2] **3.2.2** 項の表 3.2 を参照。

電荷が中和してもとの帯電していない状態にもどる。

図(b)のような現象を **静電誘導** (electrostatic induction) という。この現象は，A には正，負の等量の電荷があるが，外から帯電体を近づけると，同種の電荷の間には反発力，異種の電荷の間には吸引力が働くため，図(b)のように電荷が現れることによる，と考えられる。

3.1.4 静電遮へい

ステレオ装置でプレーヤの出力をアンプに入力するときや，無線機器を使用するときなどに，銅線に絶縁被覆をし，さらに外側に金属の網をかぶせたシールド線を使う。なぜ，そのような線を使うのだろうか。図 3.5 で考えてみよう。

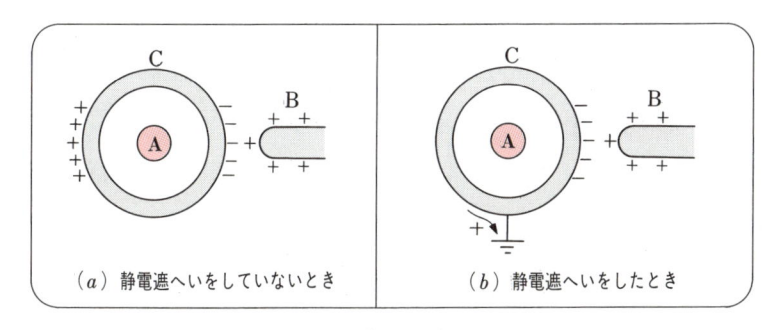

(a) 静電遮へいをしていないとき　　(b) 静電遮へいをしたとき

図 3.5 静電遮へい

図(a)のように，導体 A を導体 C で囲み，正に帯電したガラス棒 B を導体 C に近づけると，C に静電誘導による正と負の電荷が現れる。導体 C の電位が一定であれば，内部の導体 A はガラス棒 B の影響を受けない。一般的には，導体 C の電位を一定な状態にするために，導体 C を図(b)のように接地する。

このように，外部の静電気の影響を受けないようにすることを **静電**

遮へい (electrostatic shield) または 静電シールド という。先に述べたシールド線の外側の金網を接地するのは，静電遮へいのためである。

問 1. 空気中に置いた点電荷をそれぞれ $5\,\mu\mathrm{C}$ および $-1.6\,\mu\mathrm{C}$ とし，その間隔を $1.2\,\mathrm{m}$ とするとき，両電荷間に働く力を求めなさい。

問 2. 問 1. において，点電荷を比誘電率 2.5 の絶縁油中に置いたとすれば，両電荷間に働く力はどうなるか。

3.1.5 電界

帯電体の近くに他の帯電体を近づけると，クーロンの法則で表される静電力が働く。この静電力の働く空間を 静電界 (electrostatic field) または単に 電界 (electric field) という。

また，電界中に単位正電荷を置いたときに作用する静電力を 電界の強さ (electric field strength) という。電界の強さを表す量記号に $\vec{E}$，単位に ボルト毎メートル (volt per meter，単位記号 V/m) を用いる。

図 3.6 のように，点 O に $Q\,[\mathrm{C}]$ の点電荷があるとき，点 O から $r\,[\mathrm{m}]$ の点 P の電界の強さ $\vec{E}$ の大きさ E は，式 (3.2) から

$$E = \frac{Q \times 1}{4\pi\varepsilon r^2} = \frac{Q}{4\pi\varepsilon r^2} \quad [\mathrm{V/m}] \tag{3.4}$$

であり，その向きは図の矢印の向きである。

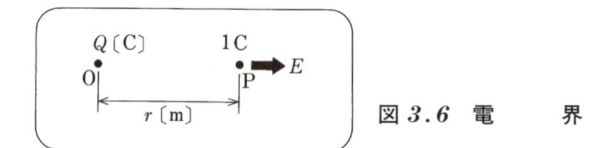

図 3.6 電 界

このように，電界の強さは，大きさと向きを持ったベクトル量である。電界の強さの大きさや向きのことを，単に電界の大きさ，電界の

向きと呼ぶことにする。

また，電界の大きさは1Cの電荷に働く力である。したがって，電界の大きさが E〔V/m〕である点に，電荷 q〔C〕を置くと，その電荷に働く力 F〔N〕は

$$F = qE \quad〔\text{N}〕 \tag{3.5}$$

となる。

帯電体の周りには，目に見えない電気の力線があると考えると，電界の様子がわかりやすい。このように仮想した線を **電気力線**(りき) (line of electric force) といい，図3.7のように表す。

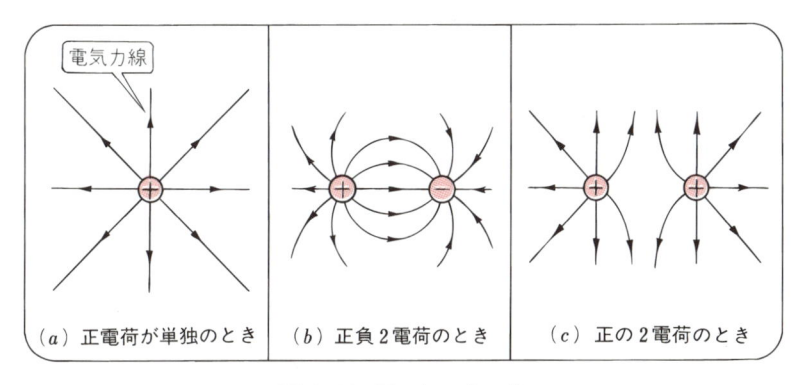

(a) 正電荷が単独のとき　(b) 正負2電荷のとき　(c) 正の2電荷のとき

図3.7　電　気　力　線

電気力線は，つぎのような性質を持っている。
① 電気力線は正電荷から出て負電荷で終わる。
② 電気力線の接線の向きは，その点の電界の向きと一致し，密度は，その点の電界の大きさに等しい。
③ 単位電荷には $\dfrac{1}{\varepsilon}$ 本の電気力線が出入りする。
④ 電荷のないところでは，電気力線は発生したり，消えたりせず，連続であり交わることはない。
⑤ 電気力線自身は縮もうとし，同じ向きの電気力線どうしはたが

いに反発し合う。

⑥　電気力線は，導体の表面に垂直に出入りする。

3.1.6　電位と電位の傾き

図 3.8 に示すように，点 O に置いた正の帯電体による電界中の一点 P_1 に，1 C の電荷を置くと，その電荷には図に示した向きに力 F〔N〕が働く。

この電荷を点 P_2 まで移動させるには，電界から受ける力に逆らって移動させなければならないから，外から仕事を与えなければならない。この 2 点 P_1-P_2 間のように，電荷を移動させるのに外から仕事が必要であるとき，この 2 点間には電位差があるといい，点 P_2 は点 P_1 より電位が高いという。

2 点 P_1-P_2 間で 1 C の電荷を移動させるのに，1 J の仕事を要するとき，この 2 点間の電位差が 1 V であると定義する。したがって，V〔V〕の電位差のある 2 点間で，Q〔C〕の電荷を移動させるには

$$W = QV \quad 〔J〕$$

の仕事が必要である。

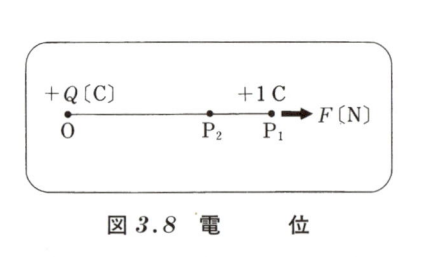

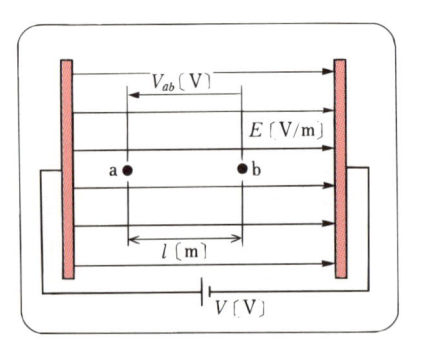

図 3.8　電　位

図 3.9　平等電界中の電位差

また，特定の点を電位の基準にとり，その基準点と任意の点との電位差を，任意の点の電位ということがある。一般的には，基準点は静電力を受けない無限遠点にとる場合が多い。

　電位の等しい点でつくられる面を**等電位面**（equipotential surface）という。等電位面はどこでも電気力線に垂直である。

　この電位差や電位は，第 *1* 章で学んだ電位差や電位と同じものである。

　図 *3.9* のように，平板電極間に直流電圧 V〔V〕を加えると，両電極はそれぞれ等電位面であるから，電気力線は平板電極に垂直である。また，電極間に電荷はないので，電気力線の状態には変化がなく，電極間は電界が等しくなる。このようにどこでも電界の強さが等しい電界を**平等電界**（uniform electric field）という。

　図のような，平等電界 E〔V/m〕中の 2 点 a-b 間の距離を l〔m〕，電位差を V_{ab}〔V〕とすれば

$$V_{ab} = El \ 〔\text{V}〕, \qquad E = \frac{V_{ab}}{l} \ 〔\text{V/m}〕 \tag{3.6}$$

となる。これは，1 m 当りの電位差を表し，**電位の傾き**（potential gradient）といい，電界の大きさに等しい。

3.1.7　電束密度

　図 *3.10* のように，Q〔C〕の点電荷を中心に半径 r〔m〕の球面を考えると，球面上の電界の大きさ E〔V/m〕は

$$E = \frac{Q}{4\pi\varepsilon r^2} \ 〔\text{V/m}〕$$

となり，電気力線の数 N は

図中:
$E = \dfrac{Q}{4\pi\varepsilon r^2}$ [V/m]
球の表面積 $4\pi r^2$ [m²]
電気力線
Q [C]
r [m]

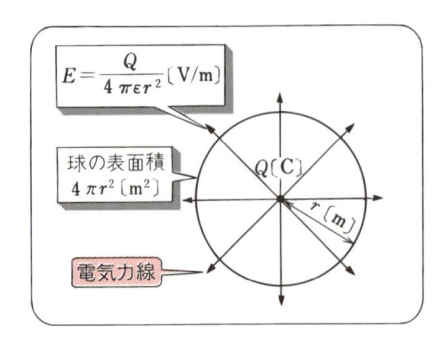

図 3.10 球面上の電界

$$N = 4\pi r^2 E = \dfrac{Q}{\varepsilon}$$

となる。

電気力線を用いると電界の様子は理解しやすいが，媒質が異なると，同量の電荷から出入りする電気力線の本数が異なり，その様子がわかりにくい。

そこで，電気力線の代わりに，周囲の媒質に関係のない量として**電束**（electric flux）を考え

$$D = \dfrac{Q}{4\pi r^2} = \varepsilon E \tag{3.7}$$

で表される**電束密度**（electric flux density）D を定義し，単位に**クーロン毎平方メートル**（coulomb per square meter，単位記号 C/m²）を用いる。

導体の表面の電荷が 1 m² 当り Q [C] とすれば，電荷密度は Q [C/m²] で表される。これは電束密度と同じ大きさであるから，Q [C] の電荷からは Q 本の電束が出ることになる。

問 3. 空気中で 2 μC の電荷を持つ小さな球から，2 m 離れた点の電界の大きさを求めなさい。

3.1.8 放電現象

空気中で二つの電極間に電圧を加え，徐々に電圧を高くしていくと，図 3.11 の①，②，③のように，電流が増加する。

空気中には，自然の状態でイオンがわずかに存在しているので，①の段階では，そのイオンの移動により電流は電圧に比例する。電圧を高くすると飽和するが，この電流を **飽和電流** (saturation current) という。

さらに電圧を高くすると，電界により加速された電子などが気体分子と衝突し，電子やイオンがつくられる。これが②の段階である。①，②の段階での電流はわずかで，発光は見られないので，この電流を **暗電流** (dark current) という。

③の段階では，大きな電界のために多量のイオンがつくられ，ついには火花を発し空気の絶縁を破壊して，大きな放電電流が流れる。

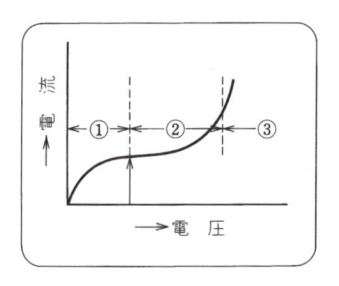

図 3.11 放電の電圧-電流特性

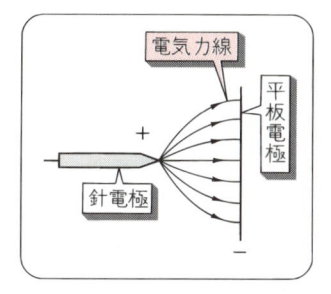

図 3.12 コロナ放電

1 コロナ放電 図 3.12 のように，針電極と平板電極との間に直流の高い電圧を加えると，針電極の先端の電界は大きくなり，空気の絶縁を破壊して局部的な放電が起こり，先端が光ってくる。このような放電を **コロナ放電** (corona discharge) という。コロナ放電は，電

気集塵装置，静電塗装，静電式複写機などに応用されている。

コロナ放電よりさらに電圧を高くすると，音と火花を伴い全路破壊になる。これを**火花放電**（spark discharge）という。この火花放電は過渡的であって，そのときの条件によって，つぎに学ぶグロー放電さらにアーク放電に移行する。火花放電の一例として，雷放電がある。

2 グロー放電　図 3.13 のように，およそ 150 Pa[†1] 前後の低気圧の気体中に置いた電極間に，安定抵抗を通して電圧を加えると，安定した放電が見られる。この放電を**グロー放電**（glow discharge）という。

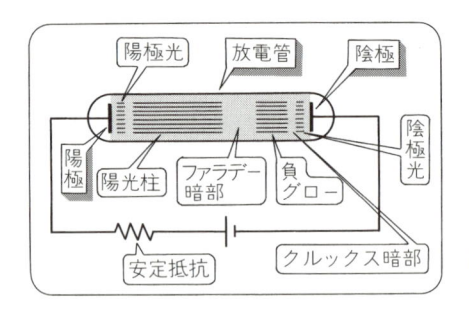

図 3.13　グロー放電

グロー放電は，表 3.1 に示すように，封入した気体に特有な色の光を発する。グロー放電は，蛍光灯の点灯管，ネオン管などに応用されている。

表 3.1　グロー放電の色

気体	Ne	He	Ar	Hg	N_2	O_2	H_2	空気	Na
負グロー	橙	淡緑	深青	白緑	青	淡緑	明青	青白	白
陽光柱	紅	白茶	深赤	青緑	黄赤	黄	桃	赤	黄

（電気工学ハンドブック）

[†1]　$1\,\text{Pa} = 1\,\text{N/m}^2 \fallingdotseq 7.50 \times 10^{-3}\,\text{mmHg}$

3 **アーク放電**　コロナ放電やグロー放電が生じた状態から，さらに両電極間に高電圧を加えると，放電電流が急に大きくなり，強い光と熱を伴った放電が生じる。これを**アーク放電**（arc discharge）という。

　アーク放電は，気体放電の最終段階である。アーク放電は，蛍光放電灯，高圧水銀灯，アーク溶接などに応用されている。

3.2 コンデンサと静電容量

3.2.1 コンデンサ

　図 3.14 のように，2枚の金属板を平行になるように置き，その間に誘電体を置いて，直流電圧 V〔V〕を加える。2枚の金属板間には誘電体があるので，両板間で電流は流れることはできない。しかし注意深く観察すると，スイッチを入れた瞬間だけ電流計の指針が振れることがわかる。

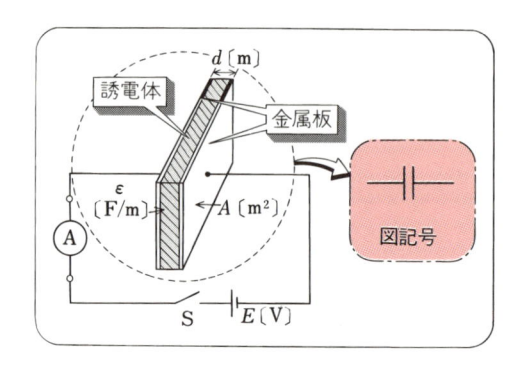

図 3.14　コンデンサ

　つぎに，電池を取り去り，代わりに抵抗を接続し，電流計の接続を逆にしてスイッチを入れると，その瞬間だけ電流計の指針が振れる。このことは，金属板に電荷が蓄えられていたことを示している。このように電荷を蓄えることのできる素子を **コンデンサ** (capacitor) といい，図に示したような図記号で表す。

コンデンサには，金属板間の誘電体の種類により，紙コンデンサ，空気コンデンサ，油コンデンサ，マイカコンデンサ，電解コンデンサ，セラミックコンデンサ，チタンコンデンサなどがある。

3.2.2　静　電　容　量

コンデンサに蓄えられる電荷 Q〔C〕は，金属板間に加える電圧 V〔V〕に比例する。

$$Q = CV, \quad C = \frac{Q}{V} \tag{3.8}$$

比例定数 C をコンデンサの**静電容量**（electrostatic capacity）といい，単位には**ファラド**（farad，単位記号 F）を用いる。この単位は実際には大きすぎるので，つぎのものが用いられる[†1]。

$$1\,\mu\mathrm{F} = 10^{-6}\,\mathrm{F}, \quad 1\,\mathrm{pF} = 10^{-12}\,\mathrm{F}$$

コンデンサの静電容量 C〔F〕は，つぎのようにして求められる。図 3.14 において，金属板の面積を A〔m²〕，金属板間の距離を d〔m〕，誘電体の誘電率を ε〔F/m〕，加える電圧を V〔V〕としたとき，誘電体中の電界の大きさ E〔V/m〕は，式（3.6）から

$$E = \frac{V}{d} \quad \text{〔V/m〕}$$

となる。電束密度 D〔C/m²〕はつぎの式で表される。

$$D = \frac{Q}{A} \quad \text{〔C/m²〕}$$

また，式（3.7）の関係から

$$\frac{Q}{A} = \varepsilon\frac{V}{d}, \quad V = \frac{Qd}{\varepsilon A}$$

[†1] 1 μF と 1 pF の中間に 1 nF = 10⁻⁹ F もある。

となる。したがって，静電容量 C 〔F〕は，式 (3.8) から

$$C = \varepsilon \frac{A}{d} \quad [\text{F}] \tag{3.9}$$

で表される。

式 (3.9) からわかるように，静電容量 C は誘電率 ε に比例するから，誘電体の種類により大きさが異なる。

表 3.2 に，いろいろな物質の比誘電率の値を示す。

表 3.2　いろいろな物質の比誘電率 ε_r

物　質	ε_r	物　質	ε_r
ガラス	5.4〜9.9	フェノール樹脂	4.5〜5.5
マイカ	2.5〜6.6	陶磁器	5.7〜6.8
紙	2.0〜2.6	水	81
パラフィン	2.1〜2.5	酸化チタン	83〜183

（電気工学ポケットブック）

問 4. 静電容量 $2\,\mu\text{F}$ のコンデンサに 200 V の電圧を加えたとき，蓄えられる電荷は何〔C〕か。

問 5. 円形の金属板を 2 枚平行にしてコンデンサをつくるとき，つぎの (i)，(ii) に答えなさい。

(i) 金属板の半径を $\frac{1}{2}$ にしたとき，静電容量が変化しないためには，両板間の距離をもとの何倍にすればよいか。

(ii) 両板間の距離を 2 倍にしたとき，静電容量が変化しないためには，金属板の半径をもとの何倍にすればよいか。

3.2.3　コンデンサに蓄えられるエネルギー

図 3.15(a) の回路において，スイッチを①側に入れ，コンデンサ

に電荷を蓄える。つぎにスイッチを②に切り換えると，電池の電圧 E およびコンデンサ C の容量が大きいときは，スイッチの両端間に火花を生じることがある。これはコンデンサに蓄えられていた静電エネルギーが，急に放出されるために起こる現象である。

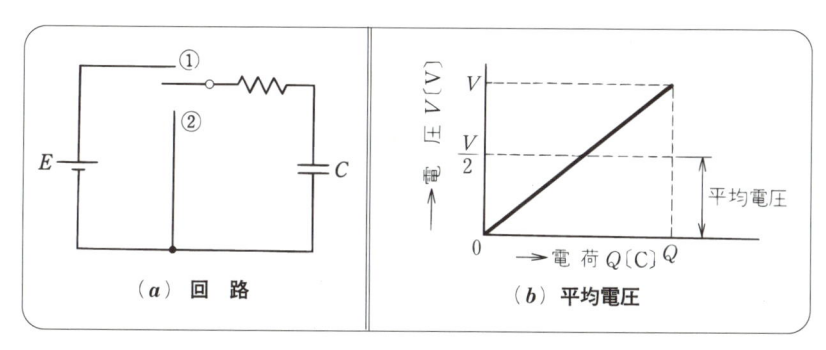

図3.15 コンデンサに蓄えられるエネルギー

いま，静電容量 C〔F〕のコンデンサの金属板間の電圧を，図(b)のように，0〔V〕から V〔V〕まで増加させたとき，電荷 Q は電圧に比例して増加し，$Q=CV$〔C〕となる。この場合，コンデンサの端子電圧は，平均して $\dfrac{V}{2}$〔V〕の電圧を加えて Q〔C〕の電荷を蓄えたものと考えてよいから，蓄えられるエネルギー W_C〔J〕は，つぎのようになる。

$$W_C = \frac{1}{2} VIt = \frac{1}{2} V \times \frac{Q}{t} \times t = \frac{1}{2} QV = \frac{1}{2} CV^2 \ \text{〔J〕}$$

(3.10)

3.2.4　コンデンサの接続

1　直列接続　図3.16のように，コンデンサを直列に接続して電圧を加えると，コンデンサ C_1 の上の電極に Q〔C〕，下の電極

には静電誘導により $-Q$ 〔C〕の電荷が現れる。この電極と C_2 の上の電極とは一つの導体であるから，全体の電荷は零である。したがって，C_2 の上の電極には Q 〔C〕の電荷が現れる。

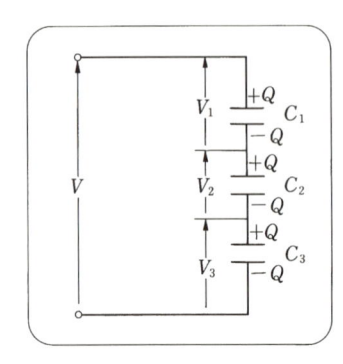

図 3.16 直列接続

以下，同じようにして，各コンデンサには図 3.12 のような電荷が現れる。各コンデンサの両端の電圧 V_1, V_2, V_3〔V〕と全電圧 V〔V〕は

$$V_1 = \frac{Q}{C_1} \text{〔V〕}, \quad V_2 = \frac{Q}{C_2} \text{〔V〕}, \quad V_3 = \frac{Q}{C_3} \text{〔V〕}$$

$$V = V_1 + V_2 + V_3 = \frac{Q}{C_1} + \frac{Q}{C_2} + \frac{Q}{C_3}$$

$$= Q\left(\frac{1}{C_1} + \frac{1}{C_2} + \frac{1}{C_3}\right) \text{〔V〕}$$

となる。

コンデンサ C_1, C_2, C_3 をまとめて，同じ働きをする1個のコンデンサ C〔F〕とすると

$$C = \frac{Q}{V} = \frac{1}{\frac{1}{C_1} + \frac{1}{C_2} + \frac{1}{C_3}} \text{〔F〕} \quad (3.11)$$

となる。この C は，コンデンサ C_1, C_2, C_3 を直列接続したときの**合成静電容量** (combined capacitance) と呼ばれる。

例題 1.

静電容量 $1\mu F$, $1.5\mu F$, $3\mu F$ のコンデンサを直列に接続したときの，合成静電容量および各コンデンサの両端の電圧の比を求めなさい。

解答 合成静電容量 C は，式 (3.11) から

$$C = \frac{1}{\frac{1}{C_1}+\frac{1}{C_2}+\frac{1}{C_3}} = \frac{1}{\frac{1}{1}+\frac{1}{1.5}+\frac{1}{3}} = \frac{1}{\frac{3+2+1}{3}} = \frac{1}{\frac{6}{3}}$$

$$= \frac{1}{2} = 0.5$$

各コンデンサの両端の電圧を V_1, V_2, V_3 〔V〕とすると

$$V_1 : V_2 : V_3 = \frac{Q}{C_1} : \frac{Q}{C_2} : \frac{Q}{C_3} = \frac{1}{C_1} : \frac{1}{C_2} : \frac{1}{C_3}$$

$$= \frac{1}{1} : \frac{1}{1.5} : \frac{1}{3} = 3 : 2 : 1$$

問 6. 静電容量 $1\mu F$, $3\mu F$ のコンデンサを直列に接続して，両端に 80 V の電圧を加えたとき，各コンデンサの端子電圧および合成静電容量を求めなさい。

2 並列接続 図 3.17 の両端子 a-b 間に電圧 V〔V〕を加えると，各コンデンサには Q_1, Q_2, Q_3〔C〕の電荷が蓄えられ

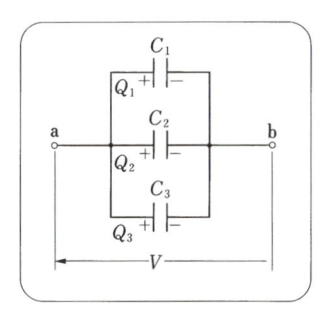

図 3.17 並列接続

140   3. 静　電　気

$$Q_1 = C_1 V \ [C]$$

$$Q_2 = C_2 V \ [C]$$

$$Q_3 = C_3 V \ [C]$$

となる。したがって，全電荷 Q [C] は

$$Q = Q_1 + Q_2 + Q_3 = C_1 V + C_2 V + C_3 V$$
$$= V(C_1 + C_2 + C_3) \ [C]$$

となる。合成静電容量 C [F] は，つぎの式で表される。

$$C = \frac{Q}{V} = C_1 + C_2 + C_3 \ [F] \tag{3.12}$$

問 7. $1\mu F$, $2\mu F$, $3\mu F$ のコンデンサを並列に接続し，50 V の電圧を加えた。合成静電容量および各コンデンサの電荷を求めなさい。

例題 2.

図 3.18 のように，$1\mu F$, $2\mu F$, $6\mu F$ の 3 個のコンデンサを直並列に接続し，a–c 間に 120 V の電圧を加えたとき，合成静電容量，各コンデンサの端子電圧および蓄えられる電荷はいくらか。

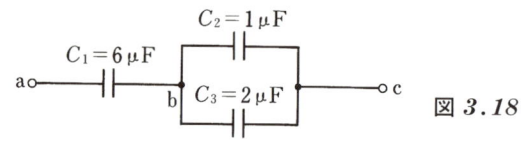

$$\begin{array}{c} C_1 = 6\mu F \quad C_2 = 1\mu F \\ \text{a} \circ\!\!-\!\!|\!|\!-\!\!\bullet\text{b}\ C_3 = 2\mu F\ \circ\text{c} \end{array}$$

図 3.18

解答　b–c 間の合成静電容量を C_{23} とすれば

$$C_{23} = C_2 + C_3 = 1 + 2 = 3 \ [\mu F]$$

a–c 間の合成静電容量 C は

$$C = \frac{1}{\dfrac{1}{C_1} + \dfrac{1}{C_{23}}} = \frac{1}{\dfrac{1}{6} + \dfrac{1}{3}} = \frac{1}{\dfrac{1+2}{6}} = \frac{6}{3} = 2 \ [\mu F]$$

a–b 間および b–c 間の電圧を V_1 [V], V_2 [V] とすると

$$C_1 V_1 = C_{23} V_2, \quad 6 V_1 = 3 V_2 \quad \therefore \quad V_2 = 2 V_1$$

また，$V_1+V_2=120$ V から $V_1=40$ V，$V_2=80$ V である。

したがって，各コンデンサに蓄えられる電荷 Q_1，Q_2，Q_3〔C〕は

$Q_1=C_1V_1=6\times10^{-6}\times40=2.4\times10^{-4}$〔C〕$=240$〔μC〕

$Q_2=C_2V_2=1\times10^{-6}\times80=8\times10^{-5}$〔C〕$=80$〔μC〕

$Q_3=C_3V_3=2\times10^{-6}\times80=1.6\times10^{-4}$〔C〕$=160$〔μC〕

3.2.5　コンデンサの種類と用途

コンデンサには，金属板間の誘電体の種類や使用目的により多くの種類や形状のものがある。式（3.9）からわかるように，静電容量を大きくするためには金属板間の距離を小さくすればよいが，絶縁耐電圧には限度があり，一定以上の電圧を加えることができなくなる。

この電圧を定格電圧 (rated voltage) といい，単位記号には WV (work volt) または V を用いる。したがって，使用電圧は定格電圧を超えないようにしなければならない。

1　マイカコンデンサ (mica capacitor)　これは，金属板とマイカを交互に多数重ねるか，またはマイカに銀を焼きつけてつくられる。マイカは，比誘電率が大きいので小形・軽量であり，劣化しにくいので耐久力が大きい。高周波回路に用いられる。

2　紙コンデンサ (paper capacitor)　これは，長い帯状の金属はくと十分加熱乾燥した紙に，パラフィンや絶縁油を含浸させたものを重ねて巻いてつくる。油を用いたものはオイルコンデンサと呼ばれることもある。

3　プラスチックコンデンサ　これは，ポリエチレン，ポリカーボネートなどの薄膜と金属はくと重ねて巻いたもので，フィルム

コンデンサともいう。損失が少なく，電子回路などで多く用いられる。

4 磁器コンデンサ　これは，酸化チタン，チタン酸バリウムなどを主成分とする磁器に，銀を焼きつけて電極としたもので，セラミックコンデンサともいう。酸化チタン系の磁器を用いたものは，温度特性が＋から－までのものをつくることができるので温度補償用として用いられ，種類Ｉと呼ばれる。また，チタン酸バリウム系磁器は，高誘電率形を種類II，半導体形を種類IIIと呼ぶ。

5 電解コンデンサ (electrolytic capacitor)　これは，電気分解によって陽極にできる酸化皮膜を誘電体として用いたコンデンサで，極性がある。誘電体膜を薄くできるので，体積が小さいわりに大きな容量のものが得られる。しかし，温度により容量が変化したり，損失が大きいなどの欠点があり，定格を超える電圧をかけると，ガス化した電

(a) マイカコンデンサ　　(b) 紙コンデンサ

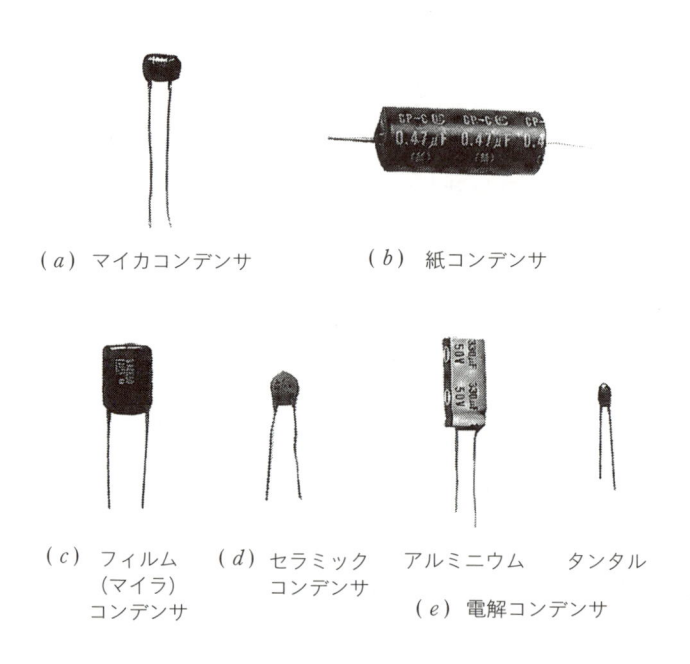

(c) フィルム（マイラ）コンデンサ　(d) セラミックコンデンサ　アルミニウム　タンタル
(e) 電解コンデンサ

図3.19　固定コンデンサ

解液が吹き出てくることがある。

図 3.19 は，固定コンデンサを示したものである。

コンデンサの静電容量は，図 3.20 のように，3 けたの数字で表される。J や K は許容差を表すが，これを表 3.3 に示す。

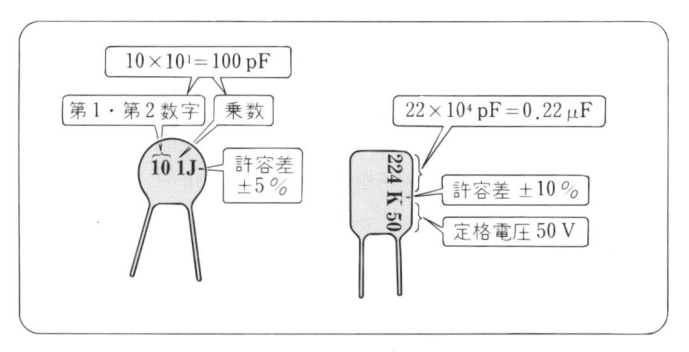

図 3.20　コンデンサの静電容量の表示

表 3.3　コンデンサの静電容量の許容差

記　号	B	C	D	F	G	J	K	M	N
許容差〔％〕	±0.1	±0.25	±0.5	±1	±2	±5	±10	±20	±30

3　練習問題

❶　2 個の相等しい電荷を持つ小球を，空気中で 1 m の距離に置いたとき，3.6×10^{-2} N の反発力が働いた。電荷は何〔C〕か。

❷　3 μC の電荷を電界中に置いたところ，1.2×10^{-5} N の力を受けた。電界の強さはいくらか。

❸　4 C の電荷を点 a から点 b へ移動させるのに，80 J の仕事を要した。2

点a-b間の電位差はいくらか。

❹ 1m離れた2点a, bに，それぞれ25μC，−9μCの電荷がある。2点a, bを通る直線上で，電界の強さが零となる点は，点aから何〔m〕の点か。

❺ 図3.21の合成静電容量を求めなさい。

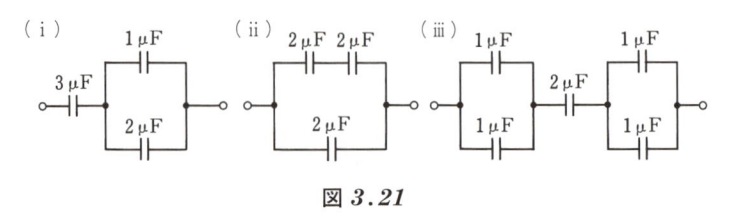

図3.21

❻ いくつかの相等しい静電容量のコンデンサを並列に接続したときの合成静電容量が，それらを同じ個数直列に接続したときの合成静電容量の100倍になった。コンデンサの個数はいくつか。

❼ 1.5μFと2.5μFのコンデンサを直列につなぎ，これにある電圧を加えたところ，1.5μFのコンデンサの端子間電圧が50Vになった。加えた電圧は何〔V〕か。

3 研究問題

❶ 1辺の長さr〔m〕の正方形の三つの隅に，Q〔C〕の電荷を置いたとき，残りの一隅における電界の大きさと向きはいくらか。

❷ 図3.22の回路において，a-b間にE〔V〕を加えたとき，C_0の端子電圧Vは，12Vであった。このとき，E〔V〕はいくらか。ただし，$C=0.1\mu F$，$C_0=0.05\mu F$とする。

図 3.22

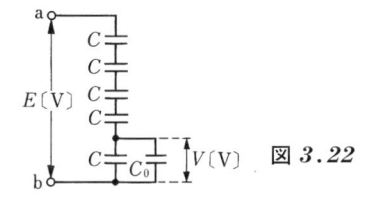

❸ 図 3.23 (a), (b) において, コンデンサ C_1 および C_2 の静電容量は, それぞれ $3\mu F$ および $1\mu F$ である。また電荷は, それぞれ $1\mu C$ および $3\mu C$ が図のような極性で蓄えられている。

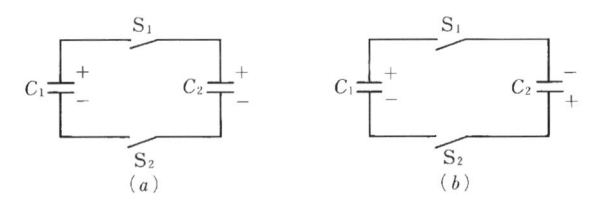

図 3.23

この状態で, 両図ともにスイッチ S_1 および S_2 を入れ, 図(a)の C_1 の電圧を $V_1[V]$, 図(b)の C_1 の電圧を $V_2[V]$ としたとき, $\left|\dfrac{V_1}{V_2}\right|$ の値はいくらか。

❹ 電極面積 300 cm^2, 電極間距離 4 mm の平行電極の間に, 図 3.24 のように, 比誘電率をそれぞれ, $\varepsilon_{r1}=2$ および $\varepsilon_{r2}=4$ の2種類の誘電体を2等分するように満たした。このときの静電容量はいくらか。
また, 図(b)のように満たしたときの静電容量はいくらか。

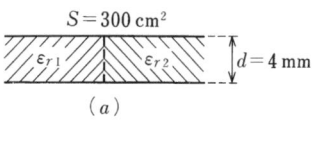

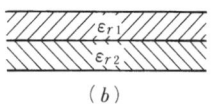

図 3.24

❺ 地球を完全な導体球とみなしたとき，その静電容量はいくらか。ただし，地球の半径を 6 350 km とする。

❻ 図 3.25 のように，面積の等しい平行板電極間に，種類および厚さの異なる誘電体を挿入した二つのコンデンサAおよびBがある。まず，スイッチSを切ったまま，コンデンサAに一定電荷を与えて電位を測定した後，Sを入れたところ，電位は前の 0.5 倍になった。

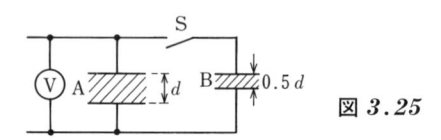

図 3.25

コンデンサAの誘電体の比誘電率を3とすれば，コンデンサBの誘電体の比誘電率はいくらか。

❼ 静電容量がそれぞれ $1\mu\mathrm{F}$, $2\mu\mathrm{F}$ の2個のコンデンサがある。各コンデンサにかけることのできる最大電圧がともに 500 V であるとき，これらのコンデンサを直列に接続して全体にかけることのできる最大電圧は何〔V〕か。

4 交流回路

　これまでは，直流の事象について学んできたが，この章では，日常使用している交流について学ぶ。

　交流は一定の周期で，流れの向きと大きさが変わる電流で，複雑な性質を持っているが，変圧器で電圧を昇降できるという大きな特長がある。

　ここでは，まず交流の基本的な性質を学び，つぎに，交流回路を取り扱う上で便利な複素数について理解する。さらに，ベクトルと複素数を用いて，交流回路の取り扱いや交流の電力について学ぶ。

4.1 正弦波交流の性質

4.1.1 正弦波交流

　時間の経過とともに，大きさと向きが周期的に変化する電流を **交流電流** という。回路に流れる電流は時間とともに変化するので，回路内の2点間の電圧も，時間とともに変化する。この電圧を **交流電圧** (alternating voltage) という。交流電流，交流電圧を単に **交流** という。

　交流の大きさと向きが，時間の経過に伴って変化する状態を表したものを **波形** (waveform) といい，波形が正弦曲線になっているものを **正弦波交流** という。以後，本章で学ぶものは正弦波交流である。

　図 $4.1(a)$ の交流回路で，交流起電力 e〔V〕を負荷に加えたとき，負荷には図 (b) に示す交流電流 i〔A〕が流れ，その両端には，直流回路と同様に，交流電圧 v〔V〕が生じる。なお，e, i および v の矢印は，それぞれ正の向きを示している。

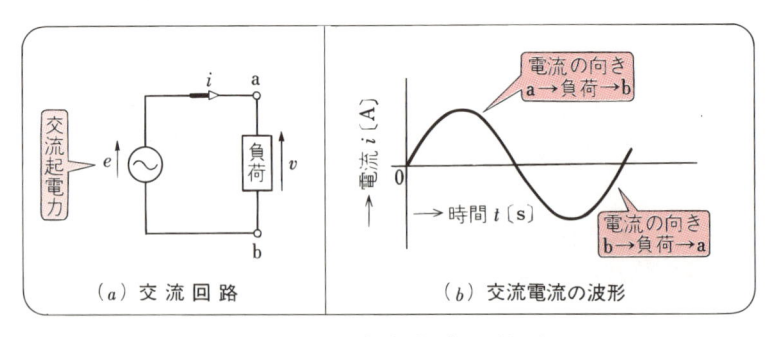

(a) 交流回路　　(b) 交流電流の波形

図 4.1　正弦波交流の波形

4.1.2 周期と周波数

電流の値が時間とともに変化する正弦波交流の波形において，零から正の最大になって再び零になり，さらに負の最大になって再度零になるまでの変化を1周波という。1周波に要する時間を **周期** (period) といい，T で表し，その単位に秒〔s〕を用いる。

また，単位時間に同じ変化を繰り返す回数を **周波数** (frequency) といい，f で表し，単位に **ヘルツ** (hertz，単位記号 Hz) を用いる。

周波数 f〔Hz〕と周期 T〔s〕の間には，つぎの関係がある。

$$f = \frac{1}{T} \quad \text{〔Hz〕} \tag{4.1}$$

問 1. 周期が 0.02 s の交流の周波数と，周波数が 10^4 Hz の交流の周期をそれぞれ求めなさい。

4.1.3 瞬時値と最大値

交流の任意の時刻における値を **瞬時値** (instantaneous value) という。瞬時値を表す場合，一般に小文字を用いる。電流には i，電圧には v を用いる。

瞬時値のうち，絶対値が最も大きいものを **最大値** (maximum value) または **振幅** (amplitude) という。電流の最大値を I_m，電圧の最大値を V_m で表す。

瞬時値の正の最大値から負の最小値までの振れ幅を **ピークピーク値** (peak to peak value) という。電流のピークピーク値を I_{pp}，電圧のピークピーク値を V_{pp} で表す。

図 4.2 は，瞬時値，最大値およびピークピーク値を示したものである。

150   4. 交 流 回 路

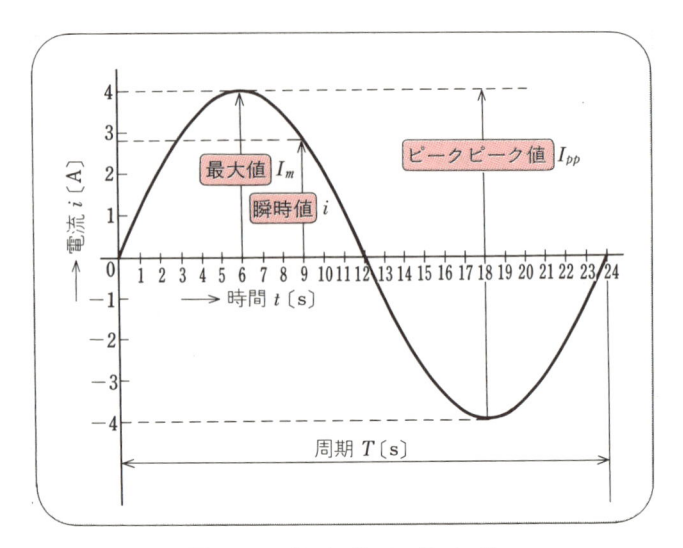

図 4.2 瞬 時 値 と 最 大 値

4.1.4　平均値と実効値

図 4.3 に示すように，交流の正または負の半周期[†1]の波形の面積と，その山をならして平らにした長方形の面積が等しいとき，長方形の高

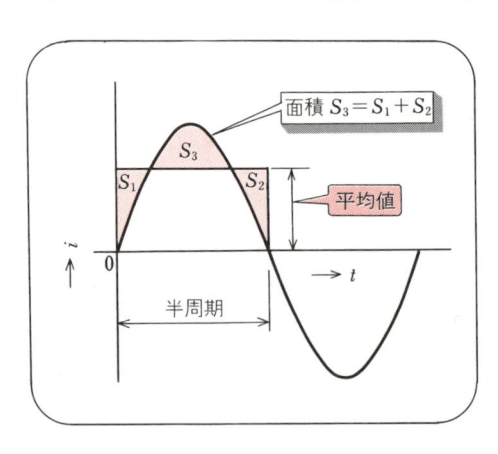

図 4.3　平　均　値

[†1] 交流の1周期の平均をとると零になるので，半周期の平均をとる。

さを**交流の平均値**（mean value）という。電流の平均値を I_{av}, 電圧の平均値を V_{av} で表す。

平均値 I_{av}, V_{av} と最大値 I_m, V_m との間にはつぎの関係がある。

$$\left. \begin{array}{l} I_{av} = \dfrac{2}{\pi} I_m = 0.637 I_m \\[2mm] V_{av} = \dfrac{2}{\pi} V_m = 0.637 V_m \end{array} \right\} \quad (4.2)$$

図 $4.4(a)$, 図 (b) の回路において，同じ値の抵抗 R に，同じ時間通電したとき，それぞれの抵抗に発生する熱エネルギーが等しいならば，交流電流 i と直流電流 I は同じ働きをしたことになる。このときの直流の大きさ I を交流電流の**実効値**（root-mean-square value）という。実効値は普通 I で表すが，I_{rms} を用いることもある。

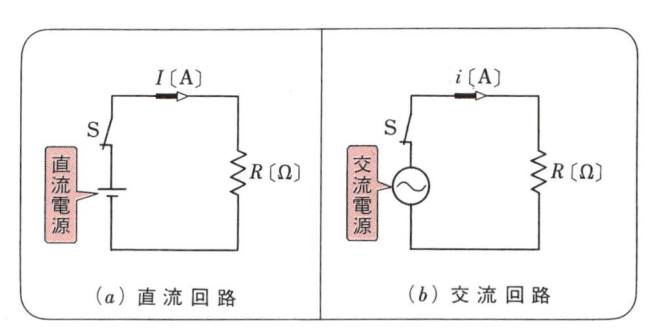

図 4.4 直 流 電 力 と 交 流 電 力

熱エネルギーが等しいということは，抵抗 R で消費する電力量が等しいということである。ここで，直流の電力量 W〔J〕および交流の電力量 W'〔J〕は，通電時間を T〔s〕とすると

$$W = RI^2 T \quad 〔\text{J}〕$$

$$W' = (Ri^2 T) \text{の平均値} = R \cdot (i^2 \text{の平均値}) \cdot T \quad 〔\text{J}〕$$

となる。したがって，$W = W'$ とすれば

$$RI^2T = R \cdot (i^2\text{の平均値}) \cdot T$$

となり，電流の実効値 I は

$$I = \sqrt{i^2\text{の平均値}} \qquad (4.3)$$

となる。交流電圧の実効値も同様に定義される。

このことから，交流の電流，電圧の**実効値は，瞬時値の2乗の平均値の平方根**で表される。図 4.5 は，このことを波形で示したものである。

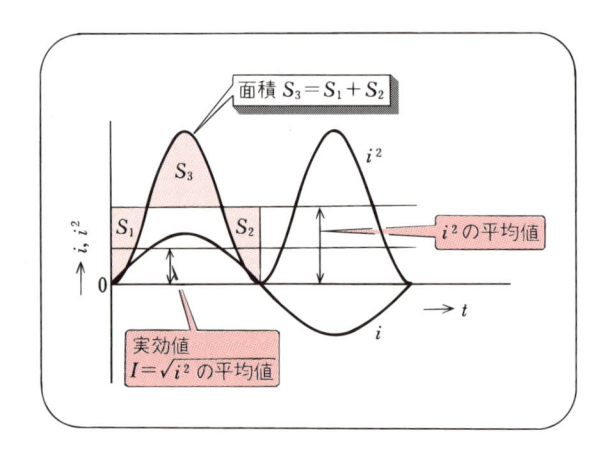

図 4.5 実効値

電流の実効値を I，電圧の実効値を V で表すと，最大値 I_m と V_m との間にはつぎの関係がある。

$$\left. \begin{array}{l} I = \dfrac{I_m}{\sqrt{2}} = 0.707\, I_m \\[6pt] V = \dfrac{V_m}{\sqrt{2}} = 0.707\, V_m \end{array} \right\} \qquad (4.4)$$

なお，交流の大きさは，断りのない限り実効値で示される。また，交流の電圧計，電流計は，実効値で指示するように目盛がつけられている。

例題 1.

最大値が 141.4 V の交流電圧の平均値と実効値を求めなさい。

解答 最大値＝141.4 V であるので，式（4.2）から，平均値 V_{av} は

$$V_{av} = \frac{2}{\pi} V_m = \frac{2}{\pi} \times 141.4 = 90.02 \text{ 〔V〕}$$

また，実効値 V は，式（4.4）を用いて

$$V = \frac{V_m}{\sqrt{2}} = \frac{141.4}{\sqrt{2}} = 100 \text{ 〔V〕}$$

4.2 正弦波交流起電力の発生

4.2.1 弧度法

　角度を表すには，一般に60分法があり，単位に度（単位記号°）を用いる。このほかに**弧度法**があり，単位にラジアン（radian，単位記号rad）を用いる。

　これは，図4.6のように半径 r 〔m〕の円を描いたとき，中心角の大きさ φ（ファイ）と弧 l 〔m〕の長さが比例することから，半径と φ に対する弧の長さの比をとって中心角の大きさを表すものである。

$$\varphi = \frac{l}{r} \text{〔rad〕}$$

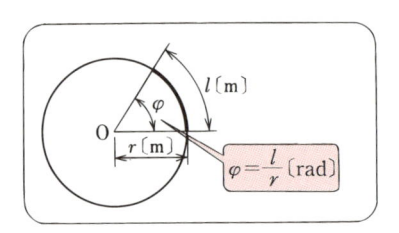

図4.6　弧度法

　したがって，〔°〕と〔rad〕の間にはつぎの関係がある。

$$360° = \frac{2\pi r}{r} = 2\pi \text{〔rad〕} \tag{4.5}$$

$$1 \text{ rad} = \frac{360°}{2\pi} = 57.3° \tag{4.6}$$

4.2.2 角速度

図 4.7 のように，物体 P が点 O を中心に円運動をしているとき，物体の回転の速さを表すには，毎秒の回転数 n（単位記号 rps）を用いる。このほかに，毎秒の回転角で表す方法があり，これを **角速度**（angular velocity）といい，量記号に ω（オメガ）（単位記号 rad/s）を用いる。

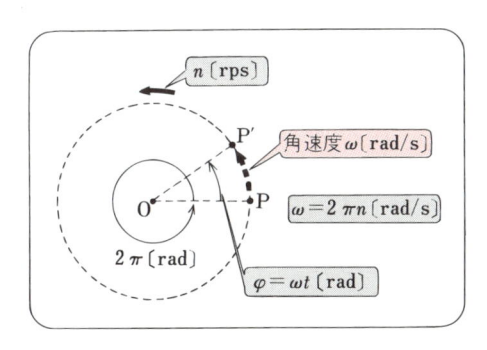

図 4.7 角 速 度

ω〔rad/s〕と n〔rps〕との間には，つぎの関係がある。

$$\omega = 2\pi n \quad \text{〔rad/s〕} \tag{4.7}$$

また，角速度 ω で回転している点 P が，t〔s〕間で点 P′ まで回転したとすれば，その間の回転角 φ はつぎの式で表すことができる。

$$\varphi = \omega t \quad \text{〔rad〕} \tag{4.8}$$

問 2. 2 秒間で 40 回転する回転体の角速度を求めなさい。

4.2.3 正弦波交流起電力

図 4.8(a) のコイルにおいて，磁束を切る部分をコイル辺という。この長さ l〔m〕，幅 $2r$〔m〕，巻数 N のコイルが，図(b)，(c) のように，磁束密度 B〔T〕の平等磁界中で，点 O を中心に矢印の向きに，一定の角速度 ω〔rad/s〕で回転している。

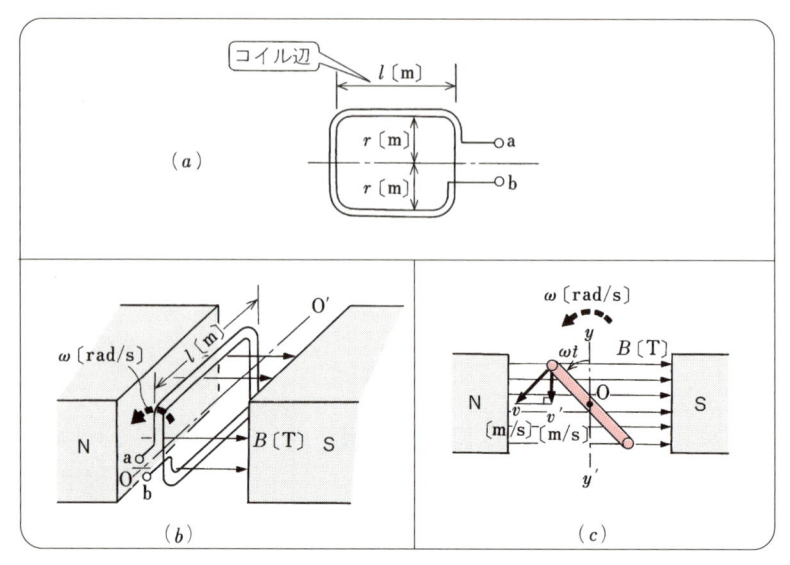

図 4.8　正弦波交流起電力の発生

このときのコイル辺の速度 v [m/s] は，つぎのように表される。

$$v = \omega r \quad \text{[m/s]} \tag{4.9}$$

したがって，導体が磁束を y-y' 方向に切る速度 v' [m/s] は

$$v' = v \sin \omega t \quad \text{[m/s]} \tag{4.10}$$

となる。導体に誘導される起電力 e [V] の大きさは，式 (2.36) から

$$e = 2BlNv' = 2BlNv \sin \omega t \quad \text{[V]} \tag{4.11}$$

となる。ここで，$E_m = \sqrt{2}\,E = 2BlNv$ [V] と置けば

$$e = E_m \sin \omega t = \sqrt{2}\,E \sin \omega t \quad \text{[V]} \tag{4.12}$$

となる。

すなわち，コイルが図 (c) の平等磁界中を 1 回転するごとに，図 4.9 に示す正弦波交流起電力が 1 周波発生する。

ここで，起電力の周波数を f [Hz] とすれば，角速度 ω [rad/s] は，

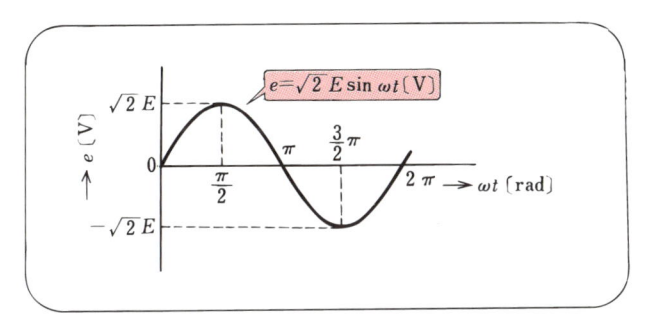

図 4.9 正弦波交流起電力

つぎの式で表される。

$$\omega = 2\pi f \quad [\text{rad/s}] \tag{4.13}$$

この ω を，正弦波交流の **角周波数**（angular frequency）という。式 (4.12) の起電力を，周波数 f を用いて表せば

$$e = \sqrt{2}\, E \sin \omega t = \sqrt{2}\, E \sin 2\pi f t \quad [\text{V}] \tag{4.14}$$

となる。

4.2.4　位相と位相差

図 4.10 (a) のように，平等磁界中に，点 O を軸にして相等しい二つのコイル A, B を，φ [rad] だけ位置をずらして配置した。

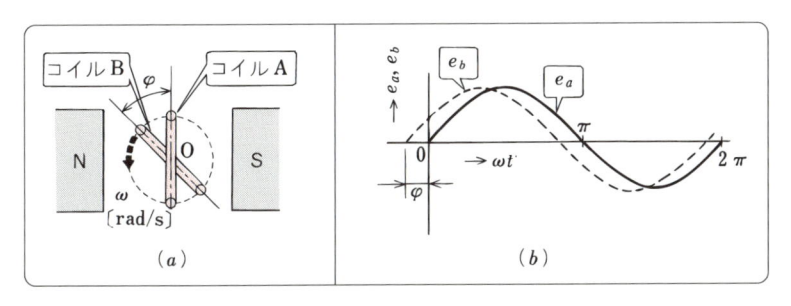

図 4.10　位相と位相差

いま，二つのコイルを同時に，角速度 ω〔rad/s〕で図の向きに回転させる。コイル B の起電力 e_b〔V〕の変化は，コイル A の起電力 e_a〔V〕の変化よりつねに φ〔rad〕だけ先になり，その波形は図(b)のようになる。

それぞれのコイルの起電力を式で表せば，つぎのようになる。

$$e_a = \sqrt{2}\,E \sin \omega t \quad \text{〔V〕} \qquad (4.15)$$

$$e_b = \sqrt{2}\,E \sin(\omega t + \varphi) \quad \text{〔V〕} \qquad (4.16)$$

ここで，ωt，$(\omega t + \varphi)$ は，それぞれの起電力の任意の時刻における瞬時値を決める要素である。これを，e_a，e_b の==位相== (phase) または==位相角== (phase angle) といい，特に $t=0$ における位相を，==初位相==または==初位相角==という。

二つの交流の位相の差 $(\omega t + \varphi) - \omega t = \varphi$〔rad〕を==位相差== (phase difference) といい，この場合 e_a は e_b より φ〔rad〕だけ==位相が遅れている==，または，e_b は e_a より φ〔rad〕だけ==位相が進んでいる==という。

また，e_a，e_b の位相が同じとき，e_a，e_b は==同相== (in-phase) であるという。

問 3. $e = 100\sqrt{2}\sin\left(\omega t + \dfrac{\pi}{6}\right)$ の起電力と $i = 5\sqrt{2}\sin\left(\omega t - \dfrac{\pi}{3}\right)$ の電流との位相差を求めなさい。

問 4. $e_a = E_m \sin \omega t$〔V〕と同じ大きさの起電力で，e_a より $\dfrac{1}{6}$ 周期遅れた起電力 e_b を表す式を求めなさい。

4.3 交流回路の取り扱い方

4.3.1 正弦波交流のベクトル表示

図 $4.11(a)$ のように，大きさが I_m で，初位相が φ 〔rad〕のベクトル $\dot{I}_m$[†1] が，図の位置から反時計方向に角周波数 ω〔rad/s〕で回転する。するとこのベクトルは，回転を始めてから任意の時間 t 秒後には，ωt〔rad〕だけ反時計方向に回転する。

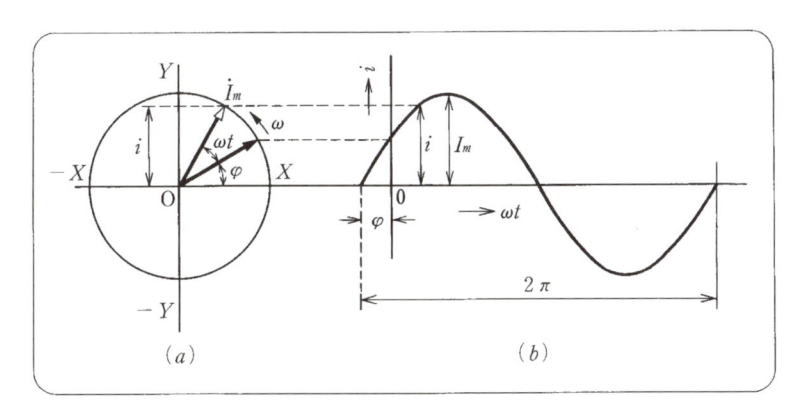

図 4.11 正弦波交流のベクトル表示

したがって，その瞬間の Y 軸上の正射影 i は

$$i = I_m \sin(\omega t + \varphi) \tag{4.17}$$

となる。

図(b)は，i が回転角 ωt〔rad〕に対してどのように変化するかを

[†1] 交流回路では，ベクトルを文字で表すときは文字に・(ドット) を付ける。

示したものである。

このことから，回転ベクトル $\dot{I}_m$ の Y 軸上の正射影は，最大値が I_m，初位相が φ の正弦波交流と同じ変化をすることがわかる。逆に正弦波交流は，回転ベクトルで表示することができる。

図 $4.12(b)$ は，正弦波交流電流 $i_1=\sqrt{2}\,I_1\sin(\omega t+\varphi_1)$ と $i_2=\sqrt{2}\,I_2\sin(\omega t+\varphi_2)$ を合成した電流 $i=\sqrt{2}\,I\sin(\omega t+\varphi)$ を示したもので，その回転ベクトルは図 (a) のようになる。

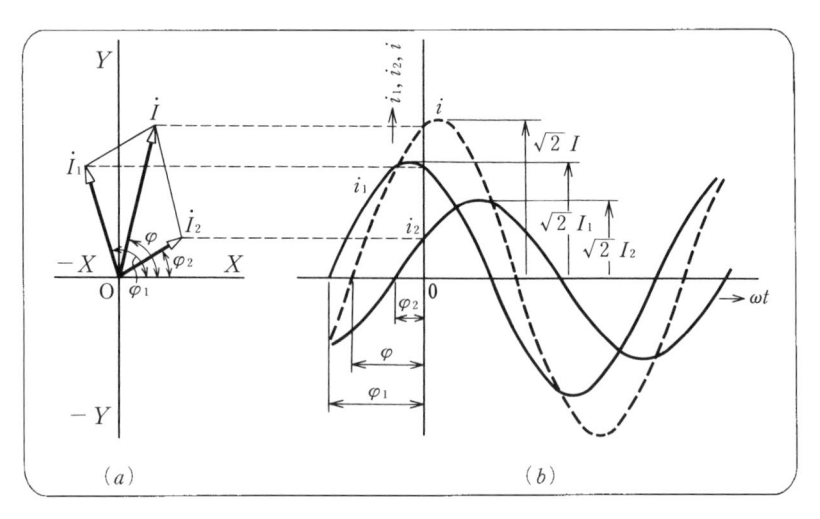

図 4.12　正弦波交流の合成

また，いくつかのベクトルが同一の角周波数 ω で同じ向きに回転すると，それぞれのベクトル間の相対的な位置は，時間 t に関係なく一定であるから，ベクトル相互間の関係は静止したベクトルと考えてさしつかえない。したがって，これからはベクトルが回転していることを省略し，正弦波交流をベクトルで取り扱うときは静止ベクトルとする。

このとき，ベクトル相互間の初位相や位相差を示す回転角の測り方は，一定にする必要があるので，ベクトルは反時計式に回転するものと定める。

図 4.12 (a) において，O-X 軸を基準線とし，基準線から反時計方向に測った回転角を正（＋）としたとき，この向きにあるベクトルを「進んでいる」という。また，時計方向に測った回転角を負（－）としたとき，この向きにあるベクトルを「遅れている」という。

さらに，いくつかのベクトルを同一の図上に表示する場合には，いずれかのベクトルを基準線に一致させて描く。このベクトルを **基準ベクトル** という。

これまでベクトルの大きさは，正弦波交流の最大値と初位相とで作図した。しかし実際には，交流の大きさを表す実効値をとるほうが便利なので，これからはベクトルの大きさは実効値で示す。

4.3.2　抵抗 R だけの回路

交流回路は直流と異なり，時間とともに大きさと向きが変わるので，その性質と取り扱い方も複雑になってくる。

図 4.13 (a) の回路において，抵抗 R〔Ω〕に交流起電力

$$e = \sqrt{2}\, E \sin \omega t \quad \text{〔V〕} \tag{4.18}$$

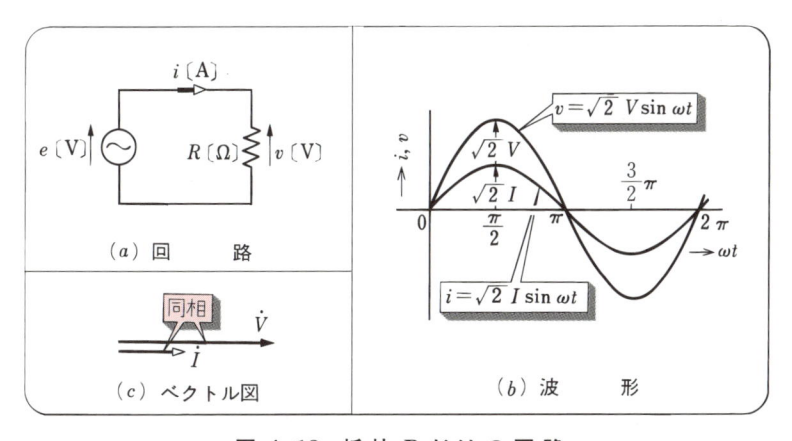

図 4.13　抵抗 R だけの回路

を加えると，抵抗 R の両端に生じる電圧 v〔V〕は，$v=e$ の関係から

$$v=\sqrt{2}\ V \sin \omega t \quad \text{〔V〕} \qquad (4.19)$$

となる。ここに，$V=E$ である。

また，抵抗 R に流れる電流 i〔A〕は，オームの法則から

$$i=\frac{v}{R}=\frac{\sqrt{2}\ V \sin \omega t}{R}=\sqrt{2}\ I \sin \omega t \quad \text{〔A〕} \qquad (4.20)$$

となる。ここに，$I=\dfrac{V}{R}$ である。

式(4.19)，(4.20)から，v と i は同相で，最大値がそれぞれ $\sqrt{2}\ V$，$\sqrt{2}\ I$ の正弦曲線となり，図(b) の波形になる。

また，電圧，電流の実効値 V〔V〕，I〔A〕の間には，つぎの関係がある。

$$V=RI \quad \text{〔V〕} \qquad (4.21)$$

図(c) は，電圧 V，電流 I のベクトル図である。V, I をベクトル図に示すときには，角周波数がともに ω〔rad/s〕で一定であるから，これらの相対関係は時間 t に無関係となり，$t=0$ の状態で表示してもさしつかえない。したがって，V, I の位相は，$t=0$ における初位相で示すことにする。図(c) では，V, I の位相は，式(4.19)，(4.20)からともに零なので同相である。

例題 2.

$50\ \Omega$ の抵抗に $v=100\sqrt{2} \sin 100 \pi t$〔V〕の電圧を加えたとき，流れる電流の瞬時値 i と実効値 I を求めなさい。

解答 瞬時値 i は，式(4.20) から

$$i=\frac{v}{R}=\frac{100\sqrt{2}}{50} \sin 100 \pi t$$

$$=2\sqrt{2} \sin 100 \pi t \ \text{〔A〕}$$

電流の実効値は，電圧の実効値を抵抗で割ったものであるから

$$I = \frac{100}{50} = 2 \,[\mathrm{A}]$$

問 5. 例題 2. において，$t = \frac{1}{300}\,[\mathrm{s}]$ のときの電流の瞬時値 $i\,[\mathrm{A}]$ を求めなさい。

4.3.3　静電容量 C だけの回路

図 4.14(a) の回路において，静電容量 $C\,[\mathrm{F}]$ のコンデンサに交流起電力

(a) 回　　路

(b) 波　　形

$v = \sqrt{2}\,V\sin\omega t$

$i = \sqrt{2}\,I\sin\left(\omega t + \frac{\pi}{2}\right)$

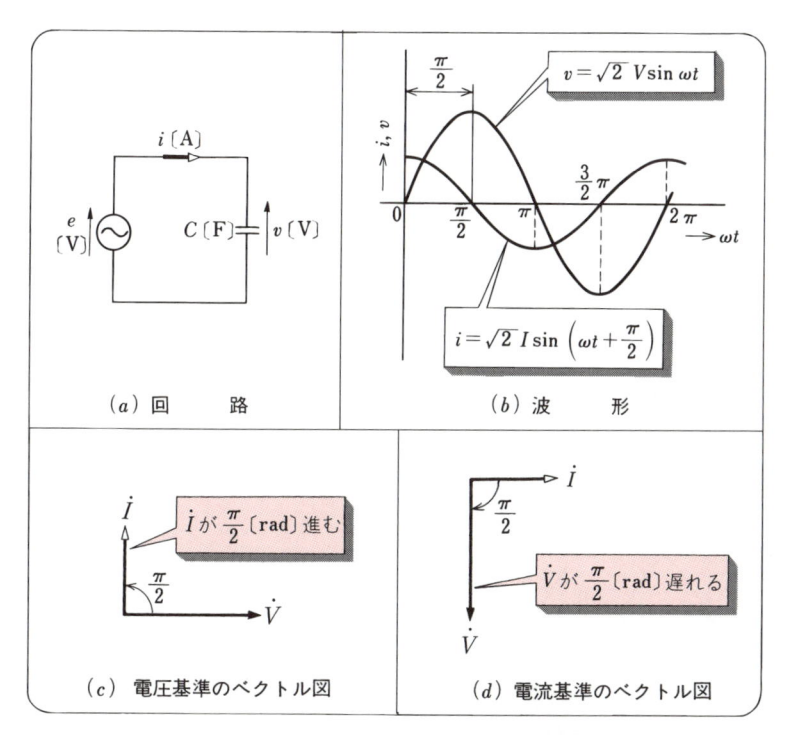

(c) 電圧基準のベクトル図　　$\dot{I}$ が $\frac{\pi}{2}\,[\mathrm{rad}]$ 進む

(d) 電流基準のベクトル図　　$\dot{V}$ が $\frac{\pi}{2}\,[\mathrm{rad}]$ 遅れる

図 4.14　コンデンサ C だけの回路

を加える。すると，コンデンサ C の両端に生じる電圧 v〔V〕は，$v = e$ の関係から

$$e = \sqrt{2}\ E \sin \omega t \quad \text{〔V〕} \tag{4.22}$$

$$v = \sqrt{2}\ V \sin \omega t \quad \text{〔V〕} \tag{4.23}$$

となる。ここに，$V = E$ である。したがって，コンデンサ C には，式 (3.8) からつぎのような電荷 q〔C〕が蓄えられる。

$$q = Cv = \sqrt{2}\ CV \sin \omega t \quad \text{〔C〕} \tag{4.24}$$

また電流 i は，第 *1* 章で学んだように，時間に対する移動する電荷の割合であるから，つぎのように表される。

$$i = \frac{\Delta q}{\Delta t} = C\frac{\Delta v}{\Delta t} \quad \text{〔A〕}$$

この電流 i は，微小時間 Δt に対する電圧の変化分 Δv に比例する。図 $4.15(a)$ は，コンデンサに加えた正弦波交流電圧 $v = \sqrt{2}\ V \sin$

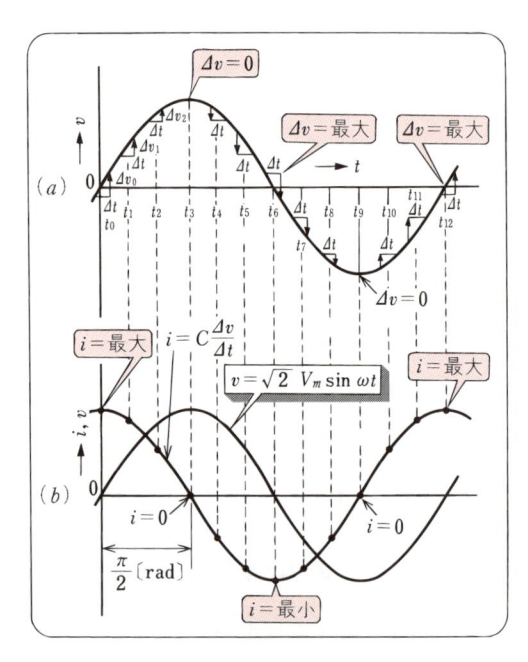

図 *4.15*　C だけの回路の v と i の関係

4.3 交流回路の取り扱い方　　165

ωt〔V〕である。v の各時間 t_0, t_1, t_2, … の，おのおのの瞬時における微小時間 $\varDelta t$ に対する $\varDelta v$ の大きさを求める。

これに比例して変化する電流 i をグラフに表すと，図(b) の曲線 i のようになり，i は v より $\dfrac{\pi}{2}$〔rad〕位相が進んだ正弦波電流となる。

このことを数学的に求めると

$$i = \frac{dq}{dt} = C\,\frac{d}{dt}(\sqrt{2}\,V\sin\omega t)$$

$$= \sqrt{2}\,\omega CV\cos\omega t$$

$$= \sqrt{2}\,I\sin\left(\omega t + \frac{\pi}{2}\right)\,〔\text{A}〕 \qquad (4.25)^{[†1]}$$

ここに，$I = \omega CV$ である。

式 (4.23)，(4.25) から，**電流 i が電圧 v より $\dfrac{\pi}{2}$〔rad〕だけ位相が進んでいる** ことがわかる。

図(b) は，これを波形で示したものである。

また，電圧，電流の実効値 V〔V〕，I〔A〕の間には，つぎの関係がある。

$$V = \frac{I}{\omega C}$$

$$= \frac{1}{\omega C}\,I\,〔\text{V}〕 \qquad (4.26)$$

ここで，式 (4.26) の $\dfrac{1}{\omega C}$ について，抵抗分だけの回路と対応させて考えてみよう。

$\dfrac{1}{\omega C}$ は抵抗回路の抵抗に当たる項で，交流に対して電流を制限するはたらきを持つものであり，**容量性リアクタンス** (capacitive reactance) という。その単位には，抵抗と同じくオームを用い，その絶対値を X_C

[†1] $i = \lim\limits_{\varDelta t \to 0}\dfrac{\varDelta q}{\varDelta t} = C\lim\limits_{\varDelta t \to 0}\dfrac{\varDelta v}{\varDelta t} = C\,\dfrac{d}{dt}(\sqrt{2}\,V\sin\omega t)$

$\qquad = \sqrt{2}\,\omega CV\cos\omega t = \sqrt{2}\,\omega CV\sin\left(\omega t + \dfrac{\pi}{2}\right)$

で表す。なお，X_C を，周波数 f を用いて表せば

$$X_C = \frac{1}{\omega C} = \frac{1}{2\pi f C} \quad [\Omega] \tag{4.27}$$

となる。

V, I をベクトル図に示すと，式(4.22)，(4.25)で，V, I の初位相がそれぞれ 0 [rad]，$\frac{\pi}{2}$ [rad] であるから，図 4.14(c) のようになる。

また，図(c) のベクトル図を，電流 I を基準にして描くと，図(d)のようになる。

例題 3.

図 4.14(a) の回路において，$C = 100\ \mu\mathrm{F}$，電源の電圧 100 V，周波数 $f = 60$ Hz であった。容量性リアクタンスと回路に流れる電流を求めなさい。

解答 容量性リアクタンス X_C は 式(4.27) から

$$X_C = \frac{1}{2\pi f C} = \frac{1}{2\pi \times 60 \times 100 \times 10^{-6}} = 26.5\ [\Omega]$$

電流 I は，式(4.26) から

$$I = \frac{V}{X_C} = \frac{100}{26.5} = 3.77\ [\mathrm{A}]$$

問 6. あるコンデンサに 200 V，50 Hz の交流電圧を加えたら，2 A の電流が流れた。コンデンサの静電容量を求めなさい。

4.3.4　インダクタンス L だけの回路

図 4.16(a) のように，交流起電力 e [V] の電源とインダクタンス

4.3 交流回路の取り扱い方

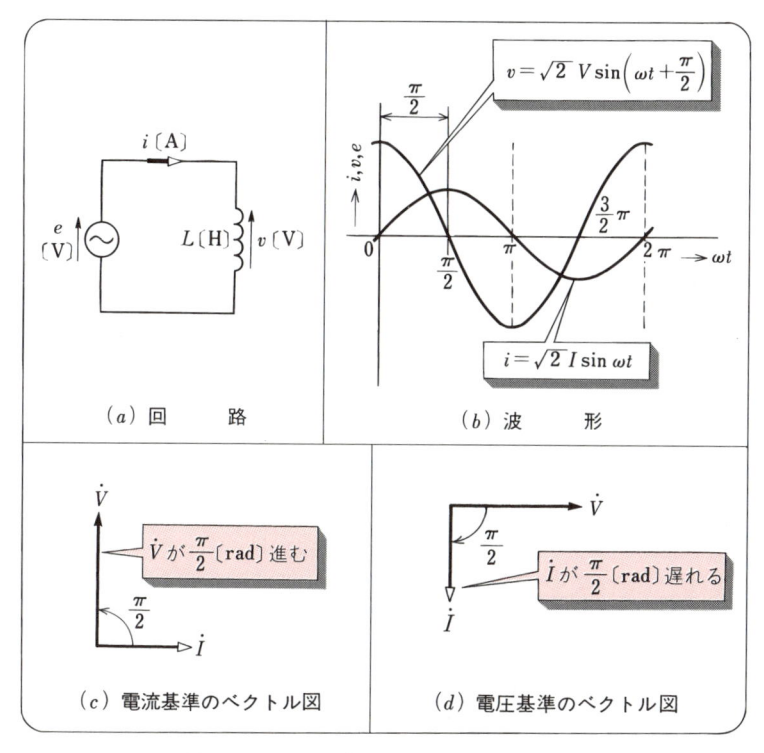

図 4.16 インダクタンス L だけの回路

(a) 回路
(b) 波形：$v = \sqrt{2}\,V \sin\left(\omega t + \dfrac{\pi}{2}\right)$, $i = \sqrt{2}\,I \sin \omega t$
(c) 電流基準のベクトル図：$\dot{V}$ が $\dfrac{\pi}{2}$ 〔rad〕進む
(d) 電圧基準のベクトル図：$\dot{I}$ が $\dfrac{\pi}{2}$ 〔rad〕遅れる

L〔H〕のコイルを接続した回路に，電流

$$i = \sqrt{2}\,I \sin \omega t \quad 〔\mathrm{A}〕 \tag{4.28}$$

が流れている。この電流 i は時間的に変化するので，コイル L には，つぎの式で示す自己誘導起電力 e_L〔V〕が発生する。

$$e_L = -L \dfrac{\Delta i}{\Delta t} \tag{4.29}$$

そして，コイル L に電流 i が流れ続けるためには，キルヒホッフの第2法則

$$e + e_L = 0 \tag{4.30}$$

が成り立つような交流起電力 e を加えなければならない。したがって，

コイル L の両端の電圧 v 〔V〕は $v=e$ の関係になる。

この $v=e$ を，式 (4.29) から，C だけの回路と同様に図を用いて求めてみよう。図 4.17 (a) は，コイルに流れる正弦波電流 $i=\sqrt{2}\,I\sin\omega t$ 〔A〕である。

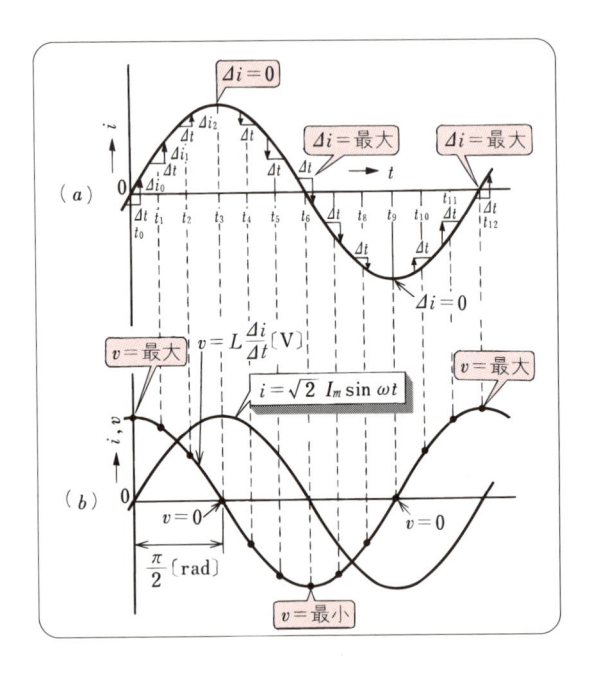

図 4.17　L だけの回路の i と v の関係

図 (a) において，横軸に時間 $t_0, t_1, t_2, \cdots$ をとり，各瞬時における微小時間 Δt に対する電流変化 $\Delta i_0, \Delta i_1, \Delta i_2, \cdots$ を作図してみる。Δt に対する電流の変化の割合は，t_0 の瞬間が最も大きく，時間の経過とともに Δi は小さくなり，t_3 のとき Δi は零となる。

さらに，$t_4, t_5, t_6, \cdots$ と時間が進むと，Δi は負の値となり，t_9 のとき Δi は最小となる。

$v=e$ で表される電圧 v は Δi に比例する。したがって，電流 i の変化に対する v の変化を図に描いてみると，図 (b) の曲線 v のようになり，v は i より $\dfrac{\pi}{2}$ 〔rad〕位相が進んだ正弦波電圧となる。

このことを数学的に求めると

$$v = -e_L = -\left(-L\frac{di}{dt}\right)$$

$$= \sqrt{2}\,\omega LI \cos \omega t$$

$$= \sqrt{2}\,V \sin\left(\omega t + \frac{\pi}{2}\right) \quad [\text{V}] \qquad (4.31)^{\dagger 1}$$

となる。ここに，$V = \omega LI$ である。

式 (4.28), (4.31) から，**電流 i が電圧 v より $\frac{\pi}{2}$ [rad] だけ位相が遅れている**ことがわかる。図 (b) は，これを波形で示したものである。

また，電圧，電流の実効値 V [V], I [A] の間にはつぎの関係がある。

$$V = \omega LI \quad [\text{V}] \qquad (4.32)$$

ここで，式 (4.32) の ωL について，静電容量だけの回路と比較して考えてみよう。

インダクタンスだけの回路 ωL は，静電容量だけの回路の $\frac{1}{\omega C}$ と同じように，交流に対して電流を制限するはたらきを持つもので，**誘導性リアクタンス** (inductive reactance) という。その単位にはオームを用い，絶対値を X_L で表す。なお，X_L を，周波数 f を用いて表せば

$$X_L = \omega L = 2\pi f L \quad [\Omega] \qquad (4.33)$$

となる。

V, I をベクトル図に示すと，式 (4.28), (4.31) で，V, I の初位相がそれぞれ $\frac{\pi}{2}$ [rad], 0 [rad] であるから，図 4.16 (c) のようになる。

[†1] $e_L = -L \lim\limits_{\Delta t \to 0}\dfrac{\Delta i}{\Delta t} = -L\dfrac{di}{dt} = -L\dfrac{d}{dt}(\sqrt{2}\,I \sin \omega t)$
　　　$= -\sqrt{2}\,\omega LI \cos \omega t$

ここで，図(c)のベクトル図を，電圧Vを基準にして描くと図(d)のようになる。一般にベクトル図を描く場合，直列回路では各素子に共通要素の電流Iを，並列回路では各素子に共通な要素の電圧Vを基準にして描くことが多い。

例題 4.

図$4.16(a)$の回路において，$L=100$ mH，電源の電圧 100 V，周波数$f=50$ Hz であった。誘導性リアクタンスと回路に流れる電流を求めなさい。

解答 誘導性リアクタンスX_Lは，式(4.33)から

$$X_L = 2\pi f L = 2\pi \times 50 \times 100 \times 10^{-3} = 31.4 \text{ [}\Omega\text{]}$$

電流Iは，式(4.32)から

$$I = \frac{V}{X_L} = \frac{100}{31.4} = 3.18 \text{ [A]}$$

問 7. L〔H〕のコイルに 60 Hz，200 V の交流電圧を加えたら，10 A の電流が流れた。コイルのインダクタンスを求めなさい。

4.3.5　R-L-C 直列回路

図$4.18(a)$のR-L-C直列回路に，角周波数ω〔rad/s〕の電流I〔A〕を流す。するとR, L, Cの両端には，Iと同相のV_R〔V〕，またIより位相が$\frac{\pi}{2}$〔rad〕進んでいるV_L〔V〕，Iより位相が$\frac{\pi}{2}$〔rad〕遅れているV_C〔V〕が現れる。

そして，V_R, V_L, V_C の合成電圧V〔V〕は，起電力E〔V〕とつり合い，$V=E$であるから，VとIの関係は，図(b)のベクトル図か

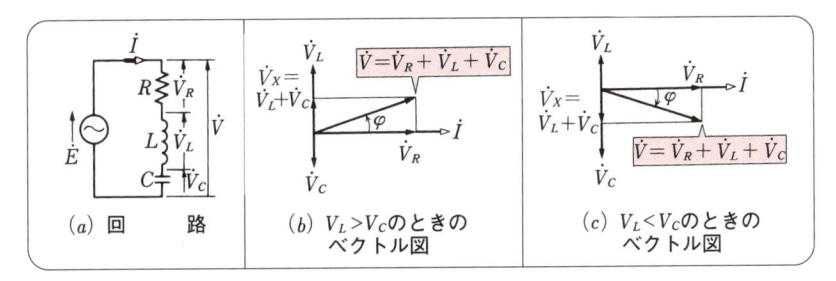

図 4.18　R-L-C 直列回路

らつぎのようになる。

まず，合成電圧 V は

$$V = \sqrt{V_R{}^2 + V_X{}^2}$$

$$= \sqrt{V_R{}^2 + (V_L - V_C)^2} = \sqrt{(RI)^2 + \left(\omega L I - \frac{1}{\omega C}I\right)^2}$$

$$= \sqrt{R^2 + \left(\omega L - \frac{1}{\omega C}\right)^2} \, I \qquad (4.34)$$

また，合成電圧 V と電流 I との関係は

$$I = \frac{V}{\sqrt{R^2 + \left(\omega L - \frac{1}{\omega C}\right)^2}} = \frac{V}{Z} \qquad (4.35)$$

ただし

$$Z = \sqrt{R^2 + \left(\omega L - \frac{1}{\omega C}\right)^2} = \sqrt{R^2 + \left(2\pi f L - \frac{1}{2\pi f C}\right)^2}$$

$$= \sqrt{R^2 + X^2} \qquad (4.36)$$

ここで，Z は，R-L-C 直列回路の電圧と電流の大きさを関係づける量で，**インピーダンス** (impedance) といい，単位はオームを用いる。なお，$X = \left(\omega L - \dfrac{1}{\omega C}\right)$ を，単に **リアクタンス** (reactance) という。

Z のリアクタンスは，$\omega L > \dfrac{1}{\omega C}$ のときには，誘導性リアクタンスで電圧と電流の位相差 φ は $\varphi > 0$ となり，電流 I は電圧 V より位相

が遅れる。$\omega L < \dfrac{1}{\omega C}$ のときには容量性リアクタンスで，電圧と電流の位相差 φ は $\varphi < 0$ となり，電流 I は電圧 V より位相が進む。

V と I との位相差 φ は，つぎの式で表される。

$$\varphi = \tan^{-1}\dfrac{\omega L - \dfrac{1}{\omega C}}{R} = \tan^{-1}\dfrac{2\pi f L - \dfrac{1}{2\pi f C}}{R} \qquad (4.37)^{\dagger 1}$$

例題 5.

図 4.19 の回路において，$R=10\,\Omega$，$L=20\,\mathrm{mH}$，電源の周波数 $f=50\,\mathrm{Hz}$ で，回路の電流が 2 A であったという。インピーダンスと電源の電圧の大きさを求めなさい。

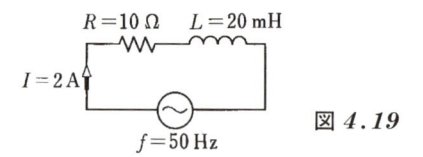

図 4.19

解答 誘導性リアクタンス X_L は，式 (4.33) から

$X_L = \omega L = 2\pi f L$

$\quad = 2\pi \times 50 \times 20 \times 10^{-3} = 6.28\,[\Omega]$

インピーダンスの大きさ Z は

$Z = \sqrt{R^2 + X_L^2} = \sqrt{10^2 + 6.28^2} = 11.8\,[\Omega]$

したがって，電源の電圧の大きさは

$V = ZI = 11.8 \times 2 = 23.6\,[\mathrm{V}]$

問 8.

図 4.20 の回路において，つぎの問に答えなさい。

(i) $\dot{E}=100\,\mathrm{V}$，$f=50\,\mathrm{Hz}$，$R=100\,\Omega$，$C=2\,\mu\mathrm{F}$ のときのインピーダンス Z を求めなさい。

---

†1 $\varphi = \tan^{-1}$ は，φ を tan で示せば，という意味である。

図 4.20

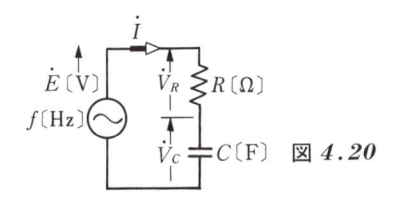

(ⅱ) 電流 $\dot{I}$ を求めなさい。

(ⅲ) 各部の電圧 $\dot{E}$, $\dot{V}_R$, $\dot{V}_C$, 電流 $\dot{I}$ をベクトル図に描きなさい。

4.3.6　R-L-C 並列回路

図 4.21(a) の R-L-C 並列回路に，角周波数 ω〔rad/s〕の起電力 E〔V〕を加えたとき，各素子の両端には同一電圧 V〔V〕が生じ，$V=E$ となる。そして，各素子に流れる電流 I_R, I_L, I_C〔A〕はつぎのようになる。

$$\left. \begin{array}{l} I_R = \dfrac{V}{R} \ \text{〔A〕} \\[6pt] I_L = \dfrac{V}{\omega L} \ \text{〔A〕} \\[6pt] I_C = \dfrac{V}{\dfrac{1}{\omega C}} \ \text{〔A〕} \end{array} \right\} \qquad (4.38)$$

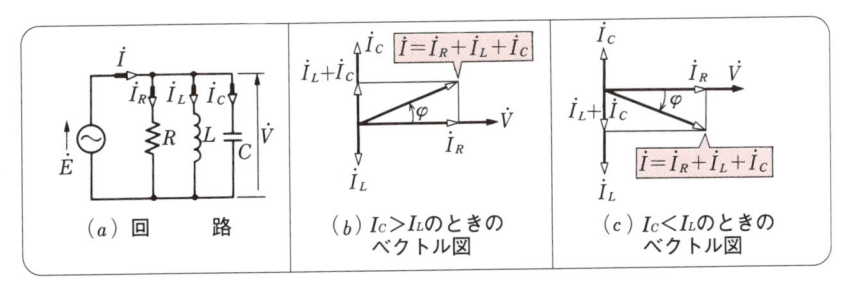

(a) 回　　路

(b) $I_C > I_L$ のときのベクトル図

(c) $I_C < I_L$ のときのベクトル図

図 4.21　R-L-C 並列回路

電源から流れ出る電流 I の絶対値 I〔A〕は，I_R, I_L, I_C の合成である。したがって，図(b) のベクトル図からつぎの式で表される。

$$I=\sqrt{I_R{}^2+I_X{}^2}=\sqrt{I_R{}^2+(I_C-I_L)^2}$$

$$=\sqrt{\left(\frac{V}{R}\right)^2+\left(\omega CV-\frac{1}{\omega L}V\right)^2}$$

$$=\sqrt{\left(\frac{1}{R}\right)^2+\left(\omega C-\frac{1}{\omega L}\right)^2}\,V\quad〔A〕\qquad(4.39)$$

したがって，R-L-C 並列回路のインピーダンス Z〔Ω〕は

$$Z=\frac{V}{I}=\frac{1}{\sqrt{\left(\frac{1}{R}\right)^2+\left(\omega C-\frac{1}{\omega L}\right)^2}}$$

$$=\frac{1}{\sqrt{\left(\frac{1}{R}\right)^2+\left(2\pi fC-\frac{1}{2\pi fL}\right)^2}}\quad〔Ω〕\qquad(4.40)$$

となる。

電圧と電流の関係をベクトル図に示すとき，並列回路では，各素子に同一電圧 V が生じるので，V の初位相を零とする。

図(b) は，$\omega C>\dfrac{1}{\omega L}$ すなわち $I_C>I_L$ のときの，また図(c) は，$\omega C<\dfrac{1}{\omega L}$ すなわち $I_C<I_L$ のときの電圧と電流の関係を，それぞれベクトル図に示したものである。

また，V と I との位相差 φ は，つぎの式で表される。

$$\varphi=\tan^{-1}\frac{\omega C-\dfrac{1}{\omega L}}{\dfrac{1}{R}}=\tan^{-1}\frac{2\pi fC-\dfrac{1}{2\pi fL}}{\dfrac{1}{R}}\qquad(4.41)$$

例題 6.

図 $4.21(a)$ の回路で，$R=50\,Ω$, $L=5\,\mathrm{mH}$, $C=1\,\mathrm{\mu F}$ であった。I_R, I_L, I_C, I, Z を求めなさい。ここに，$E=10\,\mathrm{V}$, 周波数は $1\,\mathrm{kHz}$

とする。

解答 R, L, C に流れる電流 I_R, I_L, I_C は，式 (4.38) から

$$I_R = \frac{V}{R} = \frac{10}{50} = 0.2 \text{ (A)}$$

$$I_L = \frac{V}{\omega L} = \frac{10}{2\pi \times 10^3 \times 5 \times 10^{-3}} = 0.318 \text{ (A)}$$

$$I_C = \frac{V}{\dfrac{1}{\omega C}} = \omega C V = 2\pi \times 10^3 \times 1 \times 10^{-6} \times 10$$

$$= 0.063 \text{ (A)}$$

また，電源に流れる電流 I およびインピーダンス Z は，式(4.39)，(4.40) から

$$I = \sqrt{0.2^2 + (0.318 - 0.063)^2} \fallingdotseq 0.32 \text{ (A)}$$

$$Z = \frac{V}{I} = \frac{10}{0.32} \fallingdotseq 31.3 \text{ (}\Omega\text{)}$$

問 9． 図 4.22 の回路のインピーダンス Z，電流 I の大きさを求めなさい。

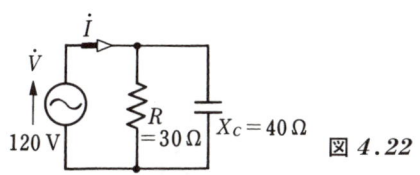

図 4.22

4.4 交流回路の電力

4.4.1 交流電力

交流の電力は，直流の電力と同様に，電圧と電流の積で求めることができる。交流は，電圧と電流が時間とともに変化するので，その積である電力も変化する。この電力を**瞬時電力**といい，記号 p で表すとつぎのようになる。

$$p = vi \ \text{[W]} \quad (4.42)$$

図 4.23(a) の回路で，電圧 v [V] より電流 i [A] が φ [rad] だけ位相が遅れているとすると，v, i, p はつぎの式で表される。

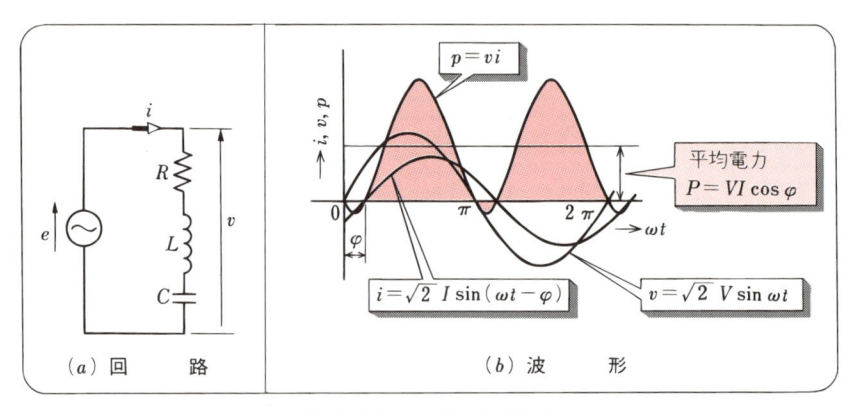

図 4.23 交流の電力

$$\left. \begin{array}{l} v = \sqrt{2}\ V \sin \omega t \ \text{[V]} \\ i = \sqrt{2}\ I \sin(\omega t - \varphi) \ \text{[A]} \end{array} \right\} \quad (4.43)$$

$$p = vi = \sqrt{2}\,V\sin\omega t \cdot \sqrt{2}\,I\sin(\omega t - \varphi)$$
$$= 2VI\sin\omega t \cdot \sin(\omega t - \varphi)$$
$$= VI\cos\varphi - VI\cos(2\omega t - \varphi) \quad [\text{W}] \qquad (4.44)^{†1}$$

ここで，この回路の**平均電力** (mean power) P〔W〕は，瞬時電力 p の1周期の平均値であるが，式 (4.44) の第2項 $VI\cos(2\omega t - \varphi)$ の1周期の平均値は零となるから，第1項だけの平均値でつぎのようになる。

$$P = VI\cos\varphi \quad [\text{W}] \qquad (4.45)$$

図(b)は，以上の関係を示したものである。

式 (4.45) で表される電力を**有効電力** (active power) または単に**電力**といい，単位にワット〔W〕を用いる。この有効電力は **4.1.4**項「平均値と実効値」の実効値の定義から，直流の電力 $= RI^2$〔W〕 と同じ式で求めることもできるので，L, C では有効電力は消費されず，抵抗 R のみで消費される電力となる。

例題 7.

図 4.23(a) の回路で，$R = 12\,\Omega$，$X_L = 20\,\Omega$，$X_C = 4\,\Omega$，$V = 100$ V であった。回路の有効電力を求めよ。

解答 直列回路であるから，電圧と電流の位相差 φ は式 (4.37) から

$$\varphi = \tan^{-1}\frac{X_L - X_C}{R} = \tan^{-1}\frac{20 - 4}{12} = 0.295\,\pi \; [\text{rad}]$$

$$\cos 0.295\,\pi = 0.6$$

また，回路に流れる電流 I は式 (4.35) から

---

†1 $\omega t = \alpha$, $(\omega t - \varphi) = \beta$ と置き，$\sin\alpha\sin\beta = \dfrac{1}{2}\{\cos(\alpha - \beta) - \cos(\alpha + \beta)\}$ を用いる。

$$I = \frac{V}{\sqrt{R^2 + (X_L - X_C)^2}} = \frac{100}{\sqrt{12^2 + (20-4)^2}} = 5 \,〔\mathrm{A}〕$$

したがって，有効電力 P は

$$P = VI \cos \varphi = 100 \times 5 \times 0.6 = 300 \,〔\mathrm{W}〕$$

4.4.2　皮相電力と力率

交流回路では，電圧 V〔V〕と電流 I〔A〕の大きさがわかっていても，それだけでは電力 P〔W〕は決定されない。V と I との積 VI は見かけの電力であり，これを**皮相電力**（apparent power）といい，記号 P_s で表す。また，単位には**ボルトアンペア**（volt ampere，単位記号 V・A）を用いる。皮相電力は，つぎの式で表される。

$$P_s = VI \quad 〔\mathrm{V \cdot A}〕 \tag{4.46}$$

有効電力 P の皮相電力に対する比を**力率**（power factor）といい，つぎの式で表される。

$$力率 = \frac{P}{P_s} = \frac{VI \cos \varphi}{VI} = \cos \varphi \tag{4.47}$$

力率は，電圧と電流の積のうちで，有効電力として消費される割合を示している値で，百分率〔％〕で表すことが多い。

また，$\sqrt{1 - \cos^2 \varphi} = \sin \varphi$ で示される値を**無効率**（reactive factor）といい，百分率〔％〕で表すことが多い。

皮相電力と無効率の積を**無効電力**（reactive power）といい，記号 P_q で表す。また，単位には**バール**（単位記号 var）を用いる。無効電力は，つぎの式で表される。

$$P_q = VI \sin \varphi \quad 〔\mathrm{var}〕 \tag{4.48}$$

無効電力は，熱消費の伴わない電力のことをいう。

なお，式 (4.45), (4.46), (4.48) から，P_s, P, P_q の間にはつぎの関係がある。

$$P_s = \sqrt{P^2 + P_q^2} \quad [\text{V·A}] \tag{4.49}$$

例題 8.

ある交流回路に 200 V の電圧を加えたとき，電流が 25 A で，有効電力が 3 kW であった。この回路の皮相電力，力率，無効電力を求めなさい。

解答 皮相電力 P_s は式 (4.46)，力率 $\cos\varphi$ は式 (4.47)，無効電力 P_q は式 (4.48) であるから

皮相電力　　$P_s = VI = 200 \times 25 = 5\,000 \ [\text{V·A}] = 5 \ [\text{kV·A}]$

力　　率　　$\cos\varphi = \dfrac{P}{P_s} = \dfrac{3}{5} = 0.6 \ (60\%)$

無効電力　　$P_q = \sqrt{P_s^2 - P^2} = \sqrt{5^2 - 3^2} = 4 \ [\text{kvar}]$

問 10. 交流回路に 100 V の電圧を加えたら，電圧より $\dfrac{\pi}{3}$ [rad] だけ位相が遅れた 5 A の電流が流れた。この回路の皮相電力，力率，電力，無効電力を求めなさい。

4.5 共振回路

4.5.1 直列共振

　図 $4.24(a)$ の回路で，電源の周波数を変化させたとき，図 (c) のように，$X_L = X_C$ となる周波数が存在する。この周波数のとき，式 (4.36) からインピーダンス Z は

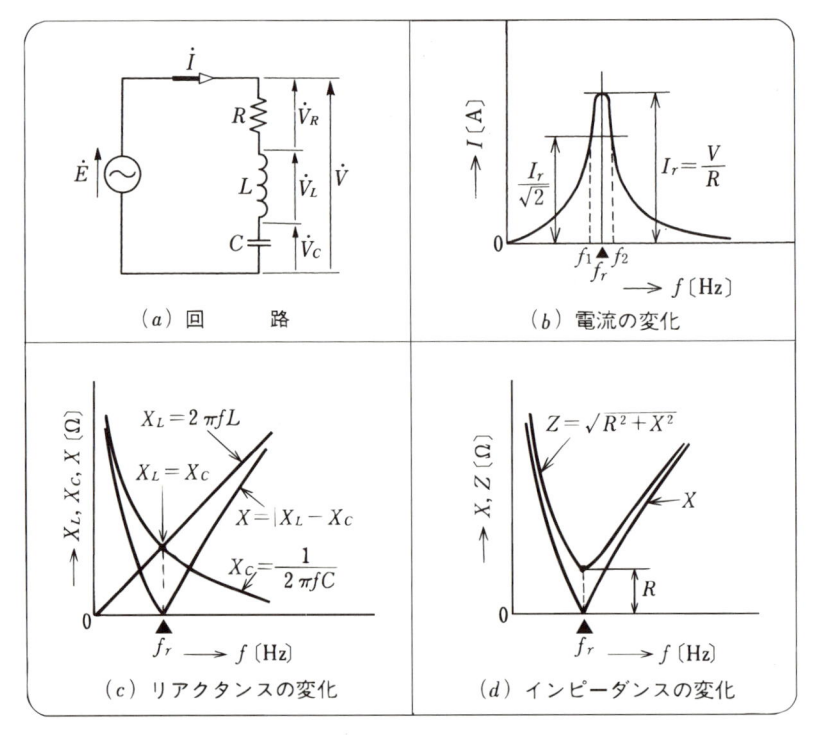

(a) 回　　路

(b) 電流の変化

(c) リアクタンスの変化

(d) インピーダンスの変化

図 4.24　直列共振

$$Z = \sqrt{R^2 + \left(\omega L - \frac{1}{\omega C}\right)^2} = \sqrt{R^2 + 0^2} = R \quad [\Omega] \qquad (4.50)$$

となる。すなわち，Z は抵抗 R だけになる。図(d)は，周波数 f に対するインピーダンス Z の変化の様子を示したものである。

このときの電流 I_r を共振電流といい，式 (4.35) からつぎのようになる。

$$I_r = \frac{V}{R} \quad [\text{A}] \qquad (4.51)$$

したがって，電流 I_r の大きさは抵抗 R だけによって定まり，図(d)のように最大となる。また，電圧 V と電流 I_r は同相になる。

この現象を **直列共振** (series resonance) または **電圧共振** (voltage resonance) といい，このときの周波数 f_r を **共振周波数** (resonance frequency) という。

ここで，共振周波数 f_r では $X_L = X_C$ から

$$2\pi f_r L = \frac{1}{2\pi f_r C}$$

となる。したがって

$$f_r = \frac{1}{2\pi \sqrt{LC}} \quad [\text{Hz}] \qquad (4.52)$$

となる。このことを角周波数 ω_r で表せば

$$\omega_r = \frac{1}{\sqrt{LC}} \quad [\text{rad/s}]$$

となる。

直列共振時には $X_L = X_C$ すなわち $V_L = V_C$ となるから，V_L，V_C のそれぞれと V との比を Q とすると

$$Q = \frac{V_L}{V} = \frac{V_C}{V} = \frac{2\pi f_r L}{R}$$

$$= \frac{1}{2\pi f_r CR}$$
$$= \frac{1}{R}\sqrt{\frac{L}{C}} \qquad (4.53)$$

となる。

共振時の $\omega_r L$ や $\frac{1}{\omega_r C}$ に比べて，R が十分小さな値になるようにしておくと，Q の値が大きくなり，L や C の端子間には，V に比べて非常に大きい電圧を得ることができる。この Q は，**選択度**(selectivity) または**共振の鋭さ** (resonance sharpness) と呼ばれる。

図(b)に示すように，電流 I が共振電流 I_r の $\frac{1}{\sqrt{2}}$ になるときの周波数を f_1, f_2 [Hz] とすると

$$Q = \frac{f_r}{f_2 - f_1} \qquad (4.54)$$

で求められ，曲線の鋭さを表す。

ラジオ受信機の同調回路には，このような共振回路が用いられている。

問 11. $R = 20\,\Omega$，$L = 25\,\text{mH}$，$C = 100\,\text{pF}$ の直列回路に，電圧 10 V を加えたとき，共振周波数と選択度 Q を求めなさい。

4.5.2 並列共振

図 $4.25(a)$ の回路において，インダクタンス L に流れる電流を I_L，静電容量 C に流れる電流を I_C とすれば

$$\left.\begin{array}{l} I_L = \dfrac{V}{\omega L} \quad [\text{A}] \\[2mm] I_C = \dfrac{V}{\dfrac{1}{\omega C}} = \omega C V \quad [\text{A}] \end{array}\right\} \qquad (4.55)$$

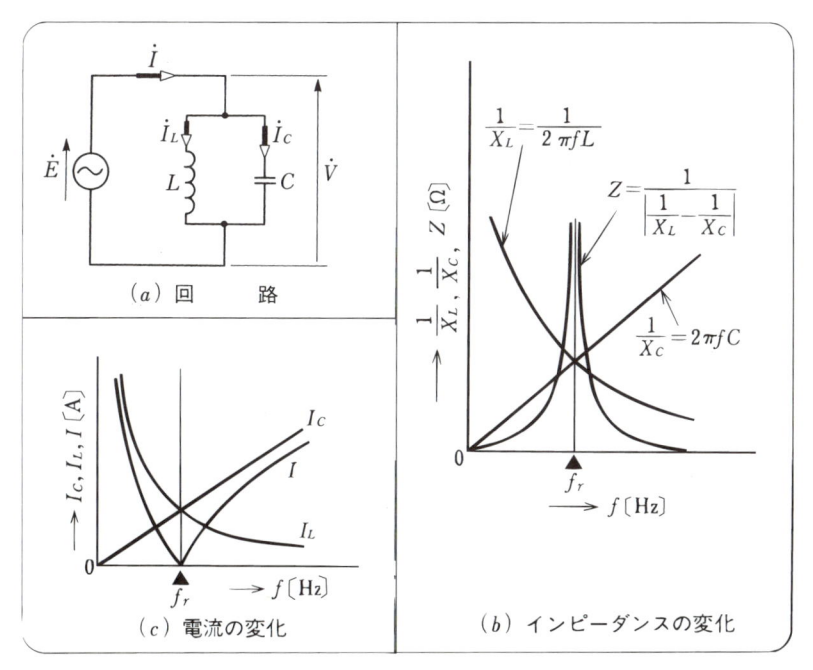

図4.25 並列共振

となる。

ここで，直列共振と同様に，ある一つの周波数で $\omega_r L = \dfrac{1}{\omega_r C}$ が成り立ち，インピーダンスは図(b)のように無限大になる。このとき，I_L と I_C は打ち消し合い，電流 I は図(c)のように零となる。

この現象を 並列共振 (parallel resonance)，反共振 (antiresonance) または 電流共振 (current resonance) という。共振周波数 f_r は直列共振の場合と同様に，つぎの式で求めることができる。

$$f_r = \dfrac{1}{2\pi\sqrt{LC}} \quad [\text{Hz}] \tag{4.56}$$

実際の回路では，わずかではあるがコイルに抵抗が含まれているので，インピーダンスは有限の値をとる。

この回路は，高周波の発振回路に利用される。

4.6 複素数

4.6.1 複素数

　実数の2乗は負にならない。したがって，負の数の平方根は実数ではない。これを数の仲間に入れて**虚数** (imaginary number) とする。2乗して-1になる数を**虚数単位** (imaginary unit) とし，jと書く。

$$j=\sqrt{-1} \qquad (4.57)$$

　数学では，虚数単位をiと書くが，電気工学では電流のiと区別するため，jを用いる。

　実数a，bと虚数単位jを用いて，$a+jb$のように表す数を**複素数** (complex number) といい，$\dot{A}$と書く。このとき，aを$\dot{A}$の**実部** (real part) といい，$\mathrm{Re}\,\dot{A}$と書く。また，bを$\dot{A}$の**虚部** (imaginary part) といい，$\mathrm{Im}\,\dot{A}$と書く。以上のことをまとめるとつぎのようになる。

$$\left.\begin{array}{l} \dot{A}=a+jb \\ \mathrm{Re}\,\dot{A}=a \\ \mathrm{Im}\,\dot{A}=b \end{array}\right\} \qquad (4.58)$$

　複素数 $\dot{A}=a+jb$ は，$b=0$ のとき実数となる。また，$a=0$，$b\neq 0$ のとき，これを**純虚数** (purely imaginary number) という。$a=b=0$ のとき $\dot{A}=0$ とする。二つの複素数 $\dot{A}_1=a_1+jb_1$，$\dot{A}_2=a_2+jb_2$ は，$a_1=a_2$，$b_1=b_2$ のときに限って $\dot{A}_1=\dot{A}_2$ である。

　任意の複素数 $\dot{A}=a+jb$ に対して，その虚部の符号だけが異なる複

4.6 複 素 数

素数 $a-jb$ が存在する。これを $a+jb$ の **共役複素数** (conjugate complex number) といい，$\overline{\dot{A}}$ と書く。

問 12. 複素数 $\dot{A}=24-j7$ の共役複素数 $\overline{\dot{A}}$ を求めなさい。

4.6.2　複素数の四則演算

　複素数の四則演算は，虚数単位 j を文字として扱って，実数の四則演算と同様に行う。j^2 は，随時 -1 に置き換える。また，商を $a+jb$ の形にするため，複素数を含む分数については，分母の共役複素数を分母，分子に掛けて，分母を実数にする。

　ここまでのことを決めると，和，差，積，商はつぎのようになる。

和　$(a_1+jb_1)+(a_2+jb_2)=(a_1+a_2)+j(b_1+b_2)$ 　　　(4.59)

差　$(a_1+jb_1)-(a_2+jb_2)=(a_1-a_2)+j(b_1-b_2)$ 　　　(4.60)

積　$(a_1+jb_1)(a_2+jb_2)=a_1a_2+ja_1b_2+ja_2b_1+j^2b_1b_2$
$\qquad\qquad\qquad\quad =(a_1a_2-b_1b_2)+j(a_1b_2+a_2b_1)$ 　　　(4.61)

商　$\dfrac{a_1+jb_1}{a_2+jb_2}=\dfrac{(a_1+jb_1)(a_2-jb_2)}{(a_2+jb_2)(a_2-jb_2)}$
$\qquad\quad =\dfrac{(a_1a_2+b_1b_2)+j(a_2b_1-a_1b_2)}{a_2{}^2+b_2{}^2}$
$\qquad\quad =\dfrac{a_1a_2+b_1b_2}{a_2{}^2+b_2{}^2}+j\dfrac{a_2b_1-a_1b_2}{a_2{}^2+b_2{}^2}$ 　　　(4.62)

例題 9.

　二つの複素数 $\dot{A}_1=4-j3$，$\dot{A}_2=6+j8$ について，和 $\dot{A}_1+\dot{A}_2$，差 $\dot{A}_1-\dot{A}_2$，積 $\dot{A}_1\cdot\dot{A}_2$，商 $\dfrac{\dot{A}_1}{\dot{A}_2}$ を求めなさい。

解答

和　$\dot{A}_1+\dot{A}_2=(4-j3)+(6+j8)=(4+6)+j(-3+8)$

$$=10+j\,5$$

差 $\dot{A}_1-\dot{A}_2=(4-j\,3)-(6+j\,8)=4-6-j\,3-j\,8$

$$=-2-j\,11$$

積 $\dot{A}_1 \cdot \dot{A}_2=(4-j\,3)(6+j\,8)=24+j\,32-j\,18-j^2\,24$

$$=24+24+j\,14=48+j\,14$$

商 $\dfrac{\dot{A}_1}{\dot{A}_2}=\dfrac{4-j\,3}{6+j\,8}=\dfrac{(4-j\,3)(6-j\,8)}{(6+j\,8)(6-j\,8)}$

$$=\dfrac{24-j\,50+j^2\,24}{36+64}$$

$$=\dfrac{-j\,50}{100}=-j\,\dfrac{1}{2}=-j\,0.5$$

4.7 複素数のベクトル表示

4.7.1 複素平面

複素数を表すため，直交座標軸を用いて，x 軸方向に実部，y 軸方向に虚部をとった座標平面を **複素平面** (complex plane) という。

図 4.26 のように，複素数 $\dot{A}=a+jb$ は，複素平面上の 1 点 P で表すことができる。

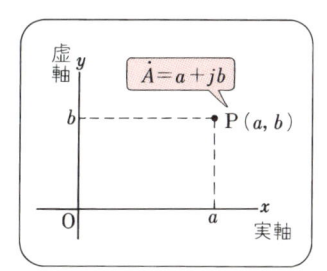

図 4.26 複素平面

4.7.2 極形式

複素数 $\dot{A}=a+jb$ に対して，つぎの式で表す A を $\dot{A}$ の **絶対値** (absolute value) といい，φ を $\dot{A}$ の **偏角** (argument) という。A，φ は，それぞれ $|\dot{A}|$，$\arg \dot{A}$ と書く場合もある。

$$\left.\begin{array}{l} A=|\dot{A}|=\sqrt{a^2+b^2} \\ \varphi=\arg \dot{A}=\tan^{-1}\dfrac{b}{a} \end{array}\right\} \quad (a>0) \qquad (4.63)$$

ここで，φ は反時計回りを正の向きとし，範囲は $|\varphi| \leq \pi$ とする。また，$a<0$, $b \geq 0$ のとき，$\varphi = \pi + \tan^{-1}\dfrac{b}{a}$ となり，$a<0$, $b<0$ のとき，$\varphi = -\pi + \tan^{-1}\dfrac{b}{a}$ となる。

式 (4.63) を図 4.27 の複素平面上に示すと，絶対値は，原点 O から点 P までの線分の長さであり，偏角は，線分が x 軸となす角である。

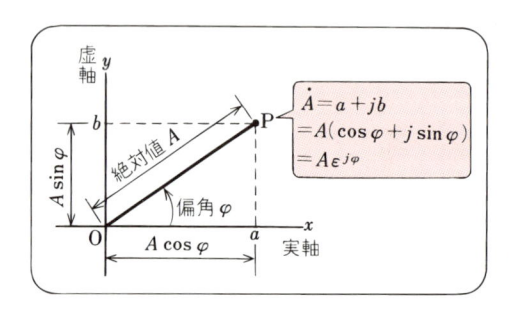

図 4.27 複素数の極形式

また，複素数 $\dot{A} = a + jb$ の a, b を，A と φ を用いて表すと

$$a = A\cos\varphi, \qquad b = A\sin\varphi$$

となる。したがって，$\dot{A}$ はつぎのようになる。

$$\dot{A} = A\cos\varphi + jA\sin\varphi \tag{4.64}$$

ここで，**オイラーの公式** (Euler's formula)

$$\varepsilon^{j\varphi} = \cos\varphi + j\sin\varphi \tag{4.65}[†1]$$

を用いると，$\dot{A}$ はつぎのように表すことができる。

$$\dot{A} = A\varepsilon^{j\varphi} \tag{4.66}[†2]$$

式 (4.66) の表し方を，複素数の**極形式** (polar form) という。

[†1] ε は自然対数の底で，$\varepsilon = 2.71828$ である。
[†2] 式 (4.66) は，$\dot{A} = A\exp(j\varphi)$ とも書く。

4.7.3 複素数とベクトルの対応

複素数では，第 2 章で学んだベクトルの性質がつぎのように成り立つ。

(加法の交換法則)　　$(a_1+jb_1)+(a_2+jb_2)=(a_2+jb_2)+(a_1+jb_1)$

(加法の結合法則)　　$\{(a_1+jb_1)+(a_2+jb_2)\}+(a_3+jb_3)$
$\qquad\qquad\qquad\qquad=(a_1+jb_1)+\{(a_2+jb_2)+(a_3+jb_3)\}$

(零元の存在)　　$a+jb$ に対して，$(a+jb)+(0+j0)=a+jb$
$\qquad\qquad\qquad$となる零元 $0+j0$ がある。

(逆元の存在)　　$a+jb$ に対して，$(a+jb)+(-a-jb)=$
$\qquad\qquad\qquad 0+j0$ となる $-a-jb$ がある。

m, n を実数とすると

(第一分配法則)　　$m\{(a_1+jb_1)+(a_2+jb_2)\}$
$\qquad\qquad\qquad\quad =m(a_1+jb_1)+m(a_2+jb_2)$

(第二分配法則)　　$(m+n)(a+jb)=m(a+jb)+n(a+jb)$

(乗法の結合法則)　　$(mn)(a+jb)=m\{n(a+jb)\}$

以上のことから，複素数はベクトルの性質を持っているので，複素数の実部，虚部はベクトルの成分として取り扱うことができ，複素数 $\dot{A}=a+jb$ はベクトル $\vec{A}=(a, b)$ に対応する。したがって，$\dot{A}$ をベクトルで表示することができる。

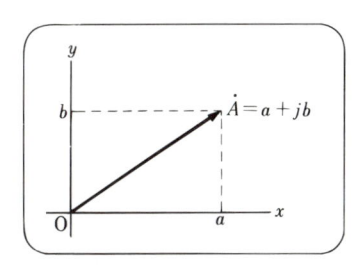

図 4.28　複素数のベクトル表示

図 4.28 は，複素数 $\dot{A}$ をベクトル表示したもので，このような図を **ベクトル図** (vector diagram) という。

問 13. つぎの複素数の絶対値と偏角を求め，図示しなさい。

(i) $\dot{A}_1 = 5 + j5$

(ii) $\dot{A}_2 = 25\sqrt{3} - j25$

問 14. つぎの極形式で表された複素数を，$\dot{A} = a + jb$ の形で示しなさい。

(i) $\dot{A}_1 = 5\varepsilon^{j\frac{\pi}{3}}$ (ii) $\dot{A}_2 = 100\varepsilon^{j\pi}$

4.8 複素数の乗除とベクトルの関係

4.8.1 複素数の乗法

二つの複素数 $\dot{A}_1 = A_1 \varepsilon^{j\varphi_1}$, $\dot{A}_2 = A_2 \varepsilon^{j\varphi_2}$ の積を $\dot{A}$ とすると

$$\dot{A} = \dot{A}_1 \cdot \dot{A}_2 = A_1 \varepsilon^{j\varphi_1} \cdot A_2 \varepsilon^{j\varphi_2}$$

$$= A_1(\cos \varphi_1 + j \sin \varphi_1) \cdot A_2(\cos \varphi_2 + j \sin \varphi_2)$$

$$= A_1 A_2 \{(\cos \varphi_1 \cos \varphi_2 - \sin \varphi_1 \sin \varphi_2)$$

$$+ j(\sin \varphi_1 \cos \varphi_2 + \cos \varphi_1 \sin \varphi_2)\}$$

$$= A_1 A_2 \{\cos(\varphi_1 + \varphi_2) + j \sin(\varphi_1 + \varphi_2)\} \quad (4.67)$$

となる。ここで，オイラーの公式 (4.65) を用いれば，式 (4.67) は

$$\dot{A} = A_1 A_2 \varepsilon^{j(\varphi_1 + \varphi_2)} \quad (4.68)$$

となる。このことは，複素数について指数法則 $\varepsilon^{j\varphi_1} \cdot \varepsilon^{j\varphi_2} = \varepsilon^{j(\varphi_1 + \varphi_2)}$ が成

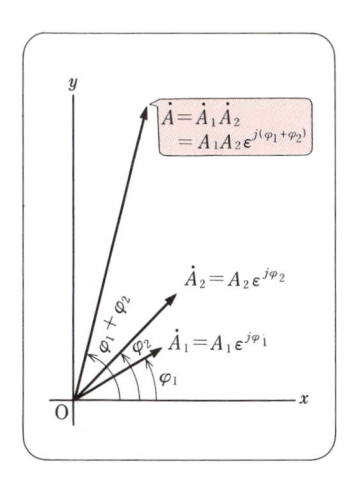

図 4.29　複素数の積

り立つことを示している。

以上のことから，複素数の積の絶対値は，おのおのの複素数の絶対値の積に等しく，その積の偏角は，おのおのの複素数の偏角の和に等しいということがいえる。

図 4.29 は，$\dot{A}_1, \dot{A}_2$ とその積 $\dot{A}$ の関係をベクトル図に示したものである。

問 15． 二つの複素数 $\dot{A}_1 = 8 + j6$, $\dot{A}_2 = 12 + j16$ がある。$\dot{A}_1, \dot{A}_2$ を極形式で表して，積 $\dot{A}_1 \cdot \dot{A}_2$ を求めなさい。

4.8.2 複素数の除法

複素数 $\dot{A}_1 = A_1 \varepsilon^{j\varphi_1}$ を $\dot{A}_2 = A_2 \varepsilon^{j\varphi_2}$ で割った商 $\dot{A}$ は

$$\dot{A} = \frac{\dot{A}_1}{\dot{A}_2} = \frac{A_1 \varepsilon^{j\varphi_1}}{A_2 \varepsilon^{j\varphi_2}} = \frac{A_1}{A_2} \varepsilon^{j(\varphi_1 - \varphi_2)} \qquad (4.69)$$

となる。

このことから，複素数の商の絶対値は，被除数の絶対値を除数の絶対値で割った商に等しく，その商の偏角は，被除数の偏角から除数の偏角を引いた差に等しい，ということがいえる。

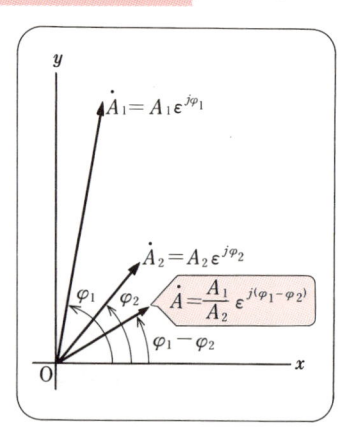

図 4.30 複素数の商

4.8 複素数の乗除とベクトルの関係

図 4.30 は，これらの関係をベクトル図に示したものである。

問 16. 二つの複素数 $\dot{A}_1 = 9 + j12$, $\dot{A}_2 = 3 - j4$ を極形式で表して，商 $\dot{A} = \dfrac{\dot{A}_1}{\dot{A}_2}$ を求めなさい。

4.8.3 複素数 $\dot{A}$ に $j, -j$ を掛けること

$\dot{A} = A\varepsilon^{j\varphi}$ と，j または $-j$ との積は，それぞれ $j = \varepsilon^{j\frac{\pi}{2}}$, $-j = \varepsilon^{-j\frac{\pi}{2}}$ であるから，指数法則を用いると

$$j\dot{A} = \dot{A} \times j = A\varepsilon^{j\varphi} \cdot \varepsilon^{j\frac{\pi}{2}} = A\varepsilon^{j\left(\varphi+\frac{\pi}{2}\right)} \tag{4.70}$$

$$-j\dot{A} = \dot{A} \times (-j) = A\varepsilon^{j\varphi} \cdot \varepsilon^{-j\frac{\pi}{2}} = A\varepsilon^{j\left(\varphi-\frac{\pi}{2}\right)} \tag{4.71}$$

となる。

すなわち，**複素数 $\dot{A}$ に j を掛けると，絶対値は変わらないで，偏角だけが $\dfrac{\pi}{2}$ だけ増加した複素数になる。また，複素数 $\dot{A}$ に $-j$ を掛けると，絶対値は変わらないで，偏角だけが $\dfrac{\pi}{2}$ だけ減少した複素数になる。**

図 4.31 は，この関係をベクトル図に示したものである。

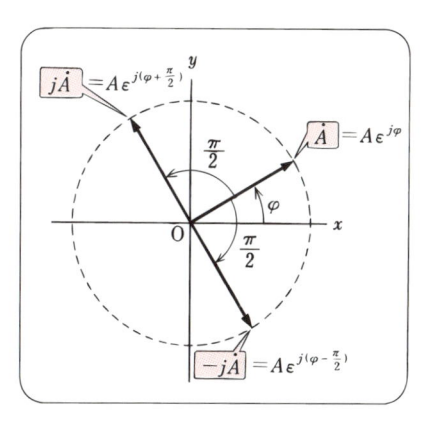

図 4.31 複素数と $j, -j$ の積

4.9 交流回路の複素数表示

4.9.1 交流の複素数表示

正弦波 y が，つぎのように表されるとする。

$$y = \sqrt{2}\, Y \sin(\omega t + \varphi) \tag{4.72}$$

つぎに，複素数 $\dot{y}$ をつぎのように表す。

$$\dot{y} = \sqrt{2}\, Y \varepsilon^{j(\omega t + \varphi)}$$

$$= \sqrt{2}\, Y \{\cos(\omega t + \varphi) + j \sin(\omega t + \varphi)\} \tag{4.73}$$

すると正弦波 y は，複素数 $\dot{y}$ の虚部を用いて表すことができるので

$$y = \mathrm{Im}\, \dot{y} \tag{4.74}$$

が成り立つ[†1]。

このことを用いて，つぎの交流電流

$$i_1 = \sqrt{2}\, I_1 \sin(\omega t + \varphi_1) \quad [\mathrm{A}]$$

$$i_2 = \sqrt{2}\, I_2 \sin(\omega t + \varphi_2) \quad [\mathrm{A}]$$

$$i = i_1 + i_2 = \sqrt{2}\, I \sin(\omega t + \varphi) \quad [\mathrm{A}]$$

に対して，それぞれの複素数を $\dot{i}_1,\ \dot{i}_2,\ \dot{i}$ として複素数表示をするとつぎのようになる。

[†1] このことはつぎのような意味を含んでいる。$\dot{y} = \sqrt{2}\, Y \varepsilon^{j(\omega t + \varphi)}$ は，複素平面上において，原点を中心に，絶対値 $\sqrt{2}\, Y$，初位相 φ，一定の角速度 ω で，反時計回りに回転する回転ベクトルを表し，この運動の虚軸への射影が，$y = \sqrt{2}\, Y \sin(\omega t + \varphi)$ となることを示している。

$$\left.\begin{array}{l}\dot{i}_1=\sqrt{2}\ I_1\varepsilon^{j(\omega t+\varphi_1)}=\sqrt{2}\ I_1\{\cos(\omega t+\varphi_1)+j\sin(\omega t+\varphi_1)\}\\ \dot{i}_2=\sqrt{2}\ I_2\varepsilon^{j(\omega t+\varphi_2)}=\sqrt{2}\ I_2\{\cos(\omega t+\varphi_2)+j\sin(\omega t+\varphi_2)\}\\ \dot{i}\ =\sqrt{2}\ I\varepsilon^{j(\omega t+\varphi)}=\sqrt{2}\ I\{\cos(\omega t+\varphi)+j\sin(\omega t+\varphi)\}\end{array}\right\}$$
(4.75)

ここで

$$\begin{aligned}\dot{i}_1+\dot{i}_2&=\sqrt{2}\,\{I_1\cos(\omega t+\varphi_1)+I_2\cos(\omega t+\varphi_2)\}\\ &\quad+j\sqrt{2}\,\{I_1\sin(\omega t+\varphi_1)+I_2\sin(\omega t+\varphi_2)\}\\ &=\sqrt{2}\ I\{\cos(\omega t+\varphi)+j\sin(\omega t+\varphi)\}\\ &=\dot{i}\end{aligned}$$
(4.76)[†1]

が成り立ち，$i=i_1+i_2$ に対しては，$\dot{i}=\dot{i}_1+\dot{i}_2$ のように同じ結果になる。

このことは，交流電流の合成が，複素数表示された電流の合成の虚部に等しくなることを示している。したがって，交流電流は，加算まで含めて複素数表示で取り扱うことができる。

絶対値に実効値 I を用いた交流電流の複素数表示についても，$\dot{I}=\dfrac{\dot{i}}{\sqrt{2}}$ と表せば，瞬時値 i と同様のことが成り立つ。

なお，以上のことは交流電圧についても同じようにいえる。

4.9.2　複素インピーダンスとオームの法則

図 $4.32(a)$ に示す直流回路では，オームの法則により，電圧 V 〔V〕，電流 I 〔A〕，抵抗 R 〔Ω〕の間には

$$R=\frac{V}{I}\quad 〔Ω〕$$
(4.77)

の関係が成り立ち，抵抗は電流の流れを妨げる働きがある。

[†1] $\cos(\alpha+\beta)=\cos\alpha\cos\beta-\sin\alpha\sin\beta$ を用いて導かれる。

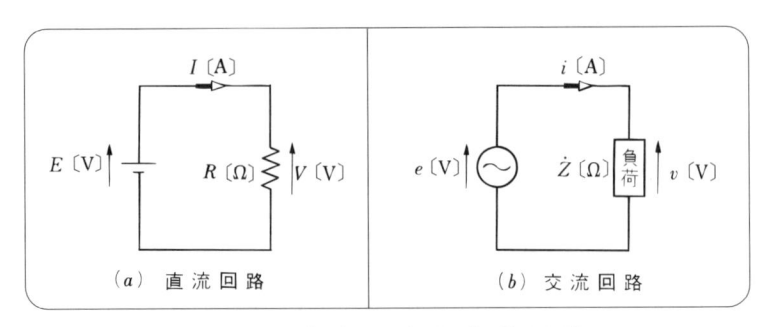

図4.32 直流回路と交流回路

一方,図(b)に示す交流回路では,回路の電流を妨げる要素は負荷であり,その素子は抵抗のほかにコイルやコンデンサがある。

図(b)の回路において,交流起電力 $e=\sqrt{2}\,E\sin\omega t$〔V〕を負荷に加える。すると,交流電流 i〔A〕が流れて,負荷の両端に電圧 v〔V〕が生じる。この電圧 v は,キルヒホッフの第2法則から,つねに交流起電力 e に等しく

$$e〔V〕= v〔V〕 \qquad (4.78)$$

である。このことは実効値についても同様なことがいえ

$$E〔V〕= V〔V〕 \qquad (4.79)$$

である。

電圧,電流の実効値 V〔V〕,I〔A〕とインピーダンス Z〔Ω〕との間には,つぎの関係がある。

$$Z=\frac{V}{I}\ 〔\Omega〕 \qquad (4.80)$$

また,複素数の絶対値に交流の実効値を用いて,v, i を複素数表示した $\dot{V}$〔V〕,$\dot{I}$〔A〕を

$$\left.\begin{array}{l}\dot{V}=V\varepsilon^{j\omega t}\ 〔V〕\\ \dot{I}=I\varepsilon^{j(\omega t-\varphi)}\ 〔A〕\end{array}\right\} \qquad (4.81)$$

とする。以後，交流の複素数表示には，絶対値に実効値を用いる。式 (4.81) から，$\dot{V}$ と $\dot{I}$ の間にはつぎの関係がある。

$$\frac{\dot{V}}{\dot{I}} = \frac{V\varepsilon^{j\omega t}}{I\varepsilon^{j(\omega t-\varphi)}} = \frac{V}{I}\varepsilon^{j\varphi} = Z\varepsilon^{j\varphi} \tag{4.82}$$

ここに，$Z = \dfrac{V}{I}$ である。式 (4.82) の $\dfrac{\dot{V}}{\dot{I}}$ を

$$\dot{Z} = \frac{\dot{V}}{\dot{I}} = R + jX \quad [\Omega] \tag{4.83}$$

と置き，$\dot{Z}$ を**複素インピーダンス**[†1] (complex impedance) または単にインピーダンスという。これは一般に複素数になり，実部が抵抗分で，虚部がリアクタンス分である。

また，Z をインピーダンスの絶対値または大きさといい，φ をインピーダンス角または力率角という。$\dot{Z}$ を用いれば，電圧，電流はそれぞれ

$$\dot{V} = \dot{Z}\dot{I} \quad [V] \tag{4.84}$$

$$\dot{I} = \frac{\dot{V}}{\dot{Z}} \quad [A] \tag{4.85}$$

で表される。

交流回路ではオームの法則は，複素インピーダンス $\dot{Z}$ を用いて，式 (4.83)，(4.84)，(4.85) で表される。

[†1] ベクトルインピーダンスということもある。

4.10 記号法による交流回路の取り扱い

4.10.1 正弦波交流の合成

図 4.33 のように，二つの交流の和を求めることを **交流の合成** という。正弦波交流波の合成は，ベクトルと複素数で表される。

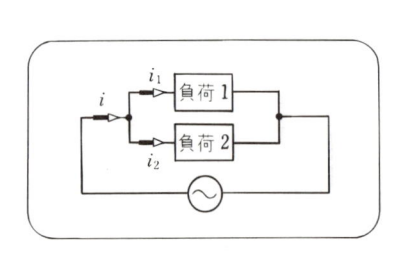

図 4.33 交流の合成

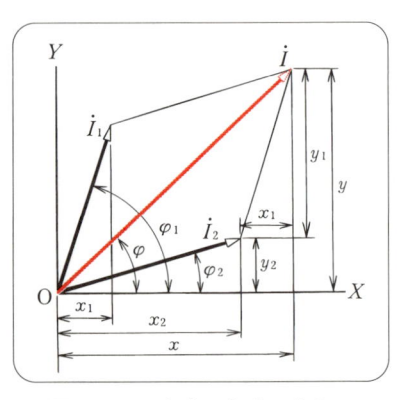

図 4.34 交流の合成ベクトル

いま

$$\left. \begin{array}{l} i_1 = \sqrt{2}\, I_1 \sin(\omega t + \varphi_1) \quad [\mathrm{A}] \\ i_2 = \sqrt{2}\, I_2 \sin(\omega t + \varphi_2) \quad [\mathrm{A}] \end{array} \right\} \quad (4.86)$$

の正弦波交流は，同一周波数で振幅と位相が異なるが，その電流ベクトル $\dot{I}_1$, $\dot{I}_2$ とその和 $\dot{I}$ のベクトル図は，図 4.34 のようになる。

ベクトル $\dot{I}_1$ と $\dot{I}_2$ との和，X 軸上における $\dot{I}_1$, $\dot{I}_2$ との射影の和を x 成分とし，Y 軸上における $\dot{I}_1$, $\dot{I}_2$ との射影の和を y 成分とすると

$$\dot{I}_1 = x_1 + jy_1, \quad \dot{I}_2 = x_2 + jy_2 \tag{4.87}$$

となる。また、その和 $\dot{I}$ は

$$\dot{I} = \dot{I}_1 + \dot{I}_2 = (x_1 + jy_1) + (x_2 + jy_2)$$
$$= (x_1 + x_2) + j(y_1 + y_2) = x + jy \tag{4.88}$$

となる。ここに、$x = x_1 + x_2$, $y = y_1 + y_2$ である。

したがって、$\dot{I}$ の絶対値 I および位相 φ はつぎのようになる。

$$\left. \begin{array}{l} I = \sqrt{(x_1 + x_2)^2 + (y_1 + y_2)^2} = \sqrt{x^2 + y^2} \\ \varphi = \tan^{-1} \dfrac{y_1 + y_2}{x_1 + x_2} = \tan^{-1} \dfrac{y}{x} \end{array} \right\} \tag{4.89}$$

4.10.2　抵抗 R だけの回路

交流の電圧、電流、インピーダンスなどを複素数で表示して、交流回路の計算を行う方法を **記号法**（symbolic method）という。

以下、この節では記号法を用いて、交流回路の基本的な事項について学ぶ。

図 4.35(a) の v, i は、**4.3.2** 項で学んだように

$$\left. \begin{array}{l} v = \sqrt{2}\, V \sin \omega t \quad [\text{V}] \\ i = \sqrt{2}\, I \sin \omega t \quad [\text{A}] \end{array} \right\} \tag{4.90}$$

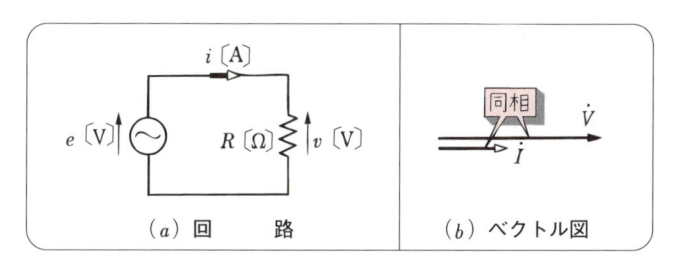

(a) 回　　路　　　　(b) ベクトル図

図 4.35　抵抗 R だけの回路

で，$I = \dfrac{V}{R}$ の関係があった。

ここで，v，i を複素数表示した場合，$\dot{V}$ 〔V〕，$\dot{I}$ 〔A〕は

$$\left.\begin{array}{l} \dot{V} = V\varepsilon^{j\omega t} \\ \dot{I} = I\varepsilon^{j\omega t} \end{array}\right\} \qquad (4.91)$$

となる。したがって，回路のインピーダンス $\dot{Z}$ 〔Ω〕は

$$\dot{Z} = \dfrac{\dot{V}}{\dot{I}} = \dfrac{V\varepsilon^{j\omega t}}{I\varepsilon^{j\omega t}} = \dfrac{V}{I}\varepsilon^{j(\omega t - \omega t)} = R \quad 〔Ω〕 \qquad (4.92)$$

となり，回路のインピーダンスは抵抗分のみで，電圧 $\dot{V}$ と電流 $\dot{I}$ のベクトル図は図(b) のようになる。

4.10.3　静電容量 C だけの回路

図 $4.36(a)$ の v，i を，抵抗だけの回路と同様に複素数表示した $\dot{V}$ 〔V〕，$\dot{I}$ 〔A〕は

$$\left.\begin{array}{l} \dot{V} = V\varepsilon^{j\omega t} \quad 〔V〕 \\ \dot{I} = I\varepsilon^{j(\omega t + \frac{\pi}{2})} = j\omega C \dot{V} \quad 〔A〕 \end{array}\right\} \qquad (4.93)$$

となる。したがって，回路のインピーダンス $\dot{Z}$ 〔Ω〕は

図 4.36　コンデンサ C だけの回路

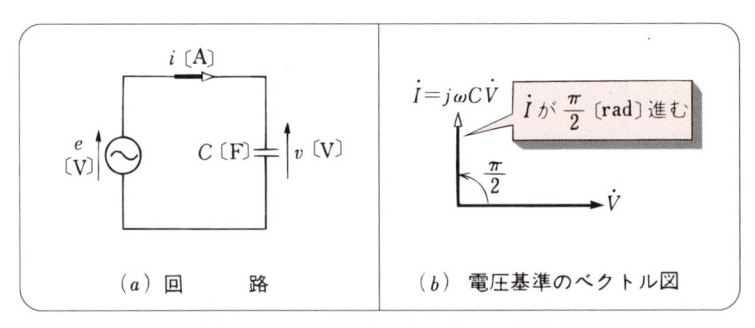

$$\dot{Z} = \frac{\dot{V}}{\dot{I}} = \frac{\dot{V}}{j\omega C \dot{V}} = -j\frac{1}{\omega C} \quad [\Omega] \tag{4.94}$$

となる。虚部が負であるインピーダンスを，前にも学んだ**容量性リアクタンス** (capacitive reactance) という。

図(b) のベクトル図は，複素数表示を含めたベクトル図である。

4.10.4　インダクタンス L だけの回路

図 $4.37(a)$ のインダクタンスの回路の v, i を，複素数表示した $\dot{V}$ [V], $\dot{I}$ [A] は

$$\left.\begin{array}{l} \dot{I} = I\varepsilon^{j\omega t} \quad [\text{A}] \\ \dot{V} = V\varepsilon^{j(\omega t + \frac{\pi}{2})} = j\omega L I \quad [\text{V}] \end{array}\right\} \tag{4.95}$$

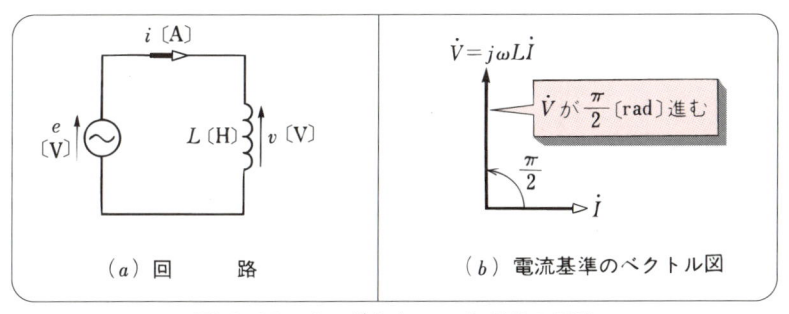

図 4.37　インダクタンス L だけの回路

となる。したがって，回路のインピーダンス $\dot{Z}$ [Ω] は

$$\dot{Z} = \frac{\dot{V}}{\dot{I}} = \frac{j\omega L \dot{I}}{\dot{I}} = j\omega L \quad [\Omega] \tag{4.96}$$

となる。虚部が正であるインピーダンスを**誘導性リアクタンス** (inductive reactance) という。

図(b) のベクトル図は，複素数表示を含めたベクトル図である。

例題 10．

図 4.37 の回路において，電圧，電流の実効値が，100 V，$-j5$ A であった。回路のインピーダンスを求めなさい。

解答 回路のインピーダンス $\dot{Z}$ 〔Ω〕は，式（4.94）から

$$\dot{Z} = \frac{\dot{V}}{\dot{I}} = \frac{100}{-j5} = j20 \text{ 〔Ω〕}$$

4.10.5　インピーダンスの直列回路

図 4.38（a）のような R-L-C 直列回路では，各素子の両端の電圧 $\dot{V}_R$，$\dot{V}_L$，$\dot{V}_C$ および $\dot{V}$，$\dot{I}$ のベクトル図は，図（b）のようになる。

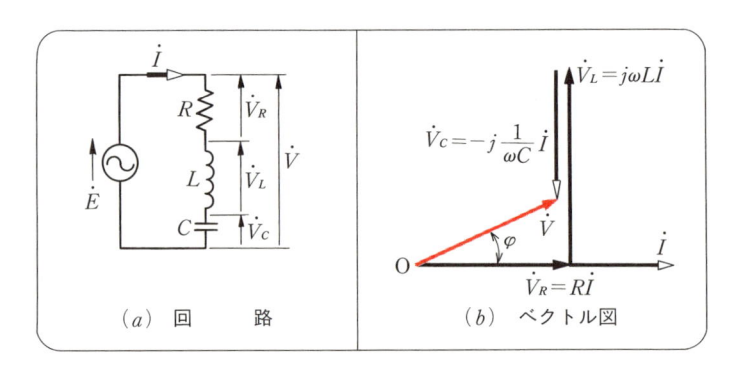

図 4.38　直列インピーダンス

したがって

$$\dot{V} = \dot{V}_R + \dot{V}_L + \dot{V}_C = R\dot{I} + j\omega L \dot{I} - j\frac{1}{\omega C}\dot{I}$$

$$= R\dot{I} + j\left(\omega L - \frac{1}{\omega C}\right)\dot{I} \text{ 〔V〕} \quad (4.97)$$

また，この回路のインピーダンス $\dot{Z}$ 〔Ω〕は，式（4.97）からつぎ

の式で表される。

$$\dot{Z} = \frac{\dot{V}}{\dot{I}} = R + j\left(\omega L - \frac{1}{\omega C}\right) \ [\Omega] \qquad (4.98)$$

R-L-C 直列回路のインピーダンス $\dot{Z}$ は，抵抗とリアクタンスの和の形になる。

図 4.39 (a) のように，多くの抵抗，リアクタンスが直列に接続されている回路において，インピーダンスを一つにまとめたものを **合成インピーダンス**（$\dot{Z}_0$）といい，つぎの式で表される。

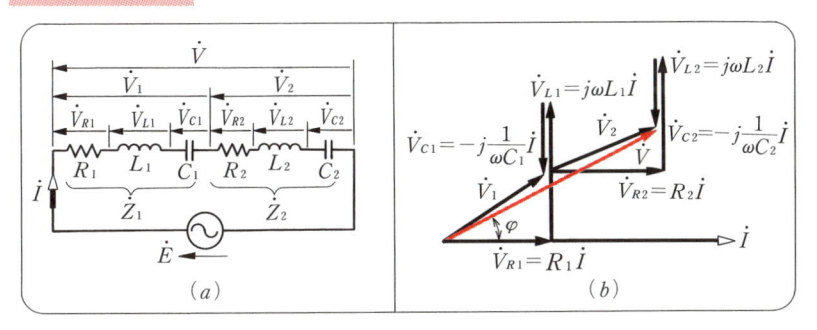

図 4.39 直列インピーダンスの合成

$$\begin{aligned}
\dot{Z}_0 &= R_1 + j\omega L_1 - j\frac{1}{\omega C_1} + R_2 + j\omega L_2 - j\frac{1}{\omega C_2} \\
&= (R_1 + R_2) + j\left(\omega L_1 + \omega L_2 - \frac{1}{\omega C_1} - \frac{1}{\omega C_2}\right) \\
&= R + j\left(\omega L - \frac{1}{\omega C}\right) \ [\Omega] \qquad (4.99)
\end{aligned}$$

ここに，$R = R_1 + R_2$, $L = L_1 + L_2$, $\dfrac{1}{C} = \dfrac{1}{C_1} + \dfrac{1}{C_2}$ である。

また

$$R_1 + j\left(\omega L_1 - \frac{1}{\omega C_1}\right) = \dot{Z}_1$$

$$R_2 + j\left(\omega L_2 - \frac{1}{\omega C_2}\right) = \dot{Z}_2$$

と置くと

$$\dot{Z}_0 = \dot{Z}_1 + \dot{Z}_2 \qquad (4.100)$$

さらに，各素子の合成電圧 $\dot{V}$ と電流 $\dot{I}$ の位相差 φ は，図(b)のベクトル図から

$$\varphi = \tan^{-1} \frac{\omega L - \dfrac{1}{\omega C}}{R} = \tan^{-1} \frac{\omega L_1 + \omega L_2 - \dfrac{1}{\omega C_1} - \dfrac{1}{\omega C_2}}{R_1 + R_2}$$

$$(4.101)$$

となる。

例題 11.

$5\,\Omega$ の抵抗と，$20\,\Omega$ の誘導性リアクタンスと，$8\,\Omega$ の容量性リアクタンスとが，直列に接続された回路のインピーダンスを記号法で示しなさい。

解答 式(4.97)において，抵抗 $R=5\,\Omega$，誘導性リアクタンス $\omega L = 20\,\Omega$，容量性リアクタンス $\dfrac{1}{\omega C}=8\,\Omega$ である。したがって，求めるインピーダンス $\dot{Z}$ は

$$\dot{Z} = R + j\left(\omega L - \frac{1}{\omega C}\right) = 5 + j(20-8) = 5 + j\,12\ [\Omega]$$

なお，インピーダンスの絶対値 Z は

$$Z = \sqrt{5^2 + 12^2} = 13\ [\Omega]$$

となる。

4.10.6　インピーダンスの直並列回路

図 4.40 の直並列回路のように，複雑な交流回路の合成電流を求めるのには，合成インピーダンスによらないで，各枝路に流れるおのおのの電流を求め，これらを合成する方法が考えられる。

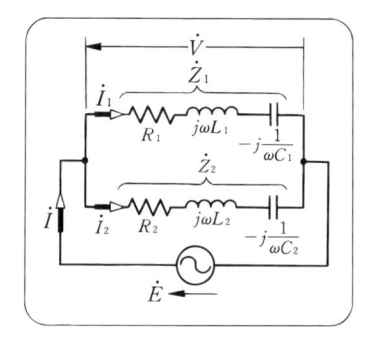

4.10 記号法による交流回路の取り扱い

図 4.40 インピーダンスの直並列回路

図において，回路の合成電流を $\dot{I}$，各枝路の電流を $\dot{I}_1$, $\dot{I}_2$ とすると，キルヒホッフの第一法則により，つぎの式が成り立つ．

$$\dot{I} = \dot{I}_1 + \dot{I}_2 \quad [\text{A}] \tag{4.102}$$

ところが

$$\dot{I} = \frac{\dot{V}}{\dot{Z}_1} + \frac{\dot{V}}{\dot{Z}_2} = \left(\frac{1}{\dot{Z}_1} + \frac{1}{\dot{Z}_2}\right)\dot{V} \quad [\text{A}] \tag{4.103}$$

である．ここに，$\dot{Z}_1$, $\dot{Z}_2$ は

$$\left.\begin{array}{l} \dot{Z}_1 = R_1 + j\left(\omega L_1 - \dfrac{1}{\omega C_1}\right) = R_1 + jX_1 \quad [\Omega] \\[6pt] \dot{Z}_2 = R_2 + j\left(\omega L_2 - \dfrac{1}{\omega C_2}\right) = R_2 + jX_2 \quad [\Omega] \end{array}\right\} \tag{4.104}$$

である．ただし

$$X_1 = \omega L_1 - \frac{1}{\omega C_1}, \quad X_2 = \omega L_2 - \frac{1}{\omega C_2}$$

である．

ここで，各インピーダンスの逆数を

$$\frac{1}{\dot{Z}_1} = \dot{Y}_1, \quad \frac{1}{\dot{Z}_2} = \dot{Y}_2 \tag{4.105}$$

と置くと，$\dot{I}$ は式 (4.102) から，つぎのような簡単な式で求められる．

$$\dot{I} = \left(\frac{1}{\dot{Z}_1} + \frac{1}{\dot{Z}_2}\right)\dot{V} = (\dot{Y}_1 + \dot{Y}_2)\dot{V} \qquad (4.106)$$

この $\dot{Y}_1$, $\dot{Y}_2$ を**アドミタンス** (admittance) といい，単位に**ジーメンス**〔S〕を用いる。

また，アドミタンス $\dot{Y}$ は

$$\dot{Y} = \frac{1}{\dot{Z}} = \frac{1}{R+jX} = \frac{R}{R^2+X^2} + j\frac{-X}{R^2+X^2} = G + jB \qquad (4.107)$$

となる。$G = \dfrac{R}{R^2+X^2}$ を**コンダクタンス** (conductance)，$B = \dfrac{-X}{R^2+X^2}$ を**サセプタンス** (susceptance) といい，単位にはアドミタンスと同じくジーメンスを用いる。

さらに，$\dot{Y}_1$, $\dot{Y}_2$ は，つぎのように表すことができる。

$$\dot{Y}_1 = g_1 + jb_1, \quad \dot{Y}_2 = g_2 + jb_2$$

$$\dot{Y} = \dot{Y}_1 + \dot{Y}_2 = g_1 + jb_1 + g_2 + jb_2 = (g_1+g_2) + j(b_1+b_2)$$

$$= G + jB \qquad (4.108)$$

ここに，$G = g_1 + g_2$，$B = b_1 + b_2$ である。

なお，$\dot{Y}$ の絶対値 Y と，$\dot{V}$ と $\dot{I}$ との位相差 φ は，つぎのようになる。

$$Y = \sqrt{G^2 + B^2} = \sqrt{(g_1+g_2)^2 + (b_1+b_2)^2} \qquad (4.109)$$

$$\varphi = \tan^{-1}\frac{B}{G} = \tan^{-1}\frac{b_1+b_2}{g_1+g_2} \qquad (4.110)$$

例題 12.

4Ω の抵抗と 5Ω の誘導性リアクタンスが並列に接続されている回路に，$100\,\varepsilon^{j\omega t}$ V の電圧を加えた。回路のアドミタンスにより電源に流れる電流と，位相差を求めなさい。

解答 この回路のアドミタンス $\dot{Y}_1$, $\dot{Y}_2$ および $\dot{Y}$ は

$$\dot{Y}_1 = \frac{1}{4}, \quad \dot{Y}_2 = \frac{1}{j5}$$

$$\dot{Y} = \dot{Y}_1 + \dot{Y}_2 = \frac{1}{4} + \frac{1}{j5} = 0.25 - j0.2 \text{ [S]}$$

電源に流れる電流 $\dot{I}$ [A] は，式 (4.105) から

$$\dot{I} = \dot{Y}\dot{V} = (0.25 - j0.2)100 = 25 - j20 \text{ [A]}$$

位相差 φ は，式 (4.110) から

$$\varphi = \tan^{-1}\frac{B}{G} = \tan^{-1}\frac{-0.2}{0.25} = \tan^{-1}-\frac{4}{5}$$

4.10.7 交流ブリッジ

第 1 章で学んだブリッジ回路で，直流電源の代わりに交流電源，抵抗 R の代わりにインピーダンス，検流計の代わりに受話器や交流電圧計を用いた回路を **交流ブリッジ** (alternating-current bridge) という。

図 4.41 の回路で，ブリッジの四つの辺に，インピーダンス $\dot{Z}_1, \dot{Z}_2, \dot{Z}_3, \dot{Z}_4$ を接続した場合，端子 a-b 間の電圧 $\dot{V}_{ab}$ は

$$\dot{V}_{ab} = \dot{Z}_2\dot{I}_2 - \dot{Z}_1\dot{I}_1 = \dot{Z}_3\dot{I}_3 - \dot{Z}_4\dot{I}_4$$

となる。このブリッジが平衡して $V_{ab}=0$ となるためには

$$\dot{Z}_2\dot{I}_2 - \dot{Z}_1\dot{I}_1 = \dot{Z}_3\dot{I}_3 - \dot{Z}_4\dot{I}_4 = 0 \qquad (4.111)$$

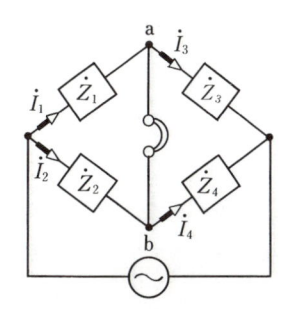

図 4.41　交流ブリッジ

が成り立つ。したがって

$$\dot{Z}_1\dot{I}_1=\dot{Z}_2\dot{I}_2, \quad \dot{Z}_3\dot{I}_3=\dot{Z}_4\dot{I}_4$$

となり，この二つの式から

$$\frac{\dot{Z}_1\dot{I}_1}{\dot{Z}_3\dot{I}_3}=\frac{\dot{Z}_2\dot{I}_2}{\dot{Z}_4\dot{I}_4} \tag{4.112}$$

となる。

また，平衡時は $\dot{I}_1=\dot{I}_3$, $\dot{I}_2=\dot{I}_4$ であるから，式(4.112)は

$$\frac{\dot{Z}_1}{\dot{Z}_3}=\frac{\dot{Z}_2}{\dot{Z}_4} \quad \therefore \quad \dot{Z}_1\dot{Z}_4=\dot{Z}_2\dot{Z}_3 \tag{4.113}$$

となる。

式(4.113)は，交流ブリッジの平衡条件である。この原理を用いて，四つのインピーダンスのうち，未知の一つのインピーダンスを測定する計測器に，インピーダンスブリッジがある[†1]。

4 練習問題

❶ 瞬時値 $v=200\sqrt{2}\sin\left(100\pi t+\frac{\pi}{3}\right)$〔V〕の電圧の最大値，実効値，平均値，周波数，周期を求めなさい。

❷ 電流 $i_1=I_{m1}\sin\left(\omega t-\frac{\pi}{3}\right)$〔A〕, $i_2=I_{m2}\sin\left(\omega t+\frac{\pi}{4}\right)$〔A〕のそれぞれの位相と，$i_1$, i_2 の位相差を求めなさい。

❸ ある負荷に $\dot{V}=100$ V の電圧を加えたとき，$\dot{I}=4-j3$〔A〕の電流が流れた。負荷の複素インピーダンス $\dot{Z}$ と抵抗分およびリアクタンス分を求めなさい。

❹ インダクタンスが 0.265 H のコイルがある。このコイルに 100 V, 60

[†1] 各種の回路素子を測定できるインピーダンスブリッジを万能ブリッジといい，第 6 章で学ぶ。

Hz の電圧を加えたとき，何〔A〕の電流が流れるか。

❺ あるコイルに直流電圧 10 V を加えたとき，2.5 A の電流が流れた。同じコイルに交流電圧 10 V，50 Hz を加えたとき，2 A の電流が流れた。コイルの抵抗とインダクタンスを求めなさい。

❻ 50 μF のコンデンサに，周波数 50 Hz，大きさ 2 A の電流が流れている。容量性リアクタンスおよびコンデンサの両端の電圧を求めなさい。

❼ 図 4.42 の回路において，$\dot{E}=80+j60$ 〔V〕，抵抗 $R=12\,\Omega$，誘導性リアクタンス $X_L=16\,\Omega$ である。つぎの値を求めなさい。
 （ⅰ） 複素インピーダンス
 （ⅱ） 回路に流れる電流
 （ⅲ） 抵抗 R の両端の電圧

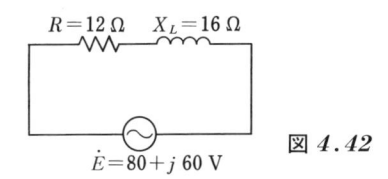

図 4.42

❽ 図 4.43 の回路において，$\dot{E}=50$ V，抵抗 $R=10\,\Omega$，インダクタンス $L=100$ mH，静電容量 $C=0.1\,\mu$F である。つぎの値を求めなさい。
 （ⅰ） 回路の並列共振周波数　（ⅱ） 共振時の電源電流 $\dot{I}$

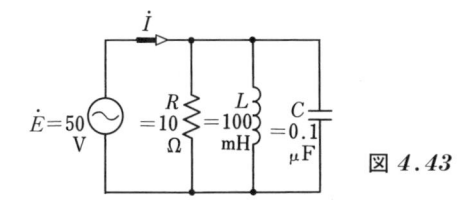

図 4.43

❾ ある単相負荷に 100 V の電圧を加えたとき，7 A の電流が流れた。負荷の皮相電力，有効電力，無効電力を求めなさい。ただし，力率は 80 % とする。

4 研究問題

❶ 図 4.44 のような波形の平均値を求めなさい。

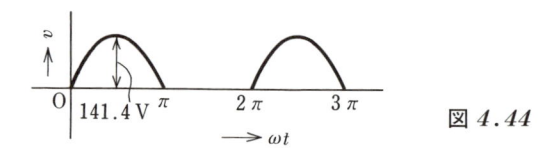

図 4.44

❷ 実効値が 5 で，初位相が $\frac{\pi}{4}$ [rad]，角速度が ω の正弦波交流起電力の瞬時値を示す式を求めなさい。

❸ 一つのコイルに 10 V の正弦波交流電圧を加えたら，2 A の電流が流れた。この回路に 6 Ω のリアクタンスを持つコンデンサを直列に接続しても，電流は変化しないという。このコイルの抵抗とリアクタンスを求めなさい。

❹ R-L-C 直列回路の有効電力 P は，$P = VI \cos\varphi$ である。これが $I^2 R$ と等しいことを確かめなさい。

❺ 図 4.45 のように，未知インピーダンス Z [Ω] に 11 Ω の抵抗を直列に接続した。これに正弦波交流電圧を加えて，抵抗とインピーダンスの電圧降下を測定したら，電圧計の指示はつぎのようであった。

　　$V_1 = 22$ V，$V_2 = 26$ V，$V_3 = 40$ V

　これから，未知インピーダンスの抵抗とリアクタンスを求めなさい。

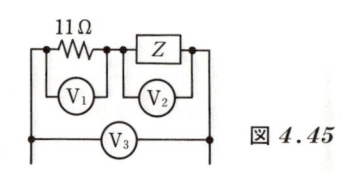

図 4.45

❻ 二つのインピーダンス $\dot{Z_1}$, $\dot{Z_2}$ が並列に接続されているとき，その合成インピーダンス $\dot{Z}$ は $\dot{Z}=\dfrac{\dot{Z_1}\dot{Z_2}}{\dot{Z_1}+\dot{Z_2}}\left(\dfrac{積}{和}\right)$ となることを確かめなさい。

❼ 抵抗とリアクタンスが直列に接続されている回路で，有効電力と無効電力の値が等しかった。このときの電圧と電流の位相差を求めなさい。

❽ あるコイルに 150 V の正弦波交流電圧を加えたら，720 W の電力を消費し，直流の 100 V を加えたら 500 W の電力を消費した。このことから，コイルの抵抗とリアクタンスを求めなさい。

❾ 図 4.46 の直並列回路に 200 V の交流電圧を加えたとき，端子 c-d 間の電圧を求めなさい。ただし，$R_1=4\,\Omega$, $R_2=3\,\Omega$, $X_{L_1}=3\,\Omega$, $X_{L_2}=4\,\Omega$ とする。

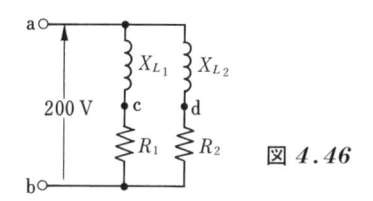

図 4.46

❿ 図 4.47 の回路で，電源の周波数を変化させた場合，回路の電流 $\dot{I}$ はどのように変化するか。それを複素平面上に示しなさい。

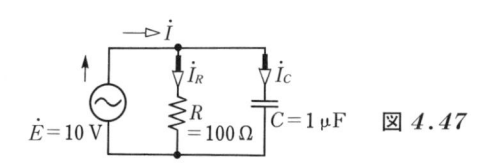

図 4.47

5 三相交流

　これまで学んできた交流は，電源と負荷を往復2本の線で接続した単相交流であったが，工場や大形の機械で使用する電動機や，多量の電力を使用している所では，3本の線で電力を送る三相交流が用いられている。

　これは，三相交流が経済的に電力を送ることができること，3線のうち2線で単相交流として使用できること，三相用の機器は効率がよいこと，など多くの利点があるためである。

　ここでは，三相交流の性質・発生，電圧と電流の関係，回路計算および三相交流による磁界などについて，単相交流と同様に，複素数とベクトルを用いて学習する。

5.1 三相交流回路

5.1.1 三相交流起電力

たがいに $\frac{2}{3}\pi$〔rad〕ずつ位相差があり，大きさおよび周波数が等しい3組の交流を **対称三相交流** (symmetrical three-phase alternating current) または単に **三相交流** という。また，その3組のうちの一つを **相** (phase) という。

各相の交流の大きさや位相差などが異なった **非対称三相交流** (asymmetrical three-phase alternating current) もあるが，実際には対称三相交流が多く用いられている。

三相交流に対して一相の交流を用いる場合，これを **単相交流** (single-phase alternating current) という。

5.1.2 三相交流の発生と表し方

三相交流を発生する発電機に，同期発電機がある。

図 5.1 はその原理図である。巻数の等しい三つのコイルを，それぞれ $\frac{2}{3}\pi$〔rad〕ずつ隔てて配置する。それを平等磁界中で軸Oを中心に，図の矢印の向きに ω〔rad/s〕の角速度で回転させる。すると，各コイルには，図 4.8 で学んだように正弦波交流起電力が発生する。

コイル A，B，C の起電力の瞬時値を e_a, e_b, e_c〔V〕とし，e_a の初

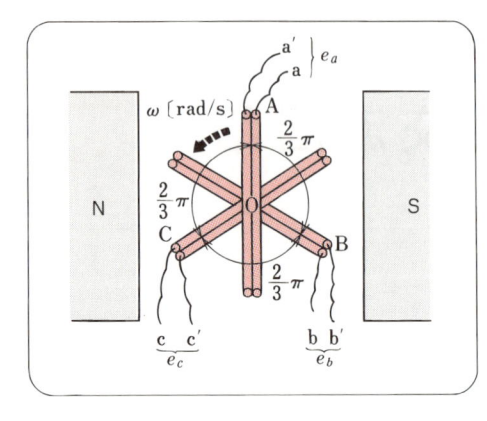

図5.1 三相交流の発生

位相を零とすると，各相の起電力はつぎのようになる。

$$\left.\begin{aligned} e_a &= \sqrt{2}\,E\sin\omega t \quad [\mathrm{V}] \\ e_b &= \sqrt{2}\,E\sin\left(\omega t - \frac{2}{3}\pi\right) \quad [\mathrm{V}] \\ e_c &= \sqrt{2}\,E\sin\left(\omega t - \frac{4}{3}\pi\right) \quad [\mathrm{V}] \end{aligned}\right\} \quad (5.1)$$

ここで，記号法を用いて，式 (5.1) の起電力を $\dot{E}_a, \dot{E}_b, \dot{E}_c$ [V] で表せば，三相交流起電力は各相の角周波数が等しいので，諸計算を簡略化するために ωt を省略して表示したほうがよい。そこで，$\dot{E}_a$ の位相を零とすれば

$$\left.\begin{aligned} \dot{E}_a &= E\varepsilon^{j0} \quad [\mathrm{V}] \\ \dot{E}_b &= E\varepsilon^{-j\frac{2}{3}\pi} \quad [\mathrm{V}] \\ \dot{E}_c &= E\varepsilon^{-j\frac{4}{3}\pi} \quad [\mathrm{V}] \end{aligned}\right\} \quad (5.2)^{[\dagger 1]}$$

となる。

つぎに，$\dot{E}_a, \dot{E}_b, \dot{E}_c$ の和をとると，つぎの関係が成り立つ。

$$\dot{E}_a + \dot{E}_b + \dot{E}_c = E\varepsilon^{j0} + E\varepsilon^{-j\frac{2}{3}\pi} + E\varepsilon^{-j\frac{4}{3}\pi}$$

[†1] 三相交流を複素数表示するとき，偏角 φ の範囲は $-2\pi < \varphi \leqq 0$ とする。

$$= E + E\left\{\cos\left(-\frac{2}{3}\pi\right) + j\sin\left(-\frac{2}{3}\pi\right)\right\}$$
$$+ E\left\{\cos\left(-\frac{4}{3}\pi\right) + j\sin\left(-\frac{4}{3}\pi\right)\right\}$$
$$= E + E\left(-\frac{1}{2} - j\frac{\sqrt{3}}{2}\right) + E\left(-\frac{1}{2} + j\frac{\sqrt{3}}{2}\right)$$
$$= 0 \tag{5.3}$$

つまり，三つの対称三相交流起電力の和は零である。

三相起電力の和が零であるということは，三相交流電源を3本の線で負荷と接続できることを示している。

図5.2は，三つの起電力の和が零であることを示したものである。

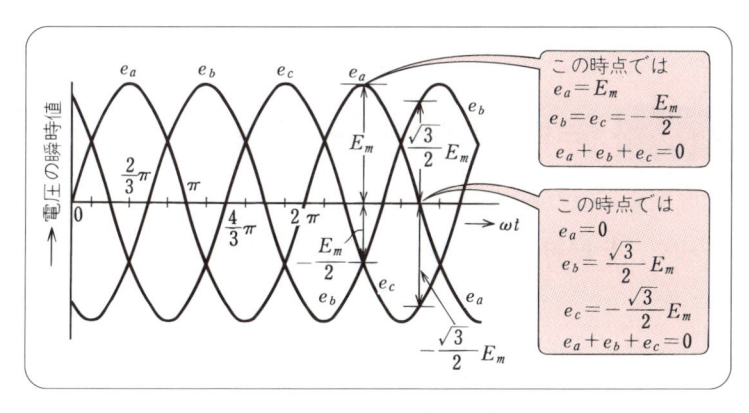

図5.2 三相交流の波形

式(5.1)および図5.2の起電力の位相は，$e_a \to e_b \to e_c$ の順に $\frac{2}{3}\pi$ 〔rad〕ずつ遅れている。この順を 相順 (phase sequence) または 相回転順 という。

図5.1に示す発電機は2極である。コイルが1秒間に1回転すると，各コイルには1Hzの起電力が発生する。

この発電機で50Hzの起電力を発生させるには，1分間にコイルを

3 000 回転させなければならない。ここで，磁極対数を p，周波数を f 〔Hz〕，回転速度を N_s〔rpm〕とすれば，これらの間にはつぎの関係がある。

$$N_s = \frac{60f}{p} \quad \text{〔rpm〕} \tag{5.4}$$

この N_s を 同期速度 （synchronous speed） という。

われわれが日常使用している電力の周波数は，富士川以西の西日本では 60 Hz，その他の地域では 50 Hz で，これらを商用周波数と呼んでいる。

問 1. 6 極で 60 Hz の交流電圧を発生させる発電機がある。この発電機の同期速度を求めなさい。

5.1.3 三相交流回路の電圧と電流

三相同期発電機の各相の起電力を，図 5.3 (a) のように Y 形に結線する方法を，Y 結線[†1]（Y-connection）または 星形結線 (star connection)

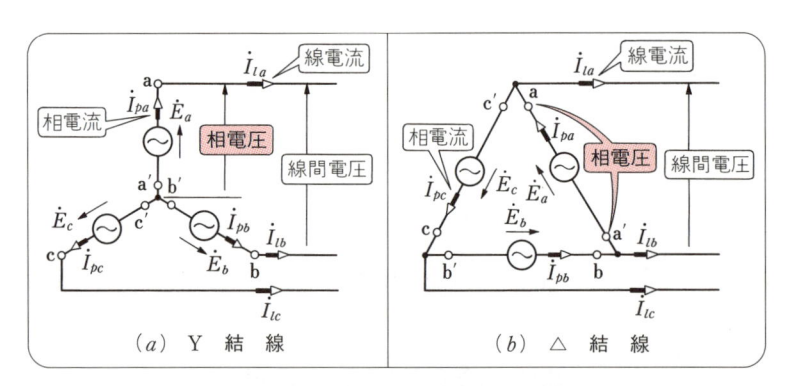

図 5.3 電源の Y の結線と △ 結線

---

†1 スター結線ともいう。

という。

また，図(b) のように △ 形に結線する方法を，△ 結線[†1] (delta connection) または三角結線という。

電源や負荷の一相の電圧，電流を，それぞれ相電圧 (phase voltage)，相電流 (phase current) という。また，電源と負荷とを接続する線路相互間の電圧を線間電圧 (line voltage)，線路に流れる電流を線電流 (line current) という。

さらに，Y 結線，△ 結線は，負荷についても同様な結線方法がある。図 5.4 はそれを示したものである。

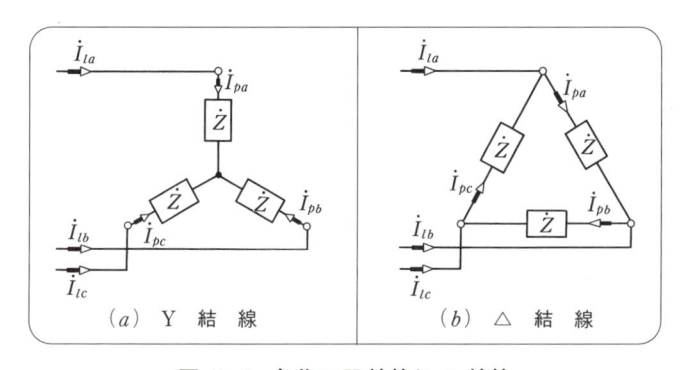

(a) Y 結線　　(b) △ 結線

図 5.4　負荷の Y 結線と △ 結線

ここで，負荷の各相のインピーダンス $\dot{Z}$ が等しいとき，これを平衡三相負荷 (balanced three-phase load) という。普通，三相の負荷は平衡三相負荷である。これに対して，各相のインピーダンスが等しくない負荷を不平衡三相負荷 (unbalanced three-phase load) という。

Y 結線では，電源および負荷の相電流の和は $\dot{I}_{pa}+\dot{I}_{pb}+\dot{I}_{pc}=0$ であるから，3 本の線で電源と負荷を接続することができる。△ 結線では，三つの起電力および負荷が環状に結線してある。しかし，$\dot{E}_a+\dot{E}_b+\dot{E}_c=0, \dot{I}_{pa}+\dot{I}_{pb}+\dot{I}_{pc}=0$ であるから，Y 結線と同様に，3 本の線で電

[†1] デルタ結線ともいう。

源と負荷を結線することができる。

1　Y結線の電圧，電流，電力　　図5.5のY結線では，電源の相電流はそのまま線路に流れるので，線電流は相電流に等しい。

$$\dot{I}_{la}=\dot{I}_{pa}, \ \dot{I}_{lb}=\dot{I}_{pb}, \ \dot{I}_{lc}=\dot{I}_{pc} \tag{5.5}$$

電圧，電流の大きさの関係
線間電圧＝$\sqrt{3}$×相電圧
線電流＝相電流

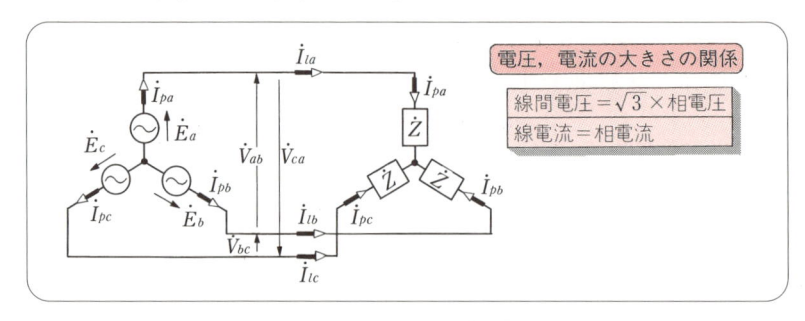

図5.5　Y-Y 結 線

また，線間電圧 $\dot{V}_{ab}, \dot{V}_{bc}, \dot{V}_{ca}$ は

$$\left. \begin{array}{l} \dot{V}_{ab}=\dot{E}_a-\dot{E}_b=E\varepsilon^{j0}-E\varepsilon^{-j\frac{2}{3}\pi}=\sqrt{3}\ E\varepsilon^{j\frac{\pi}{6}} \ \text{[V]} \\ \dot{V}_{bc}=\dot{E}_b-\dot{E}_c=E\varepsilon^{-j\frac{2}{3}\pi}-E\varepsilon^{-j\frac{4}{3}\pi}=\sqrt{3}\ E\varepsilon^{-j\frac{\pi}{2}} \ \text{[V]} \\ \dot{V}_{ca}=\dot{E}_c-\dot{E}_a=E\varepsilon^{-j\frac{4}{3}\pi}-E\varepsilon^{j0}=\sqrt{3}\ E\varepsilon^{-j\frac{7}{6}\pi} \ \text{[V]} \end{array} \right\} \tag{5.6}$$

となるので，つぎのことがいえる。

Y結線の線間電圧 V_l は，相電圧 E の $\sqrt{3}$ 倍で，V_l は相対応する E より $\dfrac{\pi}{6}$ [rad] 進み，各 V_l は，たがいに $\dfrac{2}{3}\pi$ [rad] の位相差がある。

Y結線の相電流および線電流はつぎのようになる。

$$\left. \begin{array}{l} \dot{I}_{pa}=\dot{I}_{la}=\dfrac{\dot{E}_a}{\dot{Z}} \\ \\ \dot{I}_{pb}=\dot{I}_{lb}=\dfrac{\dot{E}_b}{\dot{Z}} \\ \\ \dot{I}_{pc}=\dot{I}_{lc}=\dfrac{\dot{E}_c}{\dot{Z}} \end{array} \right\} \tag{5.7}$$

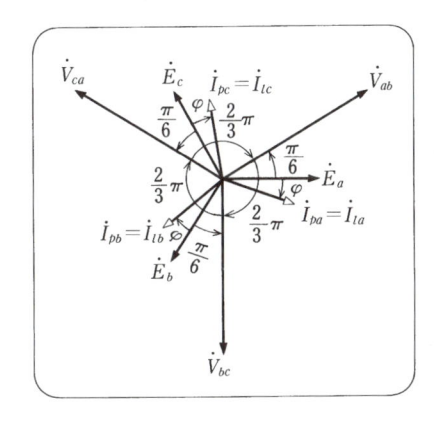

図5.6　Y結線のベクトル図

　図 5.6 は，負荷の力率を $\cos \varphi$ として，これらの関係をベクトル図に示したものである。

　ここで，相電圧，線間電圧，相電流，線電流，インピーダンスの大きさは各相とも等しい。したがって，それらを E, V_l, I_p, I_l, Z とすると

$$\left.\begin{array}{l} V_l = \sqrt{3}\, E \quad \text{[V]} \\ I_l = I_p = \dfrac{E}{Z} = \dfrac{V_l}{\sqrt{3}\, Z} \quad \text{[A]} \end{array}\right\} \quad (5.8)$$

の関係が成り立つ。

　また，負荷で消費される一相の電力 P' と三相の電力 P は，つぎの関係になる。

$$\left.\begin{array}{l} P' = E I_p \cos \varphi \quad \text{[W]} \\ P = 3P' = 3 E I_p \cos \varphi = \sqrt{3}\, V_l I_l \cos \varphi \quad \text{[W]} \end{array}\right\} \quad (5.9)$$

############## 例題 **1.** ##

　Y結線において，線間電圧が 200 V，負荷の相電流が 10 A，負荷の力率が 80 % であった。このときの相電圧，線電流，三相電力を求めなさい。

【解答】 相電圧 E, 線電流 I_l は式 (5.8), 三相電力 P は式 (5.9) から

相電圧　　　$E = \dfrac{V_l}{\sqrt{3}} = \dfrac{200}{\sqrt{3}} = 115.5 \,〔\text{V}〕$

線電流　　　$I_l = 相電流\, I_p = 10 \,〔\text{A}〕$

三相電力　　$P = \sqrt{3}\, V_l I_l \cos\varphi = \sqrt{3} \times 200 \times 10 \times 0.8 = 2\,771 \,〔\text{W}〕$

問 2. 図 5.7 の回路において，抵抗 R が $16\,\Omega$，誘導リアクタンス X_L が $12\,\Omega$ で，電圧計 Ⓥ の指示が $80\,\text{V}$ であった。このときの線電流，線間電圧を求めなさい。

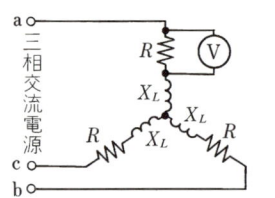

図 5.7

2　△結線の電圧，電流，電力

△結線では，図 5.8 のように，電源の相電圧はそのまま線間電圧となる。この関係を式で示せば

$$\dot{E}_a = \dot{V}_{ab},\ \dot{E}_b = \dot{V}_{bc},\ \dot{E}_c = \dot{V}_{ca} \tag{5.10}$$

となる。

△結線の相電流はつぎのようになる。

電圧，電流の大きさの関係
線間電圧 = 相電圧
線電流 = $\sqrt{3}\,\times$ 相電流

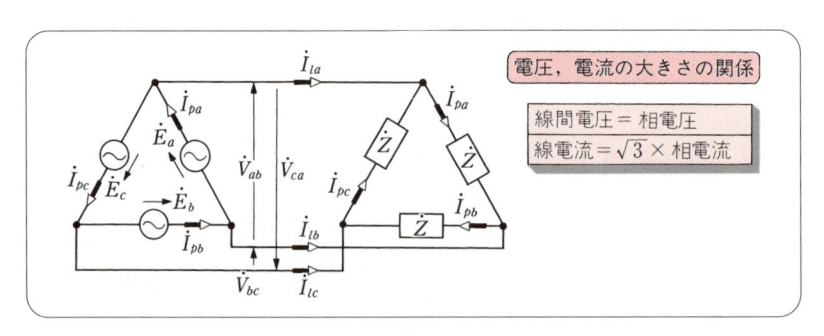

図 5.8　△-△結線

$$\dot{I}_{pa}=\frac{\dot{E}_a}{\dot{Z}},\ \dot{I}_{pb}=\frac{\dot{E}_b}{\dot{Z}},\ \dot{I}_{pc}=\frac{\dot{E}_c}{\dot{Z}} \tag{5.11}$$

また，負荷の力率を $\cos\varphi$ として，線電流 $\dot{I}_{la}$, $\dot{I}_{lb}$, $\dot{I}_{lc}$ は

$$\left.\begin{aligned}\dot{I}_{la}&=\dot{I}_{pa}-\dot{I}_{pc}=I\varepsilon^{-j\varphi}-I\varepsilon^{j\left(-\varphi-\frac{4}{3}\pi\right)}\\&=\sqrt{3}\,I\varepsilon^{j\left(-\varphi-\frac{\pi}{6}\right)}\\\dot{I}_{lb}&=\dot{I}_{pb}-\dot{I}_{pa}=I\varepsilon^{j\left(-\varphi-\frac{2}{3}\pi\right)}-I\varepsilon^{-j\varphi}\\&=\sqrt{3}\,I\varepsilon^{j\left(-\varphi-\frac{5}{6}\pi\right)}\\\dot{I}_{lc}&=\dot{I}_{pc}-\dot{I}_{pb}=I\varepsilon^{j\left(-\varphi-\frac{4}{3}\pi\right)}-I\varepsilon^{j\left(-\varphi-\frac{2}{3}\pi\right)}\\&=\sqrt{3}\,I\varepsilon^{j\left(-\varphi-\frac{9}{6}\pi\right)}\end{aligned}\right\} \tag{5.12}$$

となるので，つぎのことがいえる。

△結線の線電流 I_l は相電流 I_p の $\sqrt{3}$ 倍で，I_l は相対応する I_p より $\dfrac{\pi}{6}$ 〔rad〕遅れ，各 I_l はたがいに $\dfrac{2}{3}\pi$ 〔rad〕の位相差がある。

図 5.9 は，これらの関係をベクトル図に示したものである。

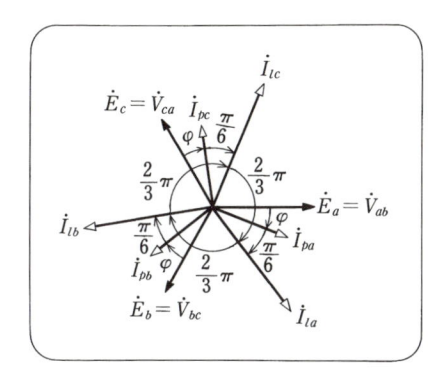

図 5.9　△ 結線のベクトル図

ここで，相電圧，線間電圧，相電流，線電流，インピーダンスの大きさは各相とも等しいから，それらを E, V_l, I_p, I_l, Z とすると

$$\left.\begin{aligned}V_l&=E\ \ 〔\mathrm{V}〕\\I_l&=\sqrt{3}\,I_p=\sqrt{3}\,\frac{E}{Z}=\sqrt{3}\,\frac{V_l}{Z}\ \ 〔\mathrm{A}〕\end{aligned}\right\} \tag{5.13}$$

の関係が成り立つ。

また、負荷で消費される一相の電力 P' と三相電力 P は、つぎの関係になる。

$$\left.\begin{array}{l} \text{一相の電力} \quad P' = EI_p \cos\varphi \quad [\text{W}] \\ \text{三相の電力} \quad P = 3EI_p \cos\varphi = \sqrt{3}\, V_l I_l \cos\varphi \quad [\text{W}] \end{array}\right\} \quad (5.14)$$

例題 2.

図 5.8 の回路において、負荷のインピーダンスが $\dot{Z} = 40 + j30\,[\Omega]$、線間電圧が $\dot{V} = 200\,\text{V}$ であった。このときの相電流と線電流の大きさを求めなさい。

解答 インピーダンスの大きさは $Z = \sqrt{40^2 + 30^2} = 50\,[\Omega]$

相電流 I_p は $\quad I_p = \dfrac{200}{Z} = \dfrac{200}{50} = 4\,[\text{A}]$

線電流 I_l は $\quad I_l = \sqrt{3}\, I_p = \sqrt{3} \times 4 = 6.93\,[\text{A}]$

例題 3.

図 5.10 の回路において、線電流 I_l と電源の相電流 I_p を求めなさい。ただし、電源の相電圧は 200 V とする。

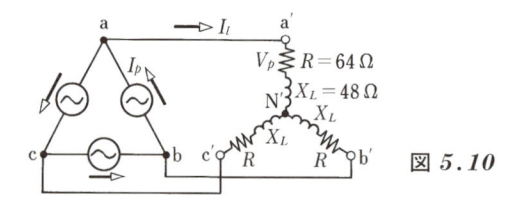

図 5.10

解答 電源は△結線で、負荷はY結線である。したがって、負荷の相電圧 V_p は、式 (5.8) から

$$V_p = \frac{V_l}{\sqrt{3}} = \frac{200}{\sqrt{3}} = 115.5 \text{ [V]}$$

負荷一相のインピーダンス Z の大きさは

$$Z = \sqrt{64^2 + 48^2} = 80 \text{ [Ω]}$$

したがって，Y結線では相電流 I_p ＝線電流 I_l であるから

$$I_l = \frac{V_p}{Z} = \frac{115.5}{80} \fallingdotseq 1.44 \text{ [A]}$$

また，電源の相電流 I_p は式（5.13）から

$$I_p = \frac{I_l}{\sqrt{3}} = \frac{1.44}{\sqrt{3}} \fallingdotseq 0.83 \text{ [A]}$$

問 3. $\dot{Z} = 26 + j18$ 〔Ω〕のインピーダンスを，Y結線にしたときの相電流と，△結線にしたときの相電流の大きさを求めなさい。ここに，線間電圧の大きさは 200 V とする。

5.1.4 負荷インピーダンスの Y-△ 変換

電源と負荷の結線法が異なる場合や，異なる結線法の負荷が並列になっている場合の回路計算はやや複雑になる。そこで，電源に対してなんの影響も与えずに，負荷の結線法およびインピーダンスの値を変えて回路計算を行う方法が考えられる。これには，図 5.11 のように，

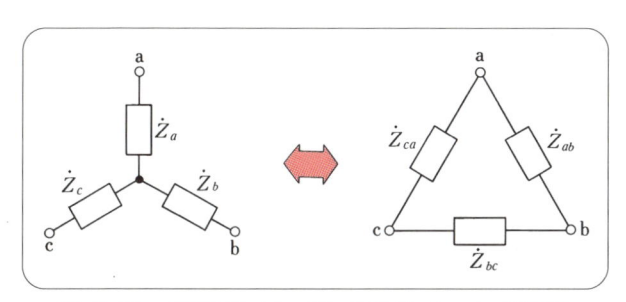

図 5.11 負荷インピーダンスの Y-△，△-Y 変換

Y結線を△結線に変換する方法と，その逆の方法がある。

Y結線を△結線に変換する式は，つぎのように表すことができる。

$$\dot{Z}_{ab}=\frac{\dot{Z}_\triangle}{\dot{Z}_c}, \quad \dot{Z}_{bc}=\frac{\dot{Z}_\triangle}{\dot{Z}_a}, \quad \dot{Z}_{ca}=\frac{\dot{Z}_\triangle}{\dot{Z}_b} \qquad (5.15)$$

ここに，$\dot{Z}_\triangle = \dot{Z}_a\dot{Z}_b + \dot{Z}_b\dot{Z}_c + \dot{Z}_c\dot{Z}_a$ である。

負荷インピーダンスが各相とも等しい平衡三相負荷のときは，$\dot{Z}_a = \dot{Z}_b = \dot{Z}_c = \dot{Z}$ として

$$\dot{Z}_{ab}=\dot{Z}_{bc}=\dot{Z}_{ca}=\frac{\dot{Z}_\triangle}{\dot{Z}}=\frac{3\dot{Z}^2}{\dot{Z}}=3\dot{Z} \qquad (5.16)$$

となり，換算後のインピーダンスは，換算前の3倍になる。

また，△結線をY結線に変換する等式は，つぎのように表すことができる。

$$\dot{Z}_a=\frac{\dot{Z}_{ab}\dot{Z}_{ca}}{\dot{Z}_Y}, \quad \dot{Z}_b=\frac{\dot{Z}_{bc}\dot{Z}_{ab}}{\dot{Z}_Y}, \quad \dot{Z}_c=\frac{\dot{Z}_{ca}\dot{Z}_{bc}}{\dot{Z}_Y} \qquad (5.17)$$

ここに，$\dot{Z}_Y = \dot{Z}_{ab} + \dot{Z}_{bc} + \dot{Z}_{ca}$ である。

平衡三相負荷回路の場合は，$\dot{Z}_{ab} = \dot{Z}_{bc} = \dot{Z}_{ca} = \dot{Z}$ とすると

$$\dot{Z}_a=\dot{Z}_b=\dot{Z}_c=\frac{\dot{Z}^2}{\dot{Z}_Y}=\frac{\dot{Z}^2}{3\dot{Z}}=\frac{\dot{Z}}{3} \qquad (5.18)$$

となり，換算後のインピーダンスは，換算前の $\frac{1}{3}$ になる。

例題 4.

図5.12において，$\dot{Z}_{ab}=\dot{Z}_{bc}=\dot{Z}_{ca}=80+j60$〔Ω〕, $\dot{Z}_a=\dot{Z}_b=\dot{Z}_c=\frac{80}{3}+j20$〔Ω〕，各線間の電圧が200Vであった。このとき，線電流 I_l〔A〕はいくらか。

【解答】 各相のインピーダンスが等しいので，$\dot{Z}_a, \dot{Z}_b, \dot{Z}_c$ を△結線に変換すると，式(5.16)から

図 5.12

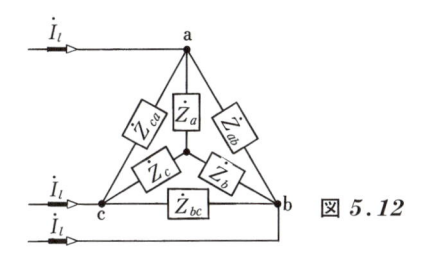

$$\dot{Z}_{ab}' = \dot{Z}_{bc}' = \dot{Z}_{ca}' = 3\dot{Z} = 3\left(\frac{80}{3} + j20\right) = 80 + j60 \text{ [Ω]}$$

となる。また，$\dot{Z}_{ab}$ と $\dot{Z}_{ab}'$，$\dot{Z}_{bc}$ と $\dot{Z}_{bc}'$，$\dot{Z}_{ca}$ と $\dot{Z}_{ca}'$ は並列であるから，各相の合成インピーダンス $\dot{Z}_0$ はつぎの式で表される。

$$\dot{Z}_0 = \frac{\dot{Z}_{ab}\dot{Z}_{ab}'}{\dot{Z}_{ab}+\dot{Z}_{ab}'} = \frac{(80+j60)(80+j60)}{(80+j60)+(80+j60)} = 40 + j30 \text{ [Ω]}$$

したがって

$$|\dot{Z}_0| = \sqrt{40^2 + 30^2} = 50 \text{ [Ω]}$$

となり，線電流は $I_l = \sqrt{3}\dfrac{V}{|\dot{Z}_0|} = \sqrt{3} \times \dfrac{200}{50} = 6.93 \text{ [A]}$

問 4. 図 5.13 において，端子 a-b 間から見た抵抗回路の合成抵抗と全消費電力を求めなさい。

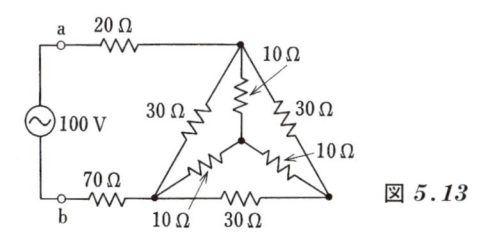

図 5.13

5.2 回転磁界

5.2.1 三相交流による回転磁界

相等しい3個のコイルを，図5.14のように，たがいに $\dfrac{2}{3}\pi$〔rad〕隔てて配置する。これに対称三相交流

$$\left.\begin{aligned} i_a &= I_m \sin \omega t \\ i_b &= I_m \sin\left(\omega t - \dfrac{2}{3}\pi\right) \\ i_c &= I_m \sin\left(\omega t - \dfrac{4}{3}\pi\right) \end{aligned}\right\}$$

すなわち

$$\left.\begin{aligned} \dot{i}_a &= I_m \varepsilon^{j0} \\ \dot{i}_b &= I_m \varepsilon^{-j\frac{2}{3}\pi} \\ \dot{i}_c &= I_m \varepsilon^{-j\frac{4}{3}\pi} \end{aligned}\right\} \qquad (5.19)$$

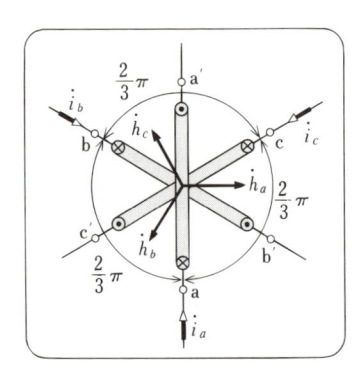

図5.14 三相交流による磁界

を流すと，各コイルには矢印の向きに $\dot{h}_a$, $\dot{h}_b$, $\dot{h}_c$ の磁界ができる。

各コイルのつくる磁界は電流に比例するから，その最大値を H_m とすると

$$\left.\begin{aligned}\dot{h}_a &= H_m \varepsilon^{j0} \\ \dot{h}_b &= H_m \varepsilon^{-j\frac{2}{3}\pi} \\ \dot{h}_c &= H_m \varepsilon^{-j\frac{4}{3}\pi}\end{aligned}\right\} \tag{5.20}$$

となる。

これを波形で示すと，図 5.15(a) のようになる。

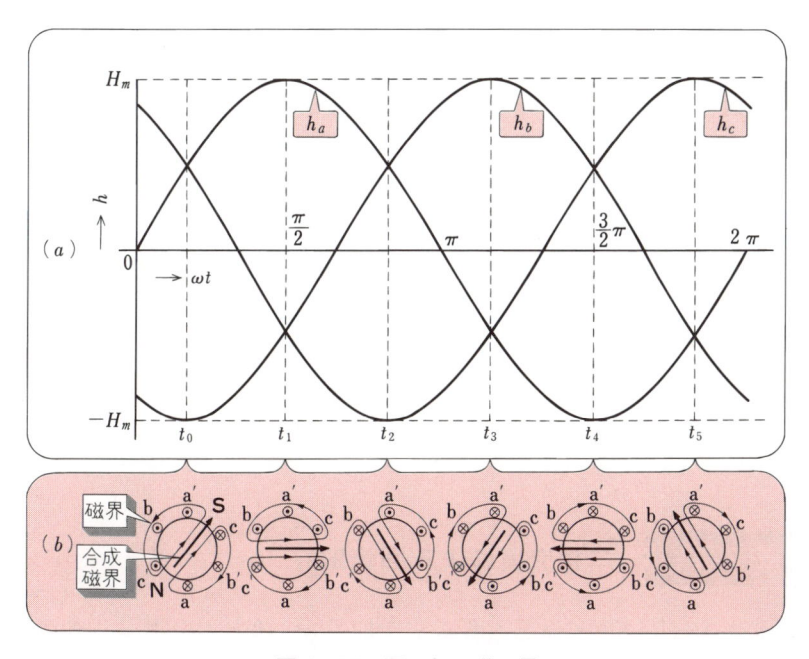

図 5.15 回 転 磁 界

図 (a) の時刻 t_1 における各コイルの磁界の大きさと向きは，図 5.14 に示した向きを正とすると，つぎのようになる。

$$h_a = +H_m \quad (\text{正の向きに最大})$$
$$h_b = -\frac{1}{2}H_m \quad (\text{負の向きに}\frac{H_m}{2}\text{の大きさ})$$
$$h_c = -\frac{1}{2}H_m \quad (\text{負の向きに}\frac{H_m}{2}\text{の大きさ}) \quad (5.21)$$

したがって，三つの磁界でつくる合成磁界 h は

$$h = H_m + \left(\frac{1}{2}H_m \cos\frac{\pi}{3}\right) \times 2 = \frac{3}{2}H_m$$

となる。

 t_1 と同様に，$t_2, t_3, \cdots$ の各時刻について合成磁界を調べると，その大きさは $\frac{3}{2}H_m$ で一定となり，時間の経過とともに，磁極 N, S は，向きが時計回りに変化する磁界になることがわかる。この磁界を **回転磁界** (rotating magnetic field) という。図 (b) はこのことを示したものである。

 ここで，回転磁界の回転速度 N_s〔rpm〕は，式 (5.4) の同期速度と同じで，電源周波数を f〔Hz〕，磁極対数を p とすると

$$N_s = \frac{60f}{p} \quad \text{〔rpm〕} \quad (5.22)$$

となる。

5.2.2 二相交流による回転磁界

 図 5.16 (a) に示すように，たがいに $\frac{\pi}{2}$〔rad〕の位相差のある二つの交流を組み合わせたものを，**二相交流** という。

 これを，図 (b) のように直角に配置した 2 個のコイル a, b に流すと回転磁界ができる。

 電源には，一般に単相交流を用いる。図 (c) のように，一方のコ

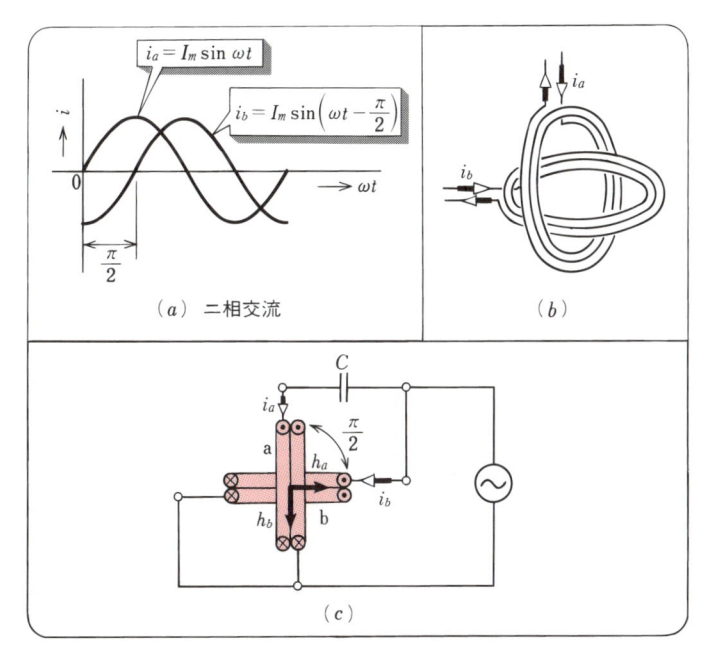

図 5.16 二相交流による回転磁界

イルにコンデンサ C を接続して，a, b の両コイルに流れる電流の位相差がほぼ $\frac{\pi}{2}$ 〔rad〕になるようにして，二相交流を作っている。

これを応用したものに，単相誘導電動機がある。

5 練習問題

❶ 図 5.17 のように，三相 200 V の電源に抵抗 3 個を Y 結線したとき，抵抗に流れる電流と三相電力を求めなさい。

❷ 図 5.18 のような三相平衡負荷がある。負荷一相の抵抗 R が 5 Ω，容量リアクタンス X_c が 10 Ω，抵抗に流れる電流が 20 A であった。この

230   5. 三相交流

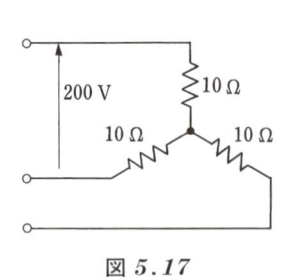

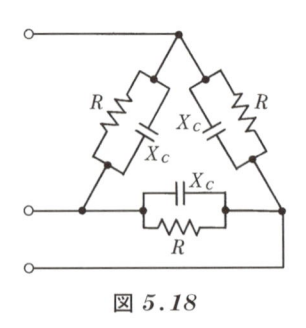

図 5.17

図 5.18

ときの線間電圧, 線電流を求めなさい。

❸ △結線からY結線への換算を用いて, 図 5.19 の端子 a-b 間の合成抵抗を求めなさい。

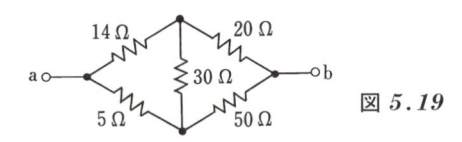

図 5.19

❹ ある発電機回路に取り付けた電圧計が 11 000 V, 電流計が 524 A, 三相電力計が 8 000 kW を指示していた。このときの負荷の力率を求めなさい。

❺ 線間電圧が 200 V の三相星形電源に, 平衡星形負荷が接続されている。負荷一相の抵抗が 10 Ω, 誘導リアクタンスが 15 Ω, 容量リアクタンスが 5 Ω で直列に接続されている。このときの三相電力, 一相の電流および負荷の力率を求めなさい。

5 研 究 問 題

❶ 図 5.20 (a) の回路を Y-△変換, 図 (b) の回路を△-Y 変換したときの各定数 C', L' を求めなさい。

図 5.20

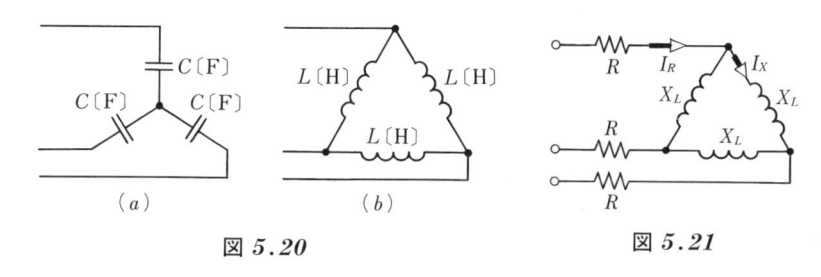

図 5.21

❷ 図 5.21 の回路で抵抗に流れる電流 I_R とリアクタンスに流れる電流 I_X を求めなさい。ただし，電源の線間電圧は 208 V，抵抗 R は 15 Ω，リアクタンス X は 24 Ω とする。

❸ 10 Ω の抵抗が△結線された三相負荷がある。そのうち，一相分が断線した。負荷の消費電力は，断線前の何倍になるか。

❹ 図 5.22 のような三相 4 線式回路において，各線に流れる電流を計算しなさい。ただし $r_1=3$ Ω，$r_2=6$ Ω，$r_3=15$ Ω とし，また各線の中性線に対する電圧は 120 V とする。

図 5.22

図 5.23

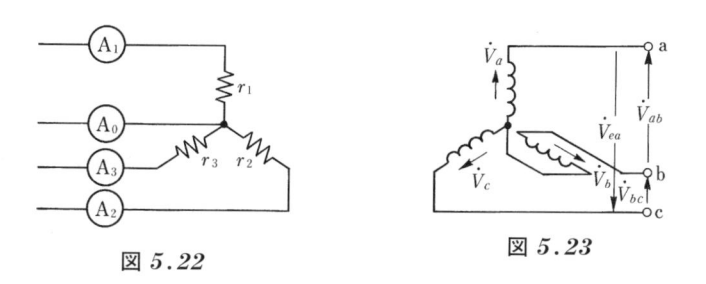

❺ 三相交流発電機を星形結線するとき，図 5.23 のように，誤って b 相（第二相）を反対に接続した。このときの a-b 間の線間電圧はいくらか。ただし $\dot{V}_a$, $\dot{V}_b$, $\dot{V}_c$ は，対称三相電圧で大きさは 100 V，相順は abc とする。

6

電 気 計 測

　これまでは，電気の理論について，おもにその諸現象と計算方法を学んできた。
　ここでは，各種測定器の動作原理と構成や，電圧・電流をはじめ，基本的な電気の諸量の測定方法について学ぶ。
　また，測定した値の処理方法について，どのように取り扱ったらよいかについて学ぶ。
　さらに，電気の現象を直視できるオシロスコープについても学ぶ。

6.1 電気計測の基礎

6.1.1 アナログ計器の構成と原理

アナログ計器（analog instrument）は，連続的な物理量を指示装置によって計測する計器である。

これは，**指示電気計器**（electrical indicating instruments）とも呼ばれ，目盛板と指針によって，測定しようとする電気的な量を指示させる方式の計器である。電流計，電圧計，電力計，力率計，周波数計，抵抗計などがこれに相当する。

指示電気計器は，つぎの3要素から構成されている。

① **駆動装置**（driving device）　指針に駆動力（回転力）を与える装置。

② **制御装置**（control device）　駆動力と反対方向のトルクを与え，つり合いによって静止させる装置。

③ **制動装置**（damping device）　つり合いがとれた位置で，指針を早く静止させるための装置。

図 6.1 に，指示電気計器の構成を示す。

指示電気計器の代表的なものに，直流専用の可動コイル形計器があり，ここではその原理について学ぶ。

可動コイル形計器は，図 6.2 において，永久磁石による磁界と，コイルに流れる電流との間に働く力を利用して，コイルに変位を与える

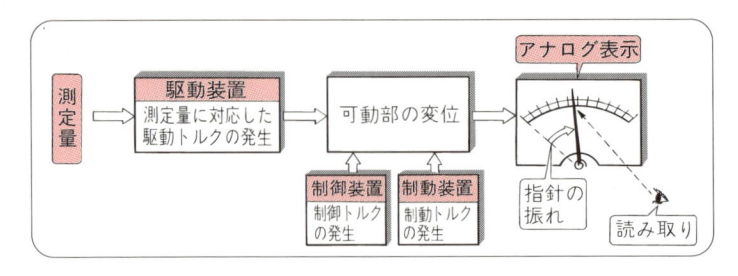

図 6.1 指示電気計器の構成

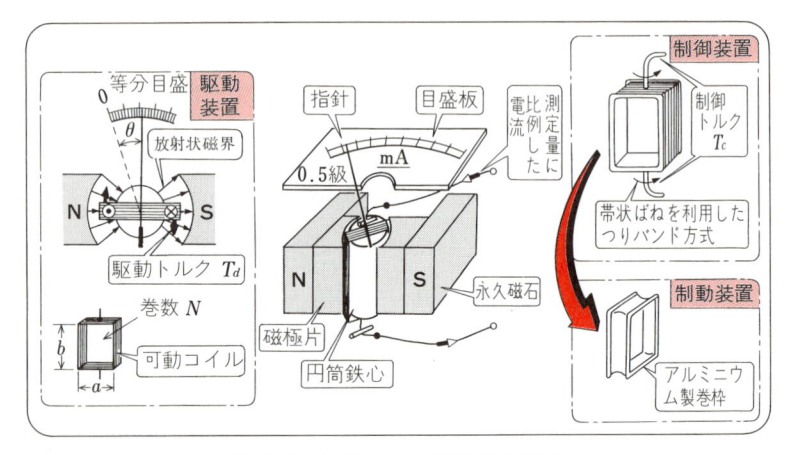

図 6.2 可動コイル形計器の構成

方式の計器である。

いま図のように，磁極片N極，S極と円筒鉄心間のギャップの磁束密度 B 〔T〕，コイルの幅 a 〔m〕，高さ b 〔m〕，巻数を N とし，コイルに電流 I 〔A〕を流したとき，磁界の分布は放射状であり，コイルは回転しても磁界方向とコイル面となす角は0であるから，駆動トルク T_d 〔N·m〕は

$$T_d = BabNI \quad \text{〔N·m〕} \tag{6.1}$$

となる。

一方，コイルが回転すると帯状ばねがねじれ，元にもどろうとする

トルクが働く。このトルクが制御トルク T_c〔N・m〕である。これは，コイルの回転角 θ に比例するから

$$T_c = k\theta \quad \text{〔N・m〕} \tag{6.2}$$

となる。ここに，k を比例定数とする。

T_d と T_c がつり合った位置で，コイルの回転は停止する。しかし，コイルは慣性を持っているので，指針が静止するには時間がかかる。これをすみやかに静止させるためには，コイルのアルミニウム製巻枠を利用する。

巻枠が磁束を切ることにより，巻枠自身に渦電流が流れる。この電流と磁束との間に働くトルクが，制動の役割をする。$T_d = T_c$ から，$BabNI = k\theta$ となり，θ は

$$\theta = \frac{BabN}{k} I \tag{6.3}$$

となる。したがって，回転角すなわち指針の振れ θ は，電流 I に比例することがわかる。式(6.3)から，目盛は，間隔が等しい **等分目盛** (uniform scale) になる。

可動コイル形計器にはつぎのような特徴がある。

① 強力な磁界を持つ永久磁石を使っているので，感度がよい。

② 等分目盛であるから読みやすい。

③ 永久磁石による一定方向の磁界を利用するため，直流専用である。

また，可動コイル形計器を整流器や増幅器と組み合わせたものは，交流計測，応用計測などの分野での用途が広い。

6.1.2　アナログ計器の種類

アナログ計器を動作原理別に分類すると，表 6.1 のようになる。

表 6.1 指示電気計器の動作原理による分類

種類	記号	動作原理	使用回路
可動コイル形		永久磁石による磁界と可動コイルに流れる測定電流との間に生じるトルクを利用した計器	直流
可動鉄片形		固定コイルに測定電流を流して磁界を作り、その磁界中の可動鉄片が吸引、反発されて生じるトルクを利用した計器	交流（直流）*
整流形		整流器と可動コイル形計器を組み合わせた計器	交流
電流力計形	（空心）	固定コイルと可動コイルを流れる電流の間に生じるトルクを利用した計器	交流 直流
熱電形	（直熱）	熱電対の接合部を測定電流による熱により加熱し、発生した熱起電力を可動コイル形計器に加えて指示させる計器	交流** 直流
誘導形		電流による移動磁界または回転磁界と金属板の渦電流との間に生じるトルクを利用した計器	交流

＊ 直流でも一応動作するが、誤差が大きいので、実用上、交流専用とする。
＊＊ おもに高周波用として使用される。

(JIS C 1102-1997)

また表 6.2 は、使用回路による分類、表 6.3 は、使用するときの姿勢による分類である。

表 6.2 使用回路による分類

種類	記号
直流	━━━
交流	∼
交流・直流	≈
平衡三相交流	≋
不平衡三相交流	≋

(JIS C 1102-1997)

表 6.3 姿勢による分類

種類	記号
鉛直	⊥
水平	⌒
傾斜（60°の例）	∠60°

(JIS C 1102-1997)

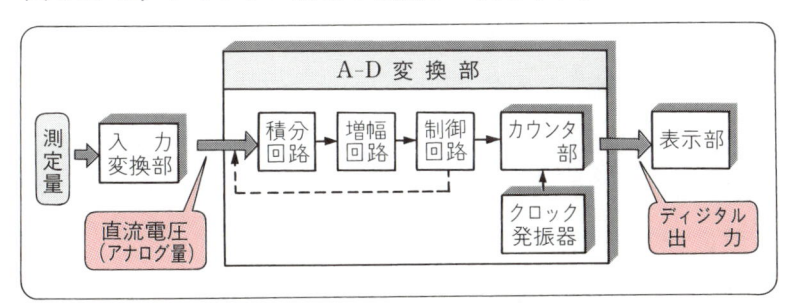

6.1.3　ディジタル計器の構成

ディジタル計器（digital instrument）は，測定量を数字によって表す計器である。高い精度を持ち，記録やデータ処理にすぐれている。半導体の開発によって計器のディジタル化が進んでおり，今後さらに進展があると考えられる。

図 6.3 に，ディジタル計器の構成の一例を示す。

図 6.3　ディジタル計器の構成

図において，測定量は，入力変換部でその大きさに比例したアナログ量の直流電圧に変換され，A-D 変換[†1] 部の積分回路[†2] に入力される。直流電圧は制御回路の働きにより，一定時間だけ積分回路に入力され，積分回路の出力電圧は徐々に降下し，零になる。

出力電圧がピークから零になるまでの時間は，入力電圧に比例する。この時間は，クロック発振器から発振されたクロックパルス数をカウンタで計数することによって測定され，表示部には，測定された時間が電圧として数字表示される。

[†1]　アナログ量をディジタル量に変換することを A-D 変換といい，ディジタル量をアナログ量に変換することを D-A 変換という。

[†2]　積分回路では，入力電圧の積分値に比例した出力電圧が得られる。**7.2.4** 項で学ぶ。

6.2 基礎量の測定

6.2.1 抵抗

抵抗の測定法は，大きく分類するとつぎの三つになる。

① 電圧降下法や直偏法などのように，指示電気計器の指示値から計算によって求める方法。この測定法は，計器の内部抵抗による誤差を十分に考慮しなければならない。

② 回路計[†1]や絶縁抵抗計などのように，計器の指示を直読して測定する方法。これは，手軽な簡易測定に用いられる。

③ いろいろなブリッジによる測定法。これは，操作に手間がかかるが，精度の高い測定法に用いられる。

まず，①の測定法のうち，電圧降下法を取り上げてみる。電圧計，電流計を使用し，オームの法則から抵抗を求める測定法である。

図 6.4 のように，二つの接続方法がある。いずれの場合も未知抵抗

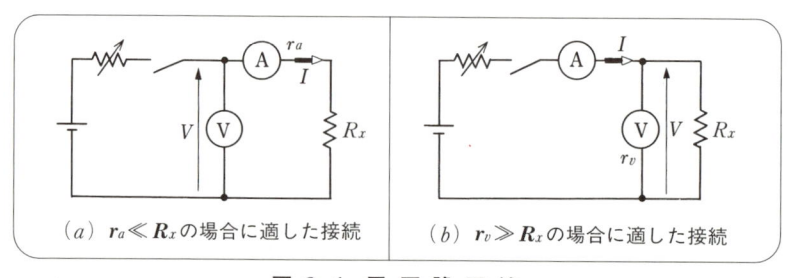

(a) $r_a \ll R_x$ の場合に適した接続　　(b) $r_v \gg R_x$ の場合に適した接続

図 6.4　電 圧 降 下 法

[†1] 6.2.10項で学ぶ。

R_x は $\dfrac{V}{I}$ で求められるが，図 (a) の接続方法は，R_x に比べて電流計の内部抵抗 r_a が無視できる場合，図 (b) の接続方法は，R_x に比べて電圧計の内部抵抗 r_v が非常に大きい場合に適する。

③の測定法にはいろいろあるが，第 **1** 章で学んだホイートストンブリッジが基本となっている。

比例辺の可変抵抗は，図 6.5 のようなダイヤル形の抵抗が用いられている。また，低抵抗を測定するブリッジとして**ケルビンダブルブリッジ** (Kelvin double bridge) や，電解液の抵抗測定用として**コールラウシュブリッジ** (Kohlrausch bridge) がある。

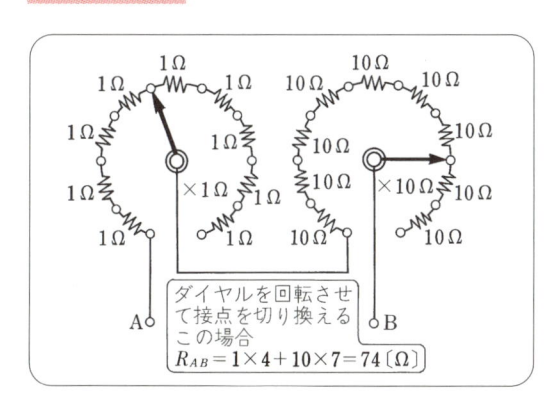

図 6.5　ダイヤル可変形抵抗器

6.2.2　静電容量

静電容量の測定には，交流ブリッジがよく用いられる。

図 6.6 はそのブリッジの一例で，C_s は標準コンデンサの静電容量，C_x は被測定コンデンサの静電容量である。また，Ⓓは交流電圧の有無を調べる検出器である。

各辺のインピーダンスは

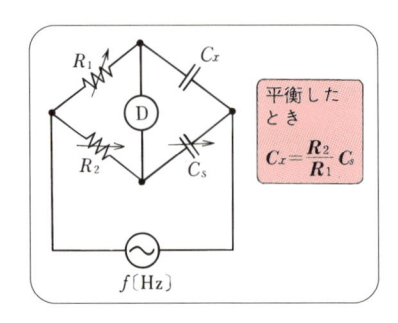

図 6.6 静電容量測定ブリッジ

平衡したとき
$$C_x = \frac{R_2}{R_1} C_s$$

$$\dot{Z}_1 = R_1,\ \dot{Z}_2 = R_2,\ \dot{Z}_3 = \frac{1}{j\omega C_x},\ \dot{Z}_4 = \frac{1}{j\omega C_s}$$

であるから，ブリッジの平衡をとれば，その平衡条件から C_x は

$$\frac{R_1}{j\omega C_s} = \frac{R_2}{j\omega C_x}$$

$$\frac{C_x}{C_s} = \frac{R_2}{R_1} \quad \therefore \quad C_x = \frac{R_2}{R_1} C_s$$

となる。

ところで，コンデンサには直列または並列に抵抗が接続されている

(a) 平衡したとき
$$C_x = \frac{R_2}{R_1} C_s$$
$$R_x = \frac{R_1}{R_2} R_s$$

(b) 平衡したとき
$$C_x = \frac{R_2}{R_1} C_s$$
$$R_x = \frac{R_1}{R_2} R_s - R_3$$

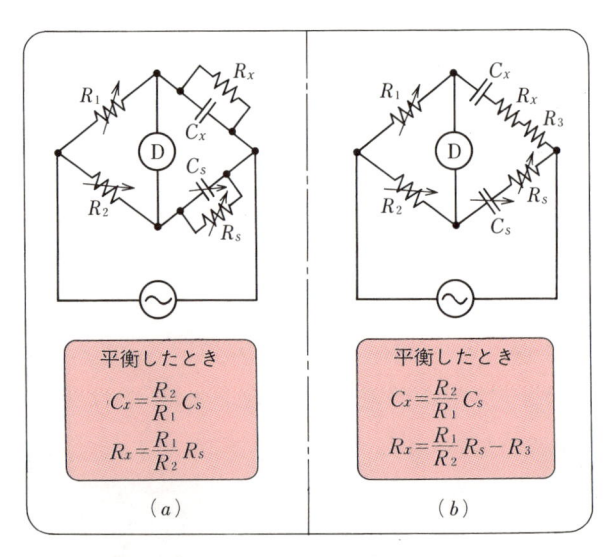

図 6.7 その他の静電容量測定ブリッジ

場合がある。これらを含めて測定するには，図 6.7 のようなブリッジが用いられる。

6.2.3　インダクタンス

1　インダクタンスの測定　コイルのインダクタンスの測定にも，交流ブリッジが用いられる。

図 6.8 はその回路の一例で，L_s は標準インダクタンス，R_s はその内部抵抗であり，L_x は測定しようとするコイルのインダクタンス，R_x はその内部抵抗である。

平衡したとき
$$L_x = \frac{R_1}{R_2} L_s$$
$$R_x = \frac{R_1}{R_2} R_s$$

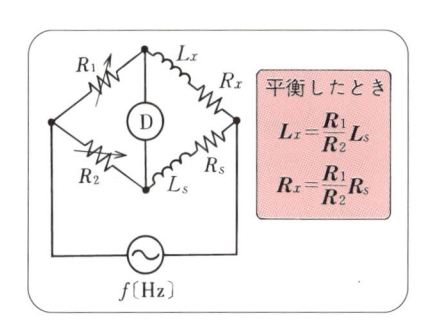

図 6.8　インダクタンス測定ブリッジ

各辺のインピーダンスは

$$\dot{Z}_1 = R_1, \quad \dot{Z}_2 = R_2,$$
$$\dot{Z}_3 = R_x + j\omega L_x, \quad \dot{Z}_4 = R_s + j\omega L_s$$

となるから，ブリッジの平衡をとれば，平衡条件により，L_x, R_x はつぎのようにして求められる。

$$R_1(R_s + j\omega L_s) = R_2(R_x + j\omega L_x)$$
$$R_1 R_s + j\omega L_s R_1 = R_2 R_x + j\omega L_x R_2$$

実部と虚部を分けて式に表すと

$$R_1 R_s = R_2 R_x \quad \omega L_s R_1 = \omega L_x R_2$$

$$\therefore \quad R_x = \frac{R_1}{R_2} R_s \qquad L_x = \frac{R_1}{R_2} L_s$$

図6.9は，標準コンデンサを用いたインダクタンス測定用ブリッジの回路構成である。

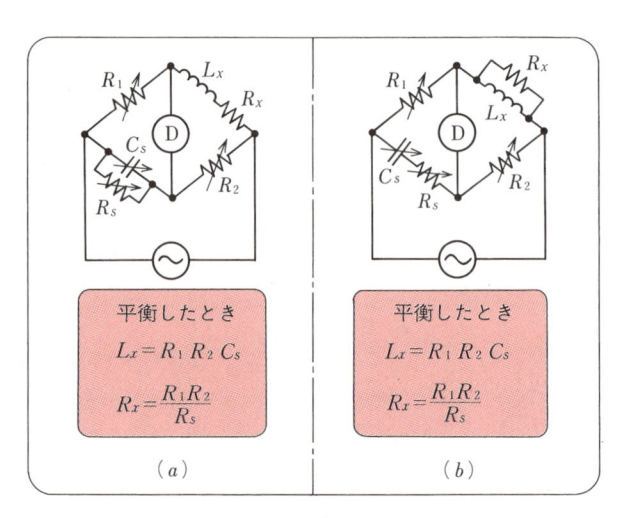

図6.9 その他のインダクタンス測定ブリッジ

平衡したとき
$L_x = R_1 R_2 C_s$
$R_x = \dfrac{R_1 R_2}{R_s}$

(a)　(b)

問 1． 図6.8のブリッジ回路で，$R_1 = 21\,\Omega$, $R_2 = 36\,\Omega$, $L_s = 0.02\,\mathrm{H}$, $R_s = 18\,\Omega$ のときに平衡がとれたとすると，L_x, R_x はそれぞれいくらか。

2 万能ブリッジ　回路素子としての抵抗，静電容量，インダクタンスなどを測定する装置に，**万能ブリッジ**（universal bridge）があ

図6.10　万能ブリッジの外観

る。図 6.10 はその外観である。

　これは，周波数が 1 kHz 程度の交流電源，検出器，標準の回路素子 R, L, C などを内蔵し，スイッチの切り換えにより，いろいろなブリッジ回路が組めるようになっている。

　交流ブリッジでは，抵抗分とリアクタンス分について，それぞれ平衡をとる操作が必要である。

6.2.4　直 流 計 器

1　直流電流計　　直流電流の測定には一般に可動コイル形計器が使われるが，可動コイルの巻線[†1]は細いため，許容電流は数十 [mA] である。したがって，これ以上の電流を測定しようとするときには，計器と並列に抵抗を接続し，電流を分流させなければならない。この抵抗を **分流器** (shunt) という。

　いま，図 6.11 のように，可動コイルの内部抵抗を r_a [Ω]，分流器の抵抗を R_s [Ω] とすると，計器に流れる電流 I_a [A] と，測定しようとする電流 I [A] との関係は

$$I = I_a + \frac{r_a I_a}{R_s} = \left(1 + \frac{r_a}{R_s}\right) I_a = m I_a \quad [\mathrm{A}] \tag{6.4}$$

となる。ここに，$m = 1 + \dfrac{r_a}{R_s}$ とする。

　すなわち，計器に流れる電流の m 倍の電流を測定できる。この m を **分流器の倍率** という。

[†1] この抵抗の温度変化による誤差は大きい。したがって，温度係数がほぼ零のマンガニン線，または負のサーミスタなどを可動コイルと組み合わせると，コイルの抵抗の正の温度係数と相殺されるので，温度補償ができる。可動コイルの抵抗とは，これらの抵抗を含めた合成抵抗をいい，計器の内部抵抗という。

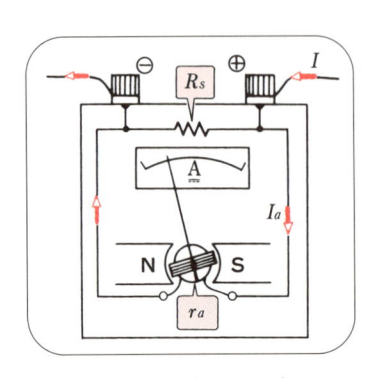

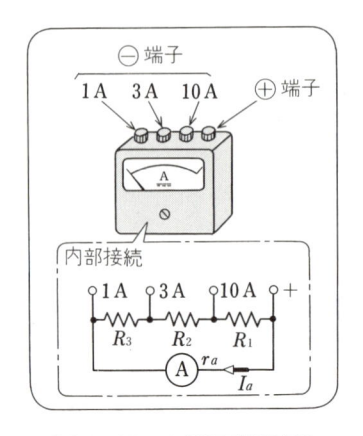

図 6.11 計器と分流器　　**図 6.12** 多重目盛電流計

図 6.12 のように，一つの計器で，2 種以上の分流器と目盛を持つ電流計を **多重目盛電流計**[†1] という。これは，1 台の電流計で広範囲の電流が測定できるので便利である。

2　直流電圧計　可動コイルに流れる電流は，これに加わる電圧に比例するから，この計器はそのまま電圧計にも使用できる。

電流計の場合と同様に，可動コイルに流すことができる電流には限度がある。したがって図 6.13 のように，可動コイルの抵抗 r_v 〔Ω〕と直列に抵抗 R_m 〔Ω〕を接続し，電圧の測定範囲を拡大している。この抵抗 R_m を **倍率器**（multiplier）という。

可動コイルに加わる電圧 V_v 〔V〕と，測定しようとする電圧 V 〔V〕との関係は

$$V = (r_v + R_m)\frac{V_v}{r_v} = \left(1 + \frac{R_m}{r_v}\right)V_v = nV_v \quad \text{〔V〕} \qquad (6.5)$$

となる。ここに，$n = 1 + \dfrac{R_m}{r_v}$ とする。

すなわち，コイルに加わる電圧の n 倍の電圧が測定できる。この n を **倍率器の倍率** という。

---

†1　多レンジ電流計ともいう。

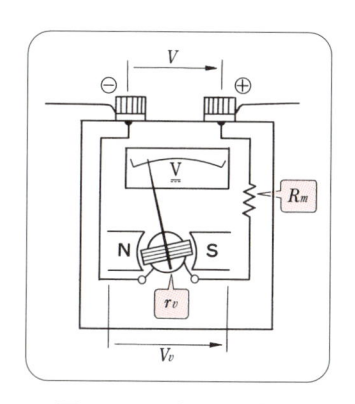

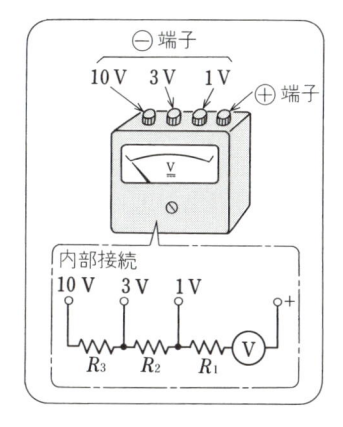

図 6.13 計器と倍率器　　**図 6.14** 多重目盛電圧計

多重目盛電流計と同様に，図 6.14 のように，一つの計器で 2 種以上の倍率器と目盛を持つ電圧計を **多重目盛電圧計**[†1] といい，1 台の電圧計で広範囲の電圧が測定できる。

例題 1.

最大目盛値が $500\,\mu\mathrm{A}$，内部抵抗が $200\,\Omega$ の可動コイル形計器がある。この計器を使って，最大目盛値が $0.1\,\mathrm{A}$ の電流計，および最大目盛値が $10\,\mathrm{V}$ の電圧計をつくりたい。分流器の抵抗 $R_s\,[\Omega]$ および倍率器の抵抗 $R_m\,[\Omega]$ を求めなさい。

解答　まず，分流器の抵抗 $R_s\,[\Omega]$ は式 (6.4) から

$$m = \frac{I}{I_a} = \frac{0.1}{500 \times 10^{-6}} = 200$$

であるから

$$200 = 1 + \frac{200}{R_s}$$

$$\therefore\ R_s = \frac{200}{199} = 1.005\,[\Omega]$$

つぎに，倍率器の抵抗 $R_m\,[\Omega]$ は，図 6.13 および式 (6.5) から，可動

[†1] 多レンジ電圧計ともいう。

コイルに加えることができる最大電圧 V_v〔V〕が

$$V_v = r_v I_a = 200 \times 500 \times 10^{-6} = 0.1 \text{〔V〕}$$

となる。したがって

$$n = \frac{V}{V_v} = \frac{10}{0.1} = 100$$

であるから

$$100 = 1 + \frac{R_m}{200}$$

$$\therefore\ R_m = 99 \times 200 = 19\ 800 \text{〔Ω〕} = 19.8 \text{〔kΩ〕}$$

問 2. 直流電流計，直流電圧計を使用するとき，内部抵抗の大きさが測定誤差にどのような影響を与えるかを考えなさい。

6.2.5　交流計器

　交流電流計や交流電圧計の接続の方法は，直流用の場合と同じであるが，測定端子の極性は考慮しなくてもよい。しかし，電源の周波数に合った計器を選ばなければならない。
　ここでは，おもに商用周波数で使用される計器を取り上げる。

1 可動鉄片形の電流計・電圧計　図 6.15 は，反発式可動鉄片形計器の原理図である。固定コイルに電流を流して，コイル内に磁界をつくると，固定鉄片と可動鉄片は同極に磁化されて，相互に反発力を生じ，駆動トルクとなって指針を振らせる。
　この駆動トルクは，コイルに流れる電流の2乗に比例するので，目盛は零位付近で著しく圧縮された不等分目盛になる。実際には，図に示したように，固定鉄片の幅を時計回りに狭めて，等分目盛に近づける工夫をしている。

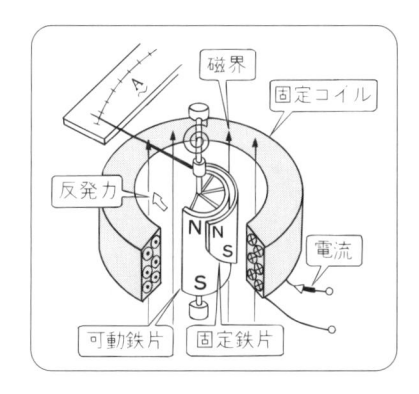

図 6.15 反発式可動鉄片形計器

電流計では，固定コイルに比較的大きな電流を流すことができるので，分流器を使わずに，最大目盛値が 10 mA から 50 A 程度までのものが製作できる。また，電圧計では，倍率器を接続すれば，約 15 V から 600 V までの電圧測定が可能である。

2 整流形の電流計・電圧計 整流形計器は，測定しようとする交流を整流器で直流に変換し，これを可動コイル形計器で指示させる方式である。図 6.16 に，整流形計器の回路を示す[†1]。

可動コイル形計器は，整流した電流の平均値を指示するので，目盛が実効値表示になるように改めなければならない。

いま，測定しようとする正弦波交流電流の実効値を I 〔A〕，平均値を I_d 〔A〕とすると，I と I_d との関係はつぎのようになる。

$$I = \frac{\pi}{2\sqrt{2}} I_d = 1.11 I_d \quad 〔A〕 \tag{6.6}$$

したがって，計器に流れる電流の平均値の 1.11 倍の値で目盛れば，実効値で読み取ることができる。しかし，式(6.6)は正弦波交流の場合だけ成り立つもので，波形が正弦波でなくなると誤差を生じる。

[†1] 2個の整流器 D_1, D_2 または D_3, D_4 の代わりに，2個の抵抗器を使用してもよい。

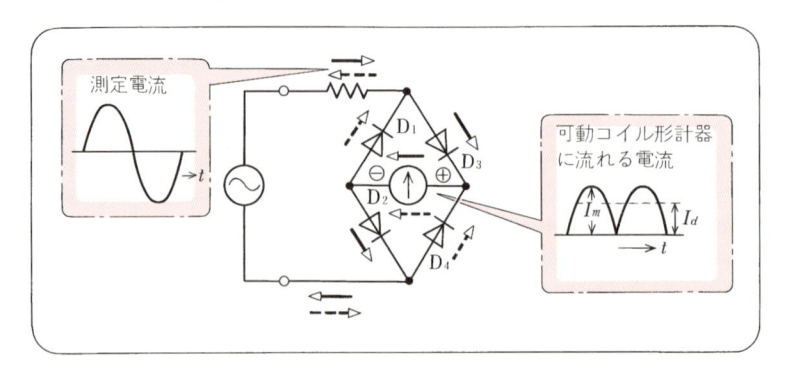

図 6.16 整流形計器

　整流形計器は可動コイル形計器を使用するので，交流計器の中で最も感度がよい。また整流形計器は比較的高い周波数でも使えるが，整流器の特性上，商用周波数から 10 kHz 程度までの範囲で使用されている。

6.2.6　直流電位差計

　直流電位差計は，零位法により，未知の直流電圧を標準電池の電圧と比較して測定する装置である。

　図 6.17 に，直流電位差計の基本回路を示す。

　いま，スイッチ S_1 を入れ，可変抵抗 R〔Ω〕を調整し，可変抵抗 r_{ab}〔Ω〕に一定電流 I〔A〕を流す。スイッチ S_2 を ❶ 側に入れ，押しボタンスイッチ K を押しながら，可変抵抗のしゅう動子 p を動かす。s の位置で，検流計 G の振れが零になったとき，a-s 間の抵抗を r_s〔Ω〕とすれば，標準電池の電圧 E_s[†1]〔V〕はつぎのようになる。

$$E_s = r_s I \quad 〔V〕 \tag{6.7}$$

　つぎに，スイッチ S_2 を切り換え，同様に押しボタンスイッチ K を押

[†1] 標準電池の電圧 E_s は，周囲温度によって変化する。例えば，20℃ では，E_s = 1.018 64 V である。

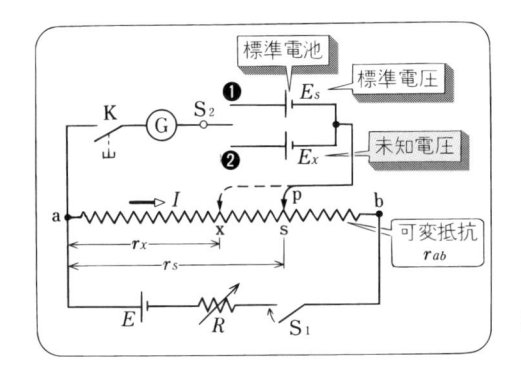

図 6.17 直流電位差計

しながら，しゅう動子 p を動かし，平衡点を求める。このとき，a-x 間の抵抗を r_x〔Ω〕とすると，未知電圧 E_x〔V〕はつぎのようになる。

$$E_x = r_x I \quad \text{〔V〕} \tag{6.8}$$

したがって，式 (6.7), (6.8) から I を消去して，E_x を表すと

$$\frac{E_x}{E_s} = \frac{r_x I}{r_s I}$$

$$\therefore \quad E_x = \frac{r_x}{r_s} E_s \quad \text{〔V〕} \tag{6.9}$$

となる。すなわち，未知電圧 E_x は，標準電圧 E_s と抵抗比 $\frac{r_x}{r_s}$ から求めることができる。

実際の電位差計では，抵抗値に比例した電圧目盛がつけてあり，直読できるようになっている。

この測定法では，測定回路から電流を取らないので，この回路の抵抗による誤差は考えなくてもよい。しかも，可変抵抗の精度はきわめてよく，標準電池の電圧が 6 けたまでわかっているので，6 けた以上の測定値を読み取ることができる。

したがって，直流電位差計による方法は，最も精密な電圧測定法である。

6.2.7　電　力　計

電力の測定には，電力計（wattmeter）で直接測定する方法と，電流計，電圧計，抵抗などを組み合わせて間接的に測定する方法とがある。

1　単相電力計　単相電力計には，携帯用の精密級計器として広く使われている電流力計形電力計や，交流電力を変換器で直流電圧に変換し，これを可動コイル形計器で指示させる変換器形電力計などがある。ここでは，電流力計形電力計を取り上げる。

いま，図 6.18 のように，電流力計形計器の固定コイルに負荷電流 i〔A〕を流すと，コイル内に磁界ができる。同時に，可動コイルには負荷電圧 v〔V〕に比例した電流 i_M〔A〕が流れ，可動コイルに駆動トルクが発生する。このトルクは $i_M i = kvi$（k：比例定数）に比例するので，計器は負荷電力を指示する。

v と i に位相差がある場合，$v = \sqrt{2}\ V \sin \omega t, i = \sqrt{2}\ I \sin(\omega t - \varphi)$

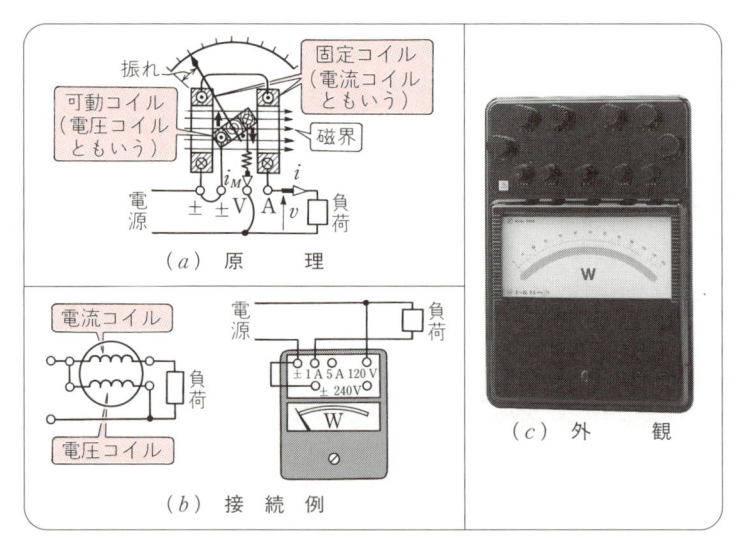

図 6.18　電流力計形電力計

とすれば，電力 $vi = VI\{\cos\varphi - \cos(2\omega t - \varphi)\}$ は瞬時値であるから，駆動トルクはこれらの平均値，すなわち負荷の電力 $VI\cos\varphi$ に比例する。

したがって，電力計の指示は，直流でも交流でも負荷電力に比例するので，交直両用の電力計として使用できる。ただし，測定電力は，電力計の指示値に乗数[†1]を掛けたものとなる。

2　三相電力計　三相電力計は，下に学ぶ単相電力計を2個用いる**二電力計法**の原理に基づいて作られたものである。これは図6.19(b)のように，2個の素子 P_1，P_2 を同一回転軸上に上下に取り付けたもので，三相電力を直読できるので便利である。

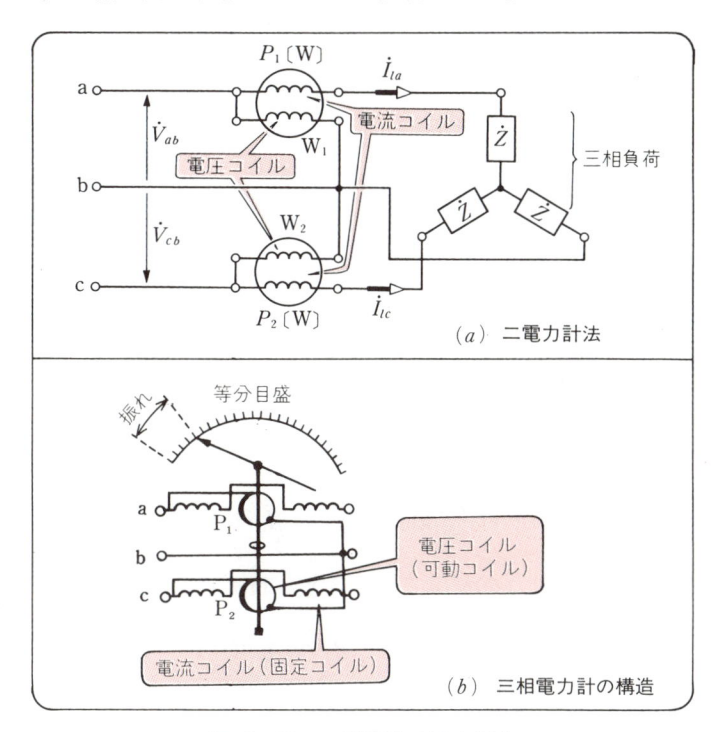

図 6.19　三相回路の電力測定

[†1] 図6.18(b)に示すように，電流レンジ（1 A，5 A）と電圧レンジ（120 V，240 V）との組み合わせによってその値は異なる。

二電力計法とは，図(a)において，電力計 W_1 に加わる電圧は $\dot{V}_{ab}$，流れる電流は $\dot{I}_{la}$ であり，同様に W_2 の電圧，電流は $\dot{V}_{cb}$, $\dot{I}_{lc}$ である。また，それぞれの位相関係は図 6.20 のようになる。

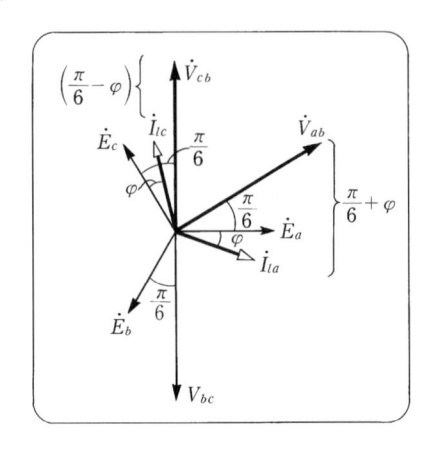

図 6.20 W_1, W_2 に加わる電圧，電流

いま，線間電圧を V_l, 線電流を I_l とすると，それぞれの電力 P_1, P_2 は，この図から

$$P_1 = V_l I_l \cos\left(\frac{\pi}{6} + \varphi\right) \ [\text{W}]$$

$$P_2 = V_l I_l \cos\left(\frac{\pi}{6} - \varphi\right) \ [\text{W}]$$

となり，P_1 と P_2 の和は，つぎのようになる。

$$P_1 + P_2 = 2V_l I_l \cos\frac{\pi}{6} \cos\varphi = \sqrt{3}\,V_l I_l \cos\varphi \ [\text{W}]$$

これは，三相交流電力を表していることがわかる。

ここで，負荷の力率が 0.5 以下となると，P_1, P_2 のどちらかが負となり，電力計の振れが逆になる。この場合は電圧コイルの極性を逆に接続し，測定値を負として加えることにする。

6.2.8 磁束計

電気と磁気は密接な関係があり，電流が流れれば磁界が生じ，磁界が生ずれば電流が流れる。このため，磁気を測定するには，コイルに発生する電圧を半導体を使って測定する磁束計を用いる。

半導体を用いた感度の高い計器として，**ホール効果**（Hall effect）を利用した**ホール素子磁束計**がある。この磁束計に用いられた半導体は**ホール素子**（Hall element）と呼ばれ，シリコン，ゲルマニウムなどが使われている。

ホール効果は，図 6.21 のように，半導体に電流 I を流し，これと直交するように磁界 B をかけると，電流と磁界に直交する方向に電圧が発生する現象である。

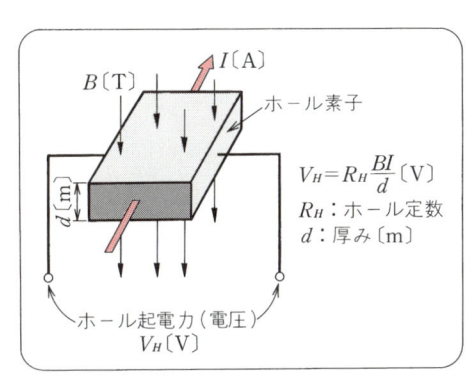

図 6.21 ホール効果

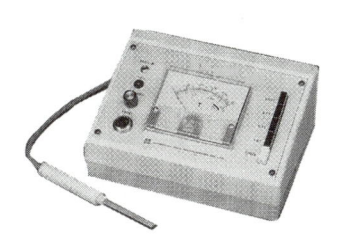

$$V_H = R_H \frac{BI}{d} \text{[V]}$$
R_H：ホール定数
d：厚み〔m〕

図 6.22 ホール素子磁束計の外観

また，この電圧 V_H を**ホール電圧**（Hall voltage）と呼び，磁界の強さ B と流れる電流 I に比例する。したがって，磁束に比例したホール電圧が得られ，磁界が測定できる。

この磁束計は，構造が単純で小形であるため，局部的な磁界の測定に用いられる。図 6.22 は，ホール素子磁束計の外観である。

6.2.9　周　波　数

1　商用周波数の測定　商用周波数の測定には，おもに振動片形周波数計や指針形周波数計などが使われる。

振動片形周波数計（vibrating-need type frequency meter）は，基板に固有振動数が少しずつ異なる薄鋼の振動片を並べたものである。基板を電磁石で励振すると，同じ固有振動数を持つ振動片だけが共振して大きく振動する。その振動した振動片から，周波数を読み取ることができる。この計器の振動片は，$0.5\,\mathrm{Hz}$ または $1\,\mathrm{Hz}$ ごとに置かれている。

また，指針形周波数計のうち，**電流力計形周波数計**（electrodynamometer type frequency meter）の原理を図 6.23 に示す。二つの直列共振回路は，可動コイル M_1，M_2 に流れる電流 I_1，I_2 が，それぞれ $42\,\mathrm{Hz}$，$58\,\mathrm{Hz}$ のとき共振するようになっている。

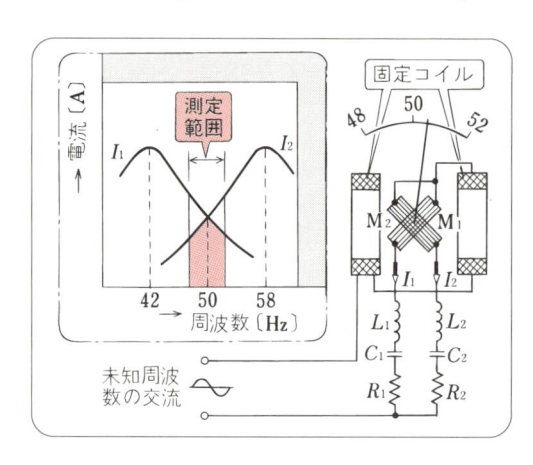

図 6.23　電流力計形周波数計

いま，中間の $50\,\mathrm{Hz}$ のときは，M_1，M_2 のトルクは同一となり，指針は目盛上の中央で静止する。周波数がこれより高くなれば M_2，低くなれば M_1 のトルクが大きくなり，平衡したところで指針はその周波数を指示する。

この形の周波数計は，振動片形に比べて精度は高い。

そのほか，広範囲の周波数測定ができ，取り扱いが簡単な**計数形周波数計**[†1]（digital frequency meter）がある。これは，測定しようとする周波数の入力信号をパルスに変換し，このパルス信号を一定時間だけ計数回路で計数し，これを数字表示器に表示させる方式である。

2 **計数形周波数計**　交流の広範囲な周波数の測定には，取り扱いが簡単な計数形周波数計が広く用いられている。

図 6.24 は，この回路構成を示したものである。被測定交流信号は増幅された後パルス波に変換されてゲート回路[†2]に加えられる。一方，ゲート信号は水晶発振回路でつくられた後，基準のゲート時間としてのパルス幅を持つ方形波に変換される。すなわち，ゲート回路で基準となるゲート時間に通過した信号波のパルス数が計数回路で計数され，表示されることになる。

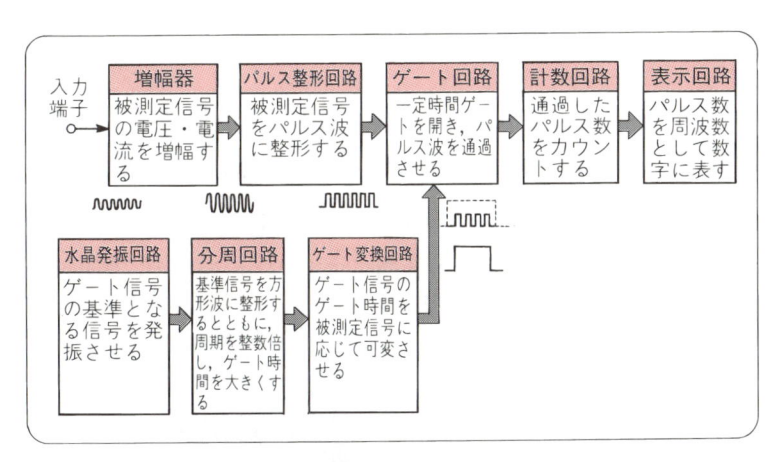

図 6.24　計数形周波数計の回路構成

[†1] ディジタル形周波数計ともいう。精度は高い。
[†2] ゲートは門の意味で，パルス波などの信号を一定の時間だけ通過させる回路をいう。

一般に，計数形周波数計は，周波数のほかに周期や時間間隔なども測定できるものが多い．これをユニバーサルカウンタといい，幅広く活用されている．

6.2.10　いろいろな測定器

1　回　路　計　　回路計 (tester) はテスタとも呼ばれる．切換スイッチにより，直流電流，直流電圧，交流電圧，抵抗などを手軽に測定できる計器であるが，精度は低い．これには，測定値を指針で表示するアナログ式と，数字で表示するディジタル式とがある．

（a）**アナログ回路計**　　アナログ回路計は，測定値を一つの可動コイル形電流計で直読できるようにした多重目盛の計器である．

可動コイル形電流計には，最大目盛値が $10\,\mu\mathrm{A}$ から $1\,\mathrm{mA}$ 程度のものが使われる．これには，分流器，倍率器，整流器，乾電池などが内蔵されている．

図 6.25 は，その外観の一例である．内部回路は，直流電流測定回路，直流電圧測定回路，交流電圧測定回路，抵抗測定回路などで構成されている．ここでは抵抗測定回路について学ぶ．

図 6.26 に，抵抗測定回路の一例を示す．図において，電流計の内

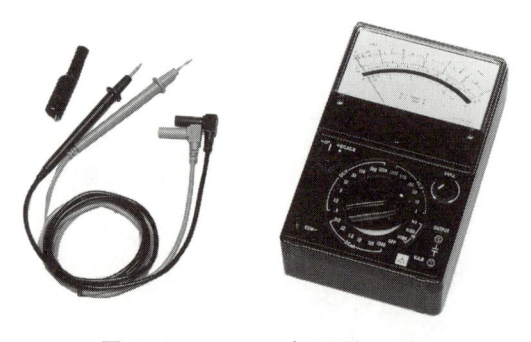

図 6.25　アナログ回路計の外観

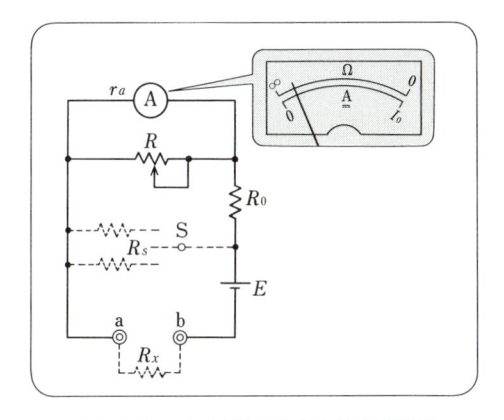

図 6.26 回路計の抵抗測定回路例

部抵抗を r_a〔Ω〕, 零オーム調整用抵抗を R〔Ω〕とし, r_a と R との並列回路の合成抵抗を R_p〔Ω〕とする。

まず, 測定端子 a-b 間を短絡し, 電流計 A の指示が最大目盛値 I_0〔A〕になるように, 可変抵抗 R を調整し, 電流計の目盛板上の抵抗目盛を 0〔Ω〕とする。このような操作を **零オーム調整** という。

このとき, 電流計の指示値 I_0〔A〕はつぎの式で表される。

$$I_0 = \frac{E}{R_0 + R_p} \cdot \frac{R}{r_a + R} \quad〔A〕 \tag{6.10}$$

つぎに, 測定端子 a-b 間に未知抵抗 R_x〔Ω〕を接続したとき, 電流計の指示値を I_x〔A〕とすると, 未知抵抗 R_x〔Ω〕は

$$R_x = (R_0 + R_p)\left(\frac{I_0}{I_x} - 1\right) \quad〔Ω〕 \tag{6.11}$$

で表される。すなわち, 式 (6.11) から, I_x の値に対応する R_x の値を電流計の目盛板上に目盛っておけば, 抵抗値が直読できる。

なお, 切換スイッチ S によって R_s の値を変えれば, 測定範囲を変えることができる。

6. 電気計測

（b）ディジタル回路計　　図 6.27 は，ディジタル回路計の外観である。

図 6.27　ディジタル回路計の外観

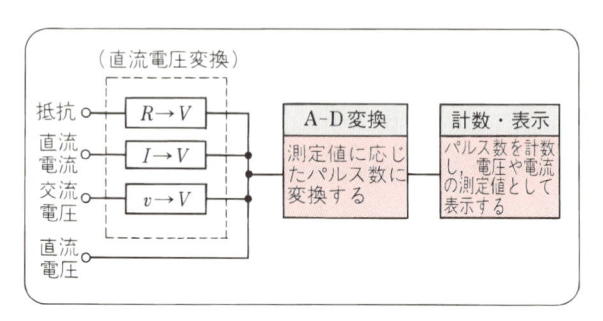

図 6.28　ディジタル回路計の回路構成

ディジタル回路計は，測定値を数字で表示する。そのため，図 6.28 のように，測定値をいったん直流電圧に変換してからさらにディジタル量に変換して，カウンタで計数する方法が用いられている。

抵抗は，定電流電源からの電流を被測定抵抗に流し，その抵抗値に比例した電圧降下を直流電圧として取り出す。

直流電流は，標準の低抵抗に測定電流を流し，その電圧降下を直流電圧として取り出す。

交流電圧は，ダイオードで整流して平滑し，得られた平均値に波形率をかけた実効値に等しい直流電圧に変換する。

A-D 変換回路にはいくつかの種類があるが，最も一般的な方式では，直流電圧に変換された測定量に比例した時間ゲートをあけ，測定量に応じたクロックパルスを通過させる。

パルスの計数と表示は，カウンタで行われる。

2　オシロスコープ　　**オシロスコープ** (oscilloscope) は，電気現象の時間的な変化をブラウン管面に描かせて観測できるようにした測

定器である。電気機器の実験，点検，修理などの用途にとどまらず，機械工学，医学などの広い分野にわたって利用されている。

図 6.29 は，オシロスコープの外観である。

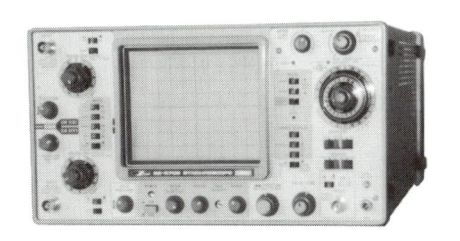

図 6.29 オシロスコープの外観

（**a**） **波形観測の原理**　　オシロスコープのブラウン管は，図 6.30 のように，電子銃，垂直偏向板，水平偏向板，蛍光面で構成されている。

電子銃は，陰極から放出された電子をいくつかの電極で加速，収束して電子ビーム[†1]をつくり，これを蛍光面に衝突させ，輝点をつくる。

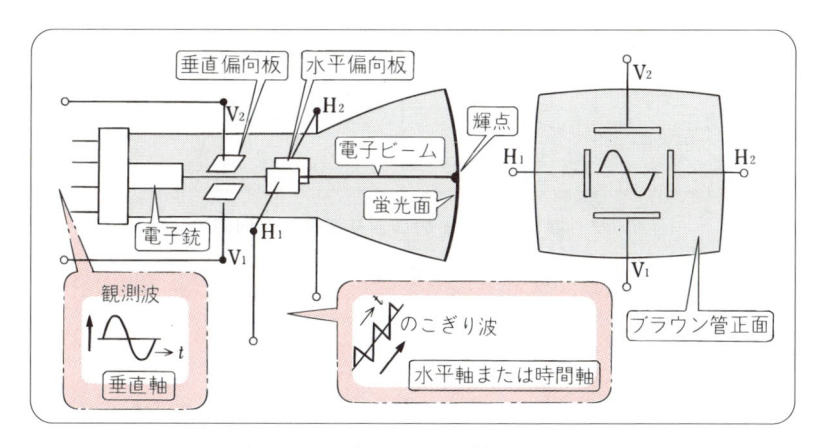

図 6.30　ブラウン管の構成

[†1]　電界によって絞られた細い電子の流れ。

いま，水平偏向板にのこぎり波状の電圧を加えると，負の電荷を持つ電子ビームは，この電圧がつくる電界によって力を受け，時間に比例して水平方向にのこぎり波の周期で運動する。これを **掃引**（sweep）という。

このとき，蛍光面上には，左右に1本の直線が描かれる。これを **輝線**（luminescent line）という。

そこで，垂直偏向板に観測したい電圧を加えると，電子ビームはこの電圧の振幅に比例して，垂直方向に力を受ける。したがって，蛍光面上に，垂直方向の輝点の運動と水平方向の輝点の運動が合成されて，図 6.31 のような軌跡が描かれる。これは，垂直軸に加えた電圧の波形と一致する。

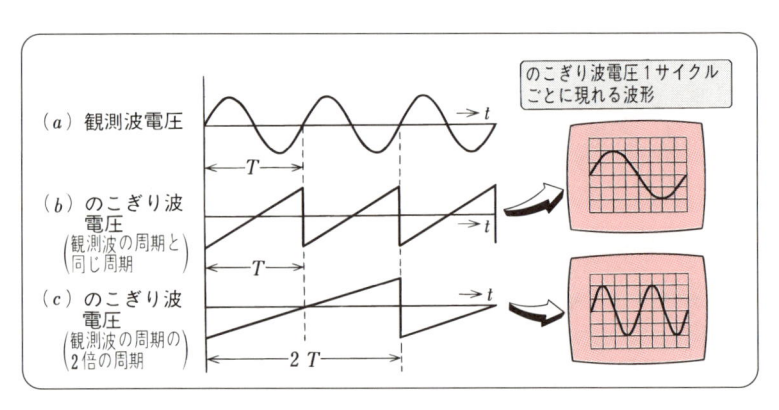

図 6.31　観測波電圧とのこぎり波電圧の周期の関係

オシロスコープは，波形を描く手段として，電子ビームを使用しているので，ほかの波形観測機器[†1]と異なり，高い周波数でも正確な波形を描くことができる。

（b）同　　期　オシロスコープの波形は，輝点が左から右に一定の速さで繰り返し動くことによって描かれる。したがって，観測

[†1] ペン書きオシログラフ，電磁オシログラフ，X-Y 記録計などがある。

波とのこぎり波の始まりを一致させれば，輝点は同じ動きを繰り返すことになり波形は静止して見える．このように，観測波を静止させることを「同期をとる」という．

同期をとる一つの方法として，図 $6.31(b)$，(c) のように，のこぎり波電圧の周期を，観測波電圧の周期の整数倍にする方法がある．しかし，この方式では周期の関係が少しでもくずれると，波形は左右に流れて観測しにくい．そこで，この欠点を改良したのが トリガ掃引式 (triggered sweep) である．

(c) **トリガ掃引式オシロスコープ**　図 6.32 のように，垂直軸に観測波電圧が加わる[†1]と，ゲートパルス回路にトリガパルスが発生し，そのパルスによって生じるのこぎり波電圧により掃引が行われる．

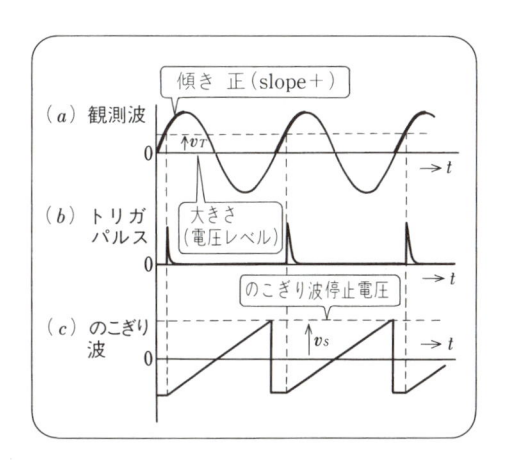

図 6.32　トリガ掃引のしくみ

この方式を利用したオシロスコープは，トリガ掃引式オシロスコープ[†2]と呼ばれる．

図 6.33 に，トリガ掃引式オシロスコープの基本構成を示す．

[†1] 正確にいえば，観測波の決められた傾き (slope) と大きさ (level) になったとき，トリガパルスが発生するようになっている．
[†2] シンクロスコープともいう．

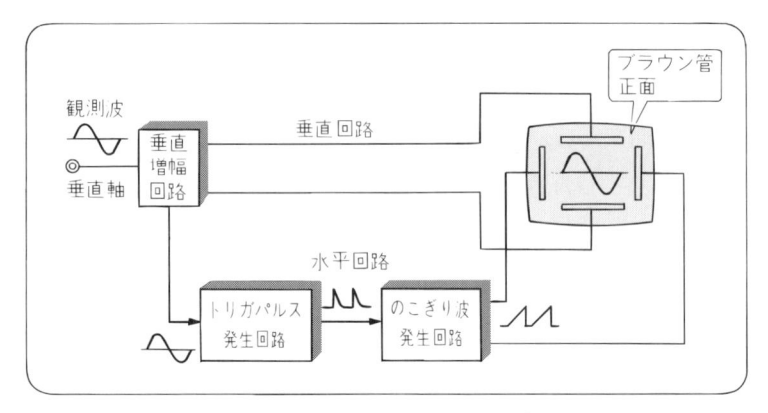

図 6.33 トリガ掃引式オシロスコープの基本構成

トリガ掃引式は同期が安定で,観測波の周期と関係なく掃引時間が選べるので,観測波形を任意の大きさにすることができる。また,周期を持たない不規則な波形や,高速で変化する電気現象なども容易に観測できるので,最近のオシロスコープはほとんどこの方式を採用している。

(d) オシロスコープによる波形観測

1 電圧,周期,周波数の測定 オシロスコープは波形観測に使用されるばかりでなく,電圧,時間の定量測定にも利用できる。

いま,垂直軸に方形波を加えたとき,その電圧を測定するには,垂直感度切換つまみを,感度が k_y 〔V/div〕[†1] となるように操作する。図 6.34 のように,波形の高さが y 〔div〕ならば,電圧は $k_y \times y$ 〔V〕で求めることができる。

また,時間を測定するには,掃引時間切換つまみを操作する。その感度を k_x 〔s/div〕としたとき,水平方向の波形の長さが x 〔div〕ならば,時間は $k_x \times x$ 〔s〕で求めることができる。この値が周期になるが,周波数は周期の逆数で計算される。

[†1] 1 div は,目盛板の 1 目盛のことである。

6.2 基礎量の測定

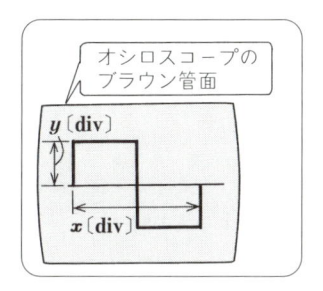

図 6.34 波形の測定

|例 題| 2.

オシロスコープで，垂直感度 2 V/div，掃引時間 0.2 ms/div で，図 6.35 のような正弦波交流電圧を観測した。最大値，実効値，周期，周波数をそれぞれ求めなさい。

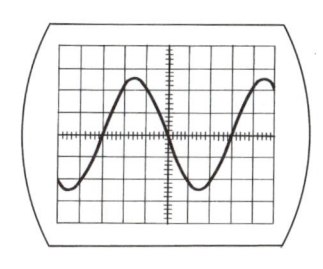

図 6.35

|解 答| （i） 最大値 V_m

1目盛当りの電圧（垂直感度）：2 V

最大値の目盛：2.5 目盛

であるから

$$V_m = 2 \times 2.5 = 5 \text{ [V]}$$

（ii） 実効値 V

実効値 $= \dfrac{\text{最大値}}{\sqrt{2}}$ であるから

$$V = \dfrac{V_m}{\sqrt{2}} = \dfrac{5}{\sqrt{2}} = 3.54 \text{ [V]}$$

(iii) 周期 T

1目盛当りの時間（掃引時間）：0.2×10^{-3} s

1周期の目盛：6目盛

であるから

$$T = 0.2 \times 10^{-3} \times 6 = 0.0012 \text{ (s)} = 1.2 \text{ (ms)}$$

(iv) 周波数 f

周波数 $= \dfrac{1}{\text{周期}}$ であるから

$$f = \dfrac{1}{T} = \dfrac{1}{0.0012} = 833 \text{ (Hz)}$$

2 位相差の測定　たがいに垂直方向にある二つの正弦波を合成すると，それぞれの周波数または位相によって異なった図形が描かれる。これを**リサジュー図形**（Lissajou's figure）という。リサジュー図形は，オシロスコープの垂直軸に加えた信号電圧を，外部から水平軸に加えた信号電圧により掃引して得られる。

いま，垂直軸と水平軸に，それぞれ周波数の等しい正弦波交流電圧 v_y，v_x を加えたとき，リサジュー図形が図 6.36 のようになったとす

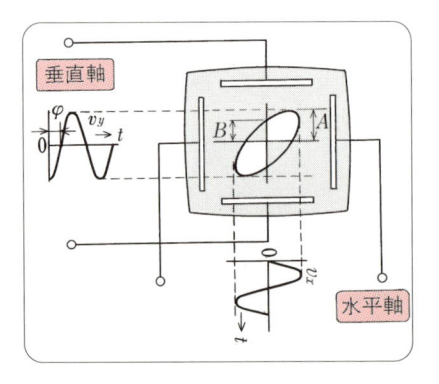

図 6.36　リサジュー図形

表 6.4　位相差とリサジュー図形の関係

位相差 φ	リサジュー図形
0°	直線（右上り）
0° < φ < 90°	だ円
90°	円
90° < φ < 180°	だ円
180°	直線（右下り）

ると，v_y と v_x の位相差 φ は，$\varphi = \sin^{-1} \dfrac{B}{A}$ で求めることができる。表 6.4 に，位相差 φ とリサジュー図形の関係を示す。

③ BH 曲線の観測　変圧器や電動機などに使われる磁性体の BH 曲線をオシロスコープに描かせるには，図 6.37 のように，環状試料に一次コイルと二次コイルを巻く。一次コイルに電流を流すと，抵抗 r で磁化力 H に比例した電圧を取り出すことができるので，これを水平軸に加える。

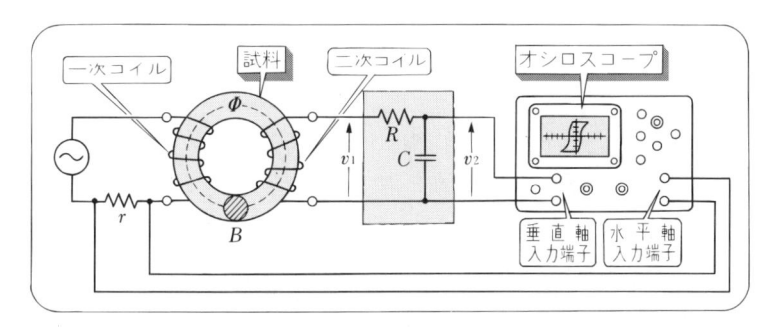

図 6.37　BH 曲線の測定回路

また，二次コイルに誘導される電圧 v_1 は，磁束 $\varPhi$ または磁束密度 B が変化する速さに比例する。この電圧 v_1 を RC 回路[†1]に通すと，出力電圧 v_2 は磁束 $\varPhi$ または磁束密度 B に比例する。したがって，これを垂直軸に加えれば，BH 曲線を描かせることができる。

問 3． 垂直軸端子と水平軸端子を利用して，ダイオードの電圧-電流特性が観測できる回路を図示し，説明しなさい。

---

†1　積分回路として使われる。

6.3 測定量の取り扱い

6.3.1 測定の誤差とその種類

ある量をどんなに精密に測定しても，真の値を得ることはできない。したがって，測定で起こる誤差の原因を追求し，これらの誤差を最小限にとどめる方法を考えなければならない。

1 誤差と補正 測定値を M，真値を T とすると，誤差 ε は

$$\varepsilon = M - T \qquad (6.12)$$

で表される。誤差 ε と真値 T との比 $\dfrac{\varepsilon}{T}$ を **誤差率** (relative error) という。また，これの百分率を **誤差百分率** といい，つぎの式で表される。

$$誤差百分率 = \frac{\varepsilon}{T} \times 100 \quad [\%] \qquad (6.13)$$

また，測定値を真値に近づける操作を **補正** (correction) という。その値を α とすると，α はつぎの式で表される。

$$\alpha = T - M \qquad (6.14)$$

補正 α と測定値 M との比 $\dfrac{\alpha}{M}$ を **補正率** (correction factor) という。また，これの百分率を **補正百分率** といい，つぎの式で表される。

$$補正百分率 = \frac{\alpha}{M} \times 100 \quad [\%] \qquad (6.15)$$

2 誤差の種類 誤差の種類とその対策はつぎのようになる。

（a）間違い 読み違いや記録違い，またはそのほかの不注意による誤差である。測定を慎重に行ったり，測定を再確認したりす

ると，この誤差を小さくすることができる。

　（b）**系統誤差**　　測定器，測定条件および測定者のくせにより生じる誤差である。これは，測定器や測定条件の補正を行ったり，測定者を変えることにより，小さくすることができる。

　（c）**偶然誤差**　　測定条件の微妙な変動や測定者の注意力の動揺で，偶然に起こる誤差である。測定回数を多くし，測定値を平均すれば，ある程度このような誤差を小さくすることができる。

　3　許容差　　許容差とは，誤差の許される限度である。例えば0.5級の計器は，目盛の有効測定範囲で，誤差が最大目盛値の±0.5％以下でなければならない。

　許容差別に分類すると，表6.5に示すように5階級になる。

表6.5　指示電気計器の許容差による分類

階　級	0.2級	0.5級	1.0級	1.5級	2.5級
許容差〔％〕	±0.2	±0.5	±1.0	±1.5	±2.5
用　途	副標準器用 校正の標準用	精密測定用 携帯用	小形携帯用 大形配電盤用	工業用の普通測定 一般の配電盤用	小形配電盤用

6.3.2　精度と感度

　間違い，系統誤差，および偶然誤差の少ない測定を**正確な測定**といい，測定値の真値に対するかたよりが真値に近い程度を**正確さ**（accuracy）または**確度**という。また，偶然誤差すなわち測定値のばらつきが少ない測定を，**精密さのよい測定**と呼ぶ。

　精度（precision）は精密さを示すが，一般には，正確さと精密さを含めた意味にとられることが多い。

　測定器が検知できる最小の測定量または指示の変化と，測定量の変

化との比を 感度 (sensitivity) という．わずかな測定量で回転角が大きな計器ほど，感度がよいといえる．

6.3.3　測定値の取り扱い

1　有 効 数 字　ある負荷の電流を許容差が ±0.05 A の電流計で測定し，7.35 A の測定値を得たとき，この測定値の最後のけたの 5 は，誤差のため信頼できないが，測定値の処理上，意味のある数字として取り扱う．

一般に，測定して得られた数値の中で，単に位取りを表すための 0 を除き，誤差を含む最後のけたまでを 有効数字 (significant figures) という．

682 000 や 0.001 25 のような測定値は，有効数字のけた数が何けたかがはっきりしないので，指数方式で表示したほうがわかりやすい．例えば，682 000 は，有効数字が 4 けたの 6 820 ならば，$6 820×10^2$ と表される．0.001 25 は，有効数字が 3 けたで 125 ならば，$1.25×10^{-3}$ の表示になる．

2　数値の丸め方　必要なけた数の有効数字を得るための操作を 丸め [†1] という．ある数値を有効数字 n けた，または小数点以下 n けたに丸めるとき，つぎのようにする．

① $(n+1)$ けた目の数値が 5 未満のときは 切り捨て，5 を超えるときは 切り上げる．

② $(n+1)$ けた目の数値が 5 のときには，つぎのようにする．
　n けた目の数値が，0，2，4，6，8 ならば，切り捨てる．
　n けた目の数値が，1，3，5，7，9 ならば，切り上げる．

[†1]　JIS Z 8401-1999「数値の丸め方」に規格化されている．

ここで，丸め操作は1段階で行い，2段階に分けて行わないことに留意する。

6.3.4 測定の基準

電気に関する単位量は厳密に定義されているが，実際の計測をその定義に従って行うことは不可能である。したがって，実用上いろいろな単位で適当な量を表すものをつくり，計測の際の基準としている。これを**標準器**（measurement-standard）という。

実用的な標準器としては，標準抵抗器，標準電池，標準電圧発生器，標準インダクタンス，標準コンデンサなどがある。ここでは，標準抵抗器，標準電池，標準電圧発生器について学ぶ。

1 標準抵抗器 標準抵抗器は，温度係数が小さく，電気容量が大きいことが必要である。一般には，抵抗線にはマンガニンが多く用いられる。$10\,\Omega$ 以下のものは，図 6.38 に示すように，電流端子と電圧端子を持っている。

2 標準電池 標準電池は，電解液として用いる硫酸カドミウム溶液の飽和度により，飽和形と不飽和形に分けられる。

図 6.38 標準抵抗器

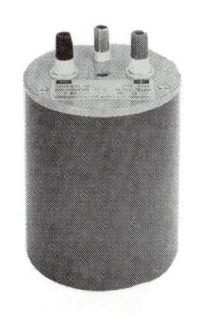

図 6.39 不飽和形カドミウム電池

図 6.39 に，不飽和形カドミウム電池を示す。これは 20℃ における起電力の代表値が 1.018 64 V のものである。温度により起電力が変化するので，測定時の温度によって補正して使用する。不飽和形は，飽和形に比べ，温度係数が小さい利点はあるが，安定度では劣る。

取り扱いは，振動を与えたり傾斜させないこと，また直射日光や急激な温度変化にさらさないこと，などの注意が必要である。これは，直流電位差計による起電力の測定などの基準電圧として使用される。

3 標準電圧発生器　標準電圧発生器には，ツェナーダイオードを用いたものがあるが，標準電池に比べ，精度が 1～2 けた劣る。しかし，取り扱いが簡単である，という利点がある。

練習問題 6

❶ つぎの数値について，有効数字が（　）内のけた数になるようにしなさい。
（ⅰ）3.234 7（3 けた）　　（ⅱ）68.379（3 けた）
（ⅲ）38.5（2 けた）　　　（ⅳ）29.5（2 けた）
（ⅴ）0.001542（3 けた）

❷ 指示電気計器の 3 大構成要素を挙げ，その働きを述べなさい。

❸ 真値 100 V の電圧を測定したところ，99.5 V を示した。このときの誤差 ε と誤差百分率を求めなさい。

❹ 0.5 級，最大目盛値が 100 mA の電流計で電流を測定したとき，62 mA の指示を得た。この電流の真値の範囲はいくらか。

❺ 1.0 級，最大目盛値 300 V の電圧計で電圧を測定したら，98 V の指示であった。この電圧の真値の範囲はいくらか。

❻　つぎの計器について，直流用，交流用，交直両用のいずれかの用途に分けなさい。
（ⅰ）　熱電形電流計　　　（ⅱ）　電流力計形電圧計
（ⅲ）　可動コイル形電圧計　（ⅳ）　整流形電流計
（ⅴ）　可動鉄片形電流計

❼　最大目盛値 100 μA，内部抵抗 400 Ω の可動コイル形計器がある。この計器を使って，最大目盛 50 mA の電流計をつくりたい。このときの分流器の倍率と分流器の抵抗を求めなさい。

6　研　究　問　題

❶　可動コイル形電流計と可動鉄片形電流計で，図 6.40 のような最大値が 5 A の方形波電流を測定した。それぞれの計器の指示はいくらか。

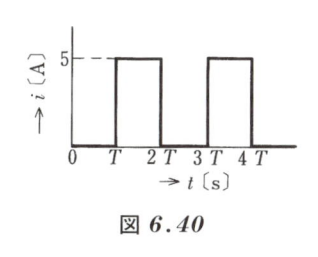

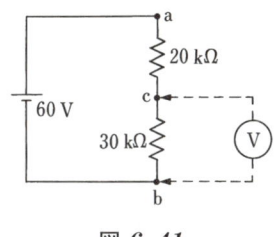

図 6.40

図 6.41

❷　図 6.41 の回路において，b-c 間の電圧をつぎの 2 台の電圧計で測定した。それぞれの電圧計の指示はいくらか。
（ⅰ）　最大目盛値が 50 V，内部抵抗が 1 V 当り 500 Ω の電圧計
（ⅱ）　内部抵抗が 500 kΩ の電子電圧計

❸　電池の電圧を電位差計で測定したところ，1.32 V であった。また，電圧計で測定したところ，1.29 V であった。電池の内部抵抗はいくらか。

ただし，電圧計の内部抵抗は 150 Ω とする．

❹ 図 6.42 のブリッジが，図に示すような各素子の値で平衡している．コイルのインダクタンス L_x とその内部抵抗 R_x を求めなさい．

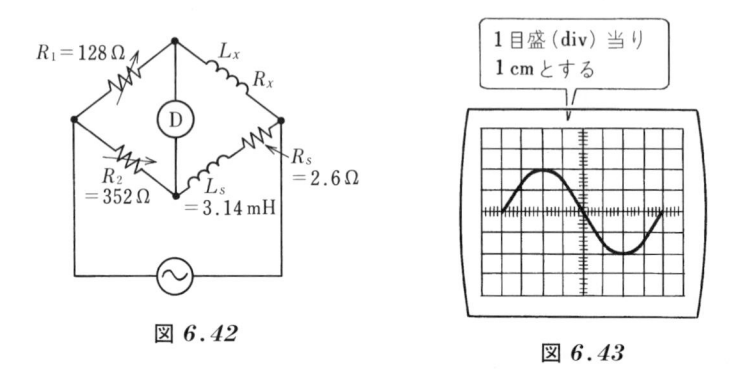

図 6.42

図 6.43

❺ 正弦波交流電圧をオシロスコープの垂直端子に加えたとき，図 6.43 の波形が観測できた．このとき，垂直感度は 0.2 V/div, 掃引時間は 0.5 ms/div であった．正弦波交流電圧の最大値，実効値，周期，周波数を求めなさい．

7

各種の波形

　これまで学んできた交流は，すべてを理想的な交流とみなし，正弦波交流として扱ってきた。しかし，実際に取り扱われる電圧や電流などは，正弦波交流と異なった事例が少なくない。

　ここではまず，正弦波交流ではない交流の基本的な性質，および簡単な取り扱いについて学ぶ。つぎにそれをもとにして，電気回路の開閉時に現れる過渡現象について学ぶ。さらに，微分回路や積分回路の入出力の波形を分析して，これらの回路の理解を深める。

7.1 非正弦波交流

7.1.1 非正弦波交流

図 7.1 は，双方向 3 端子サイリスタ[†1] を使って，電球の明るさを連続的に変えるための回路である。

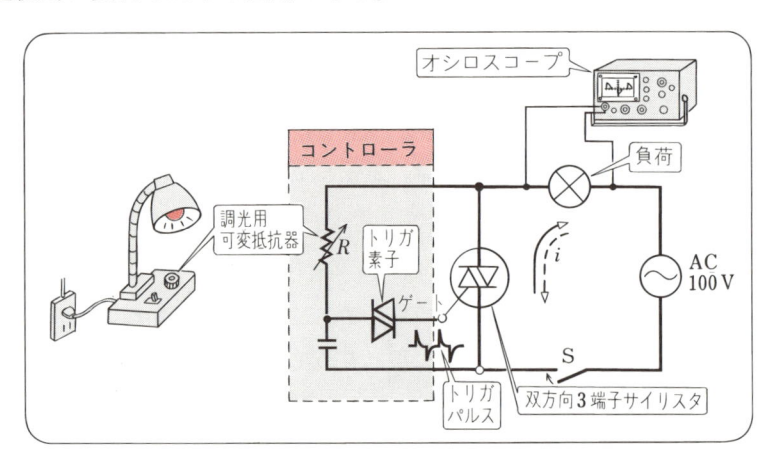

図 7.1 双方向 3 端子サイリスタによる調光回路

負荷に流れる電流の波形をオシロスコープで観察すると，図 7.2 のように，正弦波交流とは異なった波形になっていることがわかる。これは，トリガ素子[†2] から発生するパルスが，サイリスタのゲート

[†1] n 形，p 形で構成された半導体で，ゲート信号を与えると導通し，電流が両方向に流れる素子。

[†2] 正負のパルスを発生し，サイリスタを順方向，逆方向ともに導通させる素子。トリガとは，銃の引き金を引くという意味である。

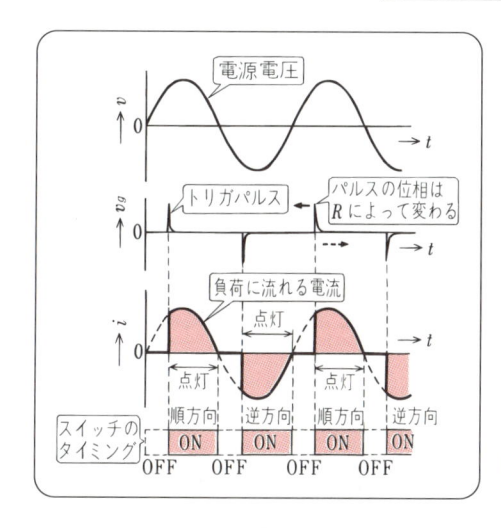

図 7.2　各部の波形

に加わると，サイリスタが OFF から ON にスイッチングされ，その瞬間に，負荷には正弦波交流電流が半周期の途中から急に流れ始めるためである．電源の電圧が，正から負，または負から正になると，サイリスタは OFF になり，負荷電流は流れなくなる．

　この例のように，波形が正弦波でない交流を **非正弦波交流** (non-sinusoidal a.c.) または **ひずみ波交流** という．例えば，ダイオードや鉄

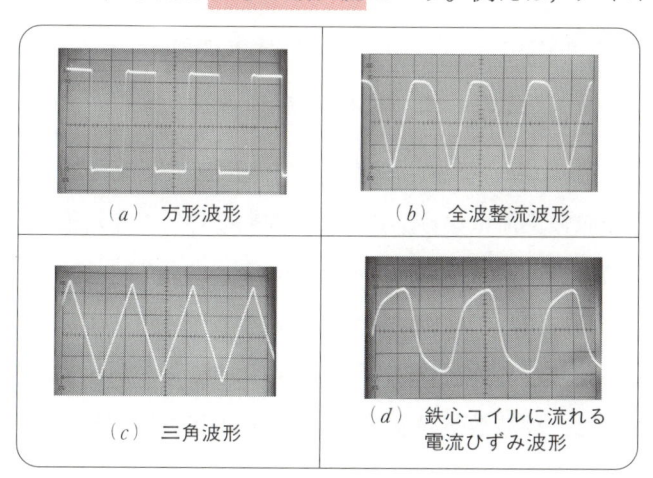

(a)　方形波形
(b)　全波整流波形
(c)　三角波形
(d)　鉄心コイルに流れる電流ひずみ波形

図 7.3　各種の波形

心入りコイルに流れる電流もひずみ波交流となることがある。

これらの素子は，いずれも非線形素子と呼ばれる。電圧と電流が比例しない関係を持つことから起こる現象である。

図7.3は，各種の非正弦波交流の波形例を示したものである。

7.1.2　正弦波交流の合成と非正弦波交流

図7.4(a)のように，ある周波数の正弦波交流i_1に対して，3倍の周波数を持つ正弦波交流i_3を各瞬時値ごとに合成すると，非正弦波交流となる。これらは，時間軸に対して**対称波**（symmetrical wave）になる。

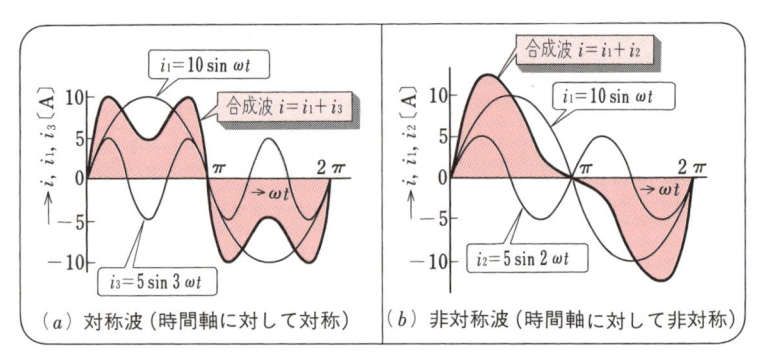

図7.4　正弦波交流の合成

また，図(b)の場合でも，同様に2倍の正弦波交流を加えると，合成波は非正弦波交流になる。これは時間軸に対して非対称となり，非正弦波交流の**非対称波**（asymmetrical wave）になる。

このように，周波数，位相，最大値の異なる正弦波交流を合成すれば，いろいろな波形の非正弦波交流が得られることがわかる。逆に，非正弦波交流は，周波数が異なったいくつかの正弦波交流に分けることができる。

7.1 非正弦波交流

一般に，非正弦波交流は，つぎのような無限級数で表すことができる。

$$i = I_0 + A_1 \sin \omega t + A_2 \sin 2\omega t + A_3 \sin 3\omega t + \cdots + A_n \sin n\omega t + \cdots$$
$$+ B_1 \cos \omega t + B_2 \cos 2\omega t + B_3 \cos 3\omega t + \cdots + B_n \cos n\omega t + \cdots$$
$$= I_0 + \sum_{n=1}^{\infty} A_n \sin n\omega t + \sum_{n=1}^{\infty} B_n \cos n\omega t \tag{7.1}$$

このような級数を，**フーリエ級数**[†1] (Fourier series) という。

ここで

$$A_n \sin n\omega t + B_n \cos n\omega t = \sqrt{A_n^2 + B_n^2} \sin (n\omega t + \varphi_n) \text{[†2]}$$

$$I_{mn} = \sqrt{A_n^2 + B_n^2}, \quad \varphi_n = \tan^{-1} \frac{B_n}{A_n} \quad (n = 1, 2, 3, \cdots)$$

と変形すれば，式 (7.1) はつぎのようになる。

$$i = \underbrace{I_0}_{\text{直流分}} + \underbrace{\sqrt{2} I_1 \sin (\omega t + \varphi_1)}_{\text{基本波}} + \underbrace{\sqrt{2} I_2 \sin (2\omega t + \varphi_2)}_{\text{高調波}}$$
$$\underbrace{+ \sqrt{2} I_3 \sin (3\omega t + \varphi_3) + \cdots\cdots + \sqrt{2} I_n \sin (n\omega t + \varphi_n)}_{\text{高調波}}$$
$$= I_0 + \sum_{n=1}^{\infty} \sqrt{2} I_n \sin (n\omega t + \varphi_n) \quad [\text{A}] \tag{7.2}$$

非正弦波は，一般にはつぎのように表すことができる。

　　　　非正弦波交流 ＝ 直流 ＋ 基本波 ＋ 高調波

式 (7.2) において，第1項の I_0 は非正弦波交流の直流分を表す。この項は，正の部分の平均値と負の部分の平均値が等しいとき，零となる。例えば，図 (a)，図 (b) の非正弦波交流の持つ直流分は，い

[†1] 周期的に変化する波は，周波数や最大値の異なった数多くの正弦波を重ね合わせたものとして考えられ，三角関数の級数に展開できる。これをフーリエ級数という。

[†2] $A_n \sin n\omega t + B_n \cos n\omega t$
$= \sqrt{A_n^2 + B_n^2} (\cos \varphi_n \sin n\omega t + \sin \varphi_n \cos n\omega t)$
$= \sqrt{A_n^2 + B_n^2} \sin (n\omega t + \varphi_n)$

ずれも零である。

第2項は，非正弦波交流 i と同じ周波数の正弦波である。これを**基本波** (fundamental wave) という。

第3項以下は，基本波の整数倍の周波数を持つ正弦波交流で，**高調波** (higher harmonic) と呼ばれる。2倍，3倍，……，n 倍のものを，それぞれ**第 2 調波** (second harmonic)，**第 3 調波** (third harmonic)，……，**第 n 調波**という。また，高調波のうち周波数が基本波の奇数倍のものを**奇数調波** (odd harmonics)，偶数倍のものを**偶数調波** (even harmonics) という。

なお，これまで取り扱ってきた正弦波交流は，直流分 I_0 および第 2 調波以下の項が零で，基本波だけのものである。

7.1.3　非正弦波交流の実効値

非正弦波交流の実効値は，**直流分，基本波，および各調波の実効値の 2 乗の和の平方根**で表される。

そこで，直流分の電流値を I_0，基本波の電流の実効値を I_1，各調波の電流の実効値を，それぞれ I_2, I_3, …, I_n とすると，非正弦波交流の実効値 I はつぎの式で表される。

$$I = \sqrt{I_0^2 + I_1^2 + I_2^2 + I_3^2 + \cdots + I_n^2} \quad [\mathrm{A}] \tag{7.3}$$

同様に，非正弦波交流電圧もつぎの式で表される。

$$V = \sqrt{V_0^2 + V_1^2 + V_2^2 + V_3^2 + \cdots + V_n^2} \quad [\mathrm{V}] \tag{7.4}$$

7.1.4　非正弦波交流のひずみの程度の表し方

1　ひずみ率　　非正弦波交流が正弦波交流に対して，どの程

度ひずんでいるかを示すため，ひずみ率 (distortion factor) k を用いる。これは，非正弦波のうち，基本波に対して高調波が含まれる割合をいい，これはつぎの式で表される。

$$k = \frac{\sqrt{各高調波の実効値の 2 乗の和}}{基本波の実効値}$$

$$= \frac{\sqrt{I_2^2 + I_3^2 + \cdots\cdots + I_n^2}}{I_1} \tag{7.5}$$

k の値は，小さくなるほど正弦波に近くなる。

2 **波形率と波高率**　非正弦波交流が正弦波交流からひずんでいる度合いを知る目安として，波形率 (form factor) や波高率 (crest factor) が用いられることがある。

これらは，最大値，実効値および平均値を用いて，つぎの式で表される。

$$波形率 = \frac{実効値}{平均値}, \quad 波高率 = \frac{最大値}{実効値} \tag{7.6}$$

波形率は，波形の滑らかさを表し，波高率は波形の鋭さを表す。

表 7.1 に，いろいろな波形のひずみ率，波形率および波高率を示

表 7.1　いろいろな波形のひずみ率

	正弦波	方形波	半波整流波	全波整流波	三角波
波　形					
ひずみ率	0	0.483	0.435	0.227	0.121
波 形 率	1.111	1.0	1.571	1.111	1.155
波 高 率	1.414	1.0	2.0	1.414	1.732
最 大 値	A	A	A	A	A
実 効 値	$\frac{1}{\sqrt{2}}A$	A	$\frac{1}{2}A$	$\frac{1}{\sqrt{2}}A$	$\frac{1}{\sqrt{3}}A$
平 均 値	$\frac{2}{\pi}A$	A	$\frac{1}{\pi}A$	$\frac{2}{\pi}A$	$\frac{1}{2}A$

す。表によると，方形波の波形率，波高率が最も小さい。また波形は，正弦波または全波整流波，三角波，半波整流波の順に鋭くなっている。

例題 1．

非正弦波交流
$$v = 200\sqrt{2}\sin\omega t + 100\sqrt{2}\sin 2\omega t - 50\sqrt{2}\sin 3\omega t \text{ [V]}$$
がある。つぎのものを求めよ。

（ⅰ）　高調波の実効値 V_h [†1]

（ⅱ）　非正弦波交流電圧の実効値 V

（ⅲ）　ひずみ率 k

解答

（ⅰ）　$V_2{}^2 = 100^2 = 10\,000$，$V_3{}^2 = 50^2 = 2\,500$　から
$$V_h = \sqrt{V_2{}^2 + V_3{}^2} = \sqrt{10\,000 + 2\,500} = 111.8 \text{ [V]}$$

（ⅱ）　$V_1{}^2 = 200^2 = 40\,000$　から
$$V = \sqrt{V_1{}^2 + V_h{}^2} = \sqrt{40\,000 + 12\,500} = 229 \text{ [V]}$$

（ⅲ）　$k = \dfrac{V_h}{V_1} = \dfrac{111.8}{200} = 0.559$

問 1． つぎの正弦波交流の波形の合成波を，方眼紙に描きなさい。
また，横軸に対して対称であるか答えなさい。
$$i = 10\sin\omega t + 3\sin 2\omega t$$

[†1] $V_h = \sqrt{\left(\dfrac{V_{m2}}{\sqrt{2}}\right)^2 + \left(\dfrac{V_{m3}}{\sqrt{2}}\right)^2 + \cdots\cdots + \left(\dfrac{V_{mn}}{\sqrt{2}}\right)^2}$

7.2 過渡現象

7.2.1 過渡現象

　図7.5では，エネルギー蓄積素子であるコンデンサやコイルなどが接続されている。このような回路では，回路中の電圧や電流が急激に変化して，回路の状態がある定常状態からほかの定常状態に移行しようとしても，エネルギー蓄積素子中のエネルギーが増減するために，ある時間を必要とする。

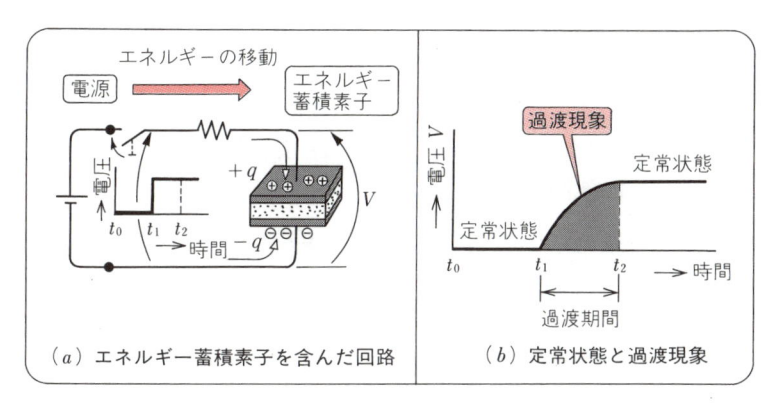

図7.5 過渡現象
(a) エネルギー蓄積素子を含んだ回路
(b) 定常状態と過渡現象

　この移行の期間を **過渡期間**（transition segment）といい，また，この間に起こる現象を **過渡現象**（transient phenomena）という。回路素子が抵抗だけの場合には，このような過渡現象はない。

7.2.2　R-C 直列回路の過渡現象

1　コンデンサの充電　図 7.6 のような, 抵抗 $R=50\,\mathrm{k\Omega}$ とコンデンサ $C=100\,\mu\mathrm{F}$ の直列回路において, まず, スイッチ S を ❷ 側に入れ, C に残っている電荷を放電し, 消滅させておく。

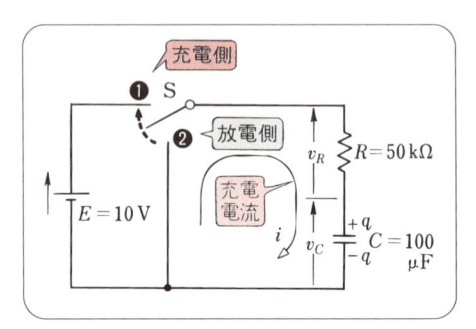

図 7.6　R-C 直列回路

つぎに, スイッチ S を ❶ 側に切り換えると, C には, 電源から電荷 $q\,[\mathrm{C}]$ が, R の制限を受けながら蓄えられる。この電荷の移動は, C の端子電圧 $v_C\,[\mathrm{V}]$ が電源の電圧 10 V になるまで続き, この期間, 充電電流 i が流れる。

スイッチ S を ❶ 側に入れてから, つぎの定常状態になるまでの電流 i, R の端子電圧 v_R, C の端子電圧 v_C の時間的変化を曲線で表すと, 図 7.7 のようになる。

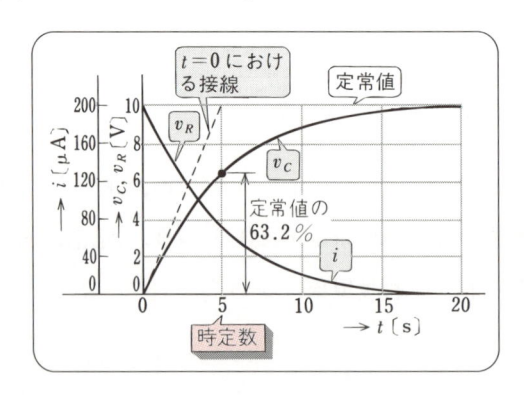

図 7.7　コンデンサの充電特性

この図は，コンデンサCがしだいに充電され，端子電圧v_Cが上昇し，最終的には，電源の電圧Eに等しくなることを表している。

スイッチSを入れた瞬間には，Cに蓄えられる電荷qは0であるから，v_Cも0である。したがって，電源の電圧Eは，抵抗Rにだけに加わることになるから，充電電流iは

$$i = \frac{v_R}{R} = \frac{E}{R} = \frac{10}{50 \times 10^3}$$

$$= 0.2 \times 10^{-3} \text{ [A]} = 200 \text{ [μA]}$$

となる。v_Cが上昇するにつれて充電電流iは減少し，最終的には$i=0$になり充電が完了する。i，v_Rの減少率もv_Cの上昇率も，指数関数$\varepsilon^{-\frac{t}{RC}}$や$1-\varepsilon^{-\frac{t}{RC}}$のように，変化がゆるやかな曲線になる。

i，v_R，v_Cは，それぞれつぎの式で表される。

$$i = \frac{E}{R} \varepsilon^{-\frac{1}{RC}t} \text{ [A]} \tag{7.7}{}^{\dagger 1}$$

$$v_R = Ri = E\varepsilon^{-\frac{1}{RC}t} \text{ [V]} \tag{7.8}$$

$$v_C = E(1-\varepsilon^{-\frac{1}{RC}t}) \text{ [V]} \tag{7.9}$$

いま，式(7.9)において，$t = RC$ [s] のときには

$$v_C = E(1-\varepsilon^{-\frac{1}{RC} \cdot RC}) = E(1-\varepsilon^{-1})$$

$$\fallingdotseq E(1-0.368) = 0.632E \text{ [V]} \tag{7.10}$$

となる。

式(7.10)において，v_Cが電源の電圧Eの63.2％に達するまでの時間τ(タウ)を**時定数**[†2] (time constant) といい，単位[s]で表す。

時定数τは，つぎの式で表される。

[†1] εは自然対数の底といい，$\varepsilon = 2.71828\cdots\cdots$で表される。

[†2] 時定数は図7.7からわかるように，v_Cの曲線では，$t=0$の点から接線を引き，それがv_Cの定常値の直線と交わる点の時間である。

$$\tau = RC \quad [\text{s}] \tag{7.11}$$

時定数は，過渡現象の変化の速さを知るめやすとなる値である。また，これは回路定数で決まるもので，電源の電圧には無関係である。

2 **コンデンサの放電** 図7.6の回路において，コンデンサ C 〔F〕を十分に充電した後，スイッチSを❷側に切り換える。すると，C に蓄えられている電荷 q 〔C〕は，図7.8のように抵抗 R 〔Ω〕を通じて放電される。

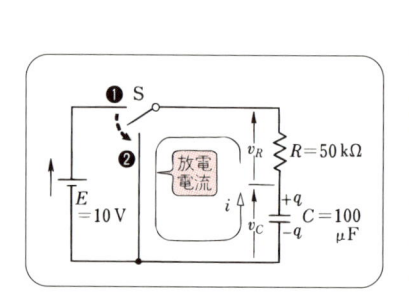

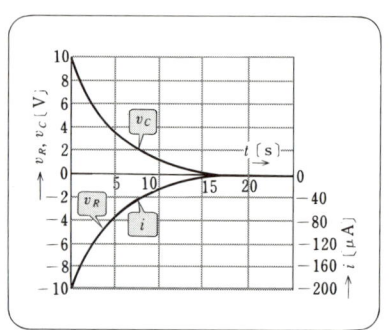

図7.8 放 電 回 路 　　図7.9 コンデンサの放電特性

スイッチSを❷側に入れてから，つぎの定常状態，すなわちコンデンサ C に蓄えられた電荷 q が0になるまでの放電電流 i，R の端子電圧 v_R，C の端子電圧 v_C の時間的変化を曲線で表すと，図7.9のようになる。

i，v_R，v_C は，それぞれつぎの式で表される。

$$i = -\frac{E}{R} \varepsilon^{-\frac{1}{RC}t} \quad [\text{A}] \tag{7.12}$$

$$v_R = Ri = -E\varepsilon^{-\frac{1}{RC}t} \quad [\text{V}] \tag{7.13}$$

$$v_C = E\varepsilon^{-\frac{1}{RC}t} \quad [\text{V}] \tag{7.14}$$

式(7.12)の放電電流 i は，正の向きと定めた充電電流に対して反対方向に流れるため，負符号が付く。

7.2.3　R-L 直列回路の過渡現象

1　**電流特性，電圧特性**　図 7.10 のような抵抗 R〔Ω〕とコイル L〔H〕の直列回路において，スイッチ S を ❶ 側に入れると，回路の電流 i〔A〕は，定常値 $\dfrac{E}{R}$〔A〕に向かって増加しようとする。

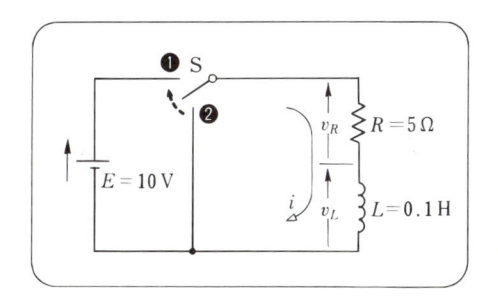

図 7.10　R-L 直列回路

ところが，電流が変化すると，回路のインダクタンス L により逆起電力が生じて，電流の変化を妨げるので，電流は徐々に $\dfrac{E}{R}$〔A〕に近づいていく。

スイッチ S を ❶ 側に入れてから，つぎの定常状態に移行するまでの電流 i，R の端子電圧 v_R，L の端子電圧 v_L の時間的変化を曲線で表すと，図 7.11 のようになる。

i，v_R，v_L は，それぞれつぎの式で表される。

$$i = \frac{E}{R}(1 - \varepsilon^{-\frac{R}{L}t}) \ \text{〔A〕} \tag{7.15}$$

$$v_R = Ri = E(1 - \varepsilon^{-\frac{R}{L}t}) \ \text{〔V〕} \tag{7.16}$$

$$v_L = E - v_R = E\varepsilon^{-\frac{R}{L}t} \ \text{〔V〕} \tag{7.17}$$

いま，式 (7.15) において，$t = \dfrac{L}{R}$ のとき，電流 i は

$$i = \frac{E}{R}(1 - \varepsilon^{-\frac{R}{L}\cdot\frac{L}{R}}) = \frac{10}{5}(1 - \varepsilon^{-1}) = 2 \times 0.632 = 1.26 \ \text{〔A〕}$$

となる。この回路の時定数 τ は，つぎの式で表される。

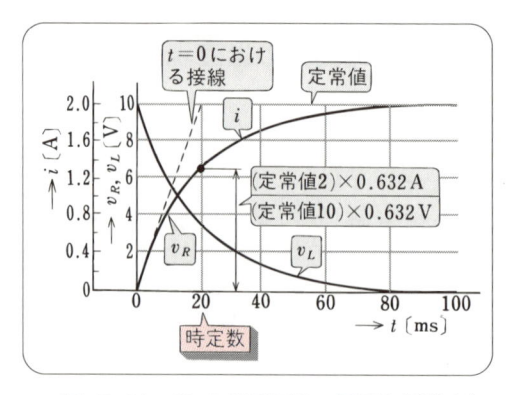

図 7.11　R-L 直列回路の電圧と電流(1)

$$\tau = \frac{L}{R} \ [\text{s}] \tag{7.18}$$

式 (7.18) から，時定数 τ はつぎのようになる．

$$\tau = \frac{L}{R} = \frac{0.1}{5} = 0.02 \ [\text{s}] = 20 \ [\text{ms}]$$

つぎに，図 7.10 の回路において，スイッチ S を ❶ 側に入れ，十分に時間が経過した後，スイッチ S を ❷ 側に切り換える．すると，コイルにはエネルギーが蓄えられているので，エネルギーの連続性から電流 i は，ただちに 0 にはならず，図 7.12 のような時間的変化になる．

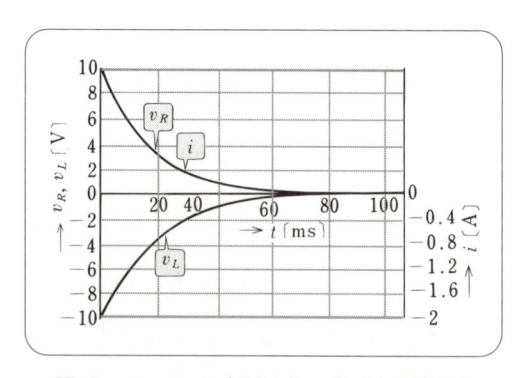

図 7.12　R-L 直列回路の電圧と電流(2)

同様にして，v_R, v_L の時間的変化も，図 7.12 に示す。
また，i, v_R, v_L は，つぎの式で表される。

$$i = \frac{E}{R} \varepsilon^{-\frac{R}{L}t} \quad [\mathrm{A}] \tag{7.19}$$

$$v_R = Ri = E\varepsilon^{-\frac{R}{L}t} \quad [\mathrm{V}] \tag{7.20}$$

$$v_L = -v_R = -E\varepsilon^{-\frac{R}{L}t} \quad [\mathrm{V}] \tag{7.21}$$

v_R, v_L の時間的変化を曲線で表すと，図 7.12 のようになる。

問 2. $R=100\,\mathrm{k}\Omega$, $C=20\,\mu\mathrm{F}$ の直列回路に，直流電圧 $E=10\,\mathrm{V}$ の電源が，スイッチを通して接続されている。つぎの値を求めなさい。

(i) 回路の時定数。

(ii) スイッチを入れてから $3\,\mathrm{s}$ 後の v_R, v_C, i および q。ただし，スイッチを入れる前に，コンデンサの電荷 q は蓄えられていないものとする。

問 3. $R=10\,\Omega$, $L=15\,\mathrm{mH}$ の直列回路に，直流電圧 $E=20\,\mathrm{V}$ の電源が接続されたときの時刻を $t=0$ として，つぎの値を求めなさい。

(i) 回路の時定数。

(ii) 時刻 $t=1.0$, 1.5, 2.0, $2.5\,\mathrm{ms}$ のとき，各時刻における電流 i。

7.2.4　パルス回路の波形

1 パルス波　電子機器，電子計算機，電子計測器などには，非正弦波の中でも，ある短時間に急激に変化する電圧や電流が用いられている。このような電圧，電流などを，一般に **パルス** (pulse) という。

パルスには，ただ1個だけの **単一パルス** (single pulse) もあるが，定まった周期で繰り返す **繰返パルス** が一般的である。

パルスの代表的なものが，図 7.13 で示される理想パルスと呼ばれている**方形パルス**（rectangular pulse）である。

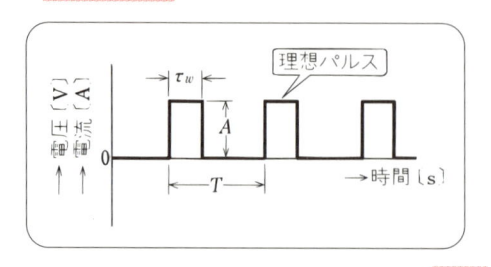

図 7.13　方形パルス

図に示すように，パルスの大きさ A を**振幅**，パルスの持続する時間 τ_w〔s〕を**パルス幅**（pulse width），つぎのパルスが到来するまでの時間 T〔s〕を**繰返周期**，繰返周期の逆数 $\dfrac{1}{T}=f$〔Hz〕を**繰返周波数**と呼んでいる。また，$\dfrac{\tau_w}{T}$ を**衝撃係数**（duty factor）という。

このようなパルスは高調波を含むため，静電容量またはインダクタンスを持つ回路を通過するとき，その波形にひずみを生じる。

例えば，図 $7.14(a)$ のように，抵抗 R とコンデンサ C を並列に接続した回路に，方形パルスが流れる。すると，その電圧は立上りについては，C を充電するのに時間を要し，立下りについても，放電により時間がかかるので，それぞれ遅れて変化し波形がひずむ。しかし，図 (b) のように，抵抗 R だけの回路ではこのようなひずみはない。

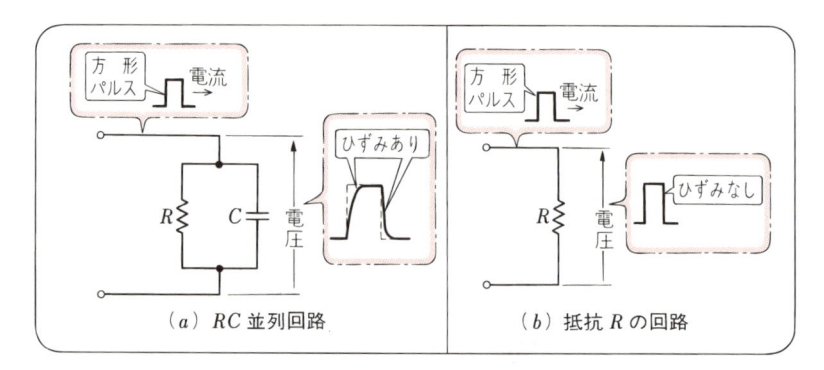

図 7.14　方形パルスのひずみ
（a）RC 並列回路　　（b）抵抗 R の回路

7.2 過渡現象　289

　一般に，ひずんだパルスの各部の名称は図 7.15 のように表され，下記のように定義される。

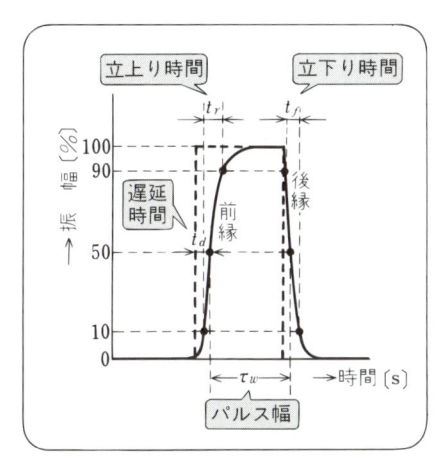

図 7.15　パルスの定義

① **パルス幅** τ_w　　前縁と後縁の各振幅 50 % をはさむ時間。

② **立上り時間**（rise time）t_r　　パルスの瞬時値が振幅の 10 % から 90 % になるまでの時間。

③ **立下り時間**（fall time）t_f　　パルスの瞬時値が振幅の 90 % から 10 % になるまでの時間。

④ **遅延時間**（delay time）t_d　　振幅の 50 % に達するまでの時間。

問 4． 図 7.13 のような方形パルスで，$\tau_w = 5$ ms，$T = 20$ ms のとき，繰返周波数と衝撃係数を求めよ。

2　微分回路の波形　　すでに 7.2.1 項の過渡現象で学んだように，図 7.16 の $R\text{-}C$ 直列回路では，スイッチ S を ❶ から ❷，❶，❷ と交互に切り換えると，回路には図 7.17(b) のような方形パルス状の電圧 v_i〔V〕が加わる。したがって，コンデンサ C は，充電→放電→充電→放電→… と交互に動作を繰り返す。

　この場合，抵抗の両端には，図(c)のように，パルス波 v_R〔V〕が

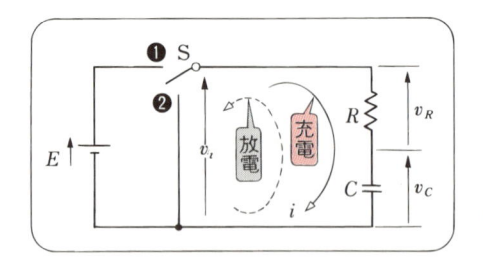

図 7.16　R-C 直列回路

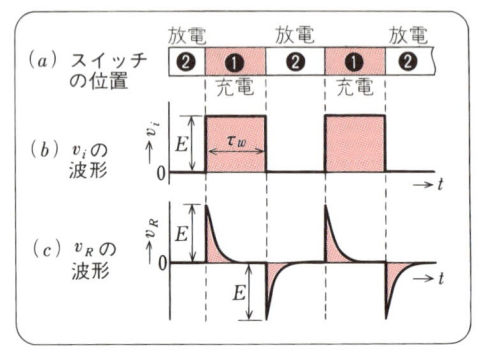

図 7.17　v_i と v_R の波形
$\left(\dfrac{\tau}{\tau_w}=0.2\ \text{のとき}\right)$

生じる。このパルス波の発生は，図 7.7 の充電特性の v_R の曲線と，図 7.9 の放電特性の v_R の曲線を組み合わせると，図 7.17 (c) の波形になることから理解できる。

　図 7.18 (a) の回路は，図 7.16 の R-C 直列回路の抵抗 R の両端を出力端子としたものである。その端子間に生じる出力波形は，入力パルス電圧の変化率[†1]に比例したものとなる。このような回路を微

(a) R と C の組み合わせ　　(b) R と L の組み合わせ

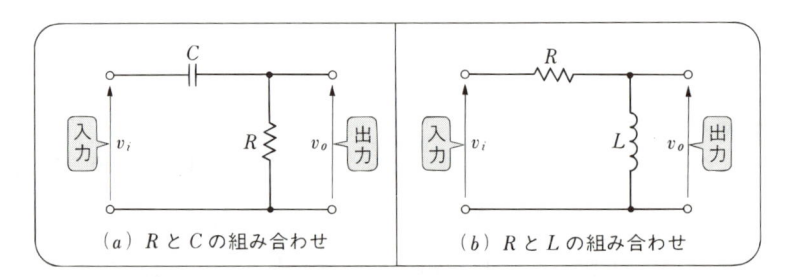

図 7.18　微　分　回　路

---

†1　$\dfrac{dv_i}{dt}$ のこと。

分回路（differential circuit）という。

また，図(b) の R と L の組み合わせも，図 7.11 と図 7.12 の特性からわかるように，微分回路である。

なお，出力波形は，入力方形パルスのパルス幅 τ_w と時定数 τ の関係で異なる。鋭い出力パルスを取り出せるような微分回路にするには，およそ $\dfrac{\tau}{\tau_w}<0.1$ であることが望ましい。

3 **積分回路の波形**　図 7.19(a) は，図 7.16 の v_C の波形を出力として利用した回路である。

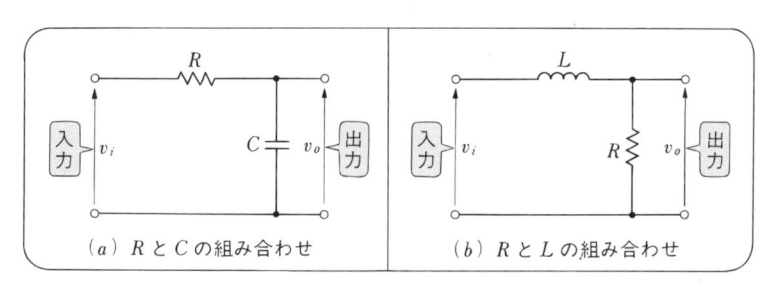

図 7.19　積 分 回 路

この回路の出力の波形は，図 7.20(c) のように，入力パルスの積分値[†1]に比例した三角波になる。このような回路を**積分回路**（integrating circuit）という。

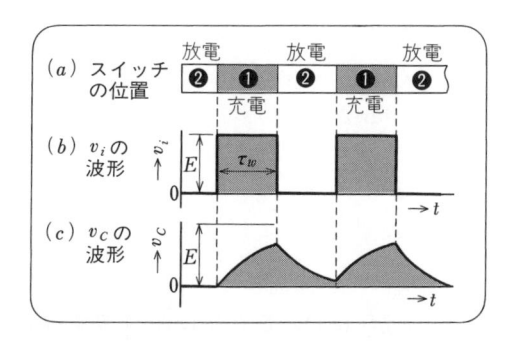

図 7.20　v_i と v_C の波形 $\left(\dfrac{\tau}{\tau_w}=0.5 \text{ のとき}\right)$

[†1]　R と C を組み合わせた回路では，コンデンサに蓄積された電荷。

また，図 7.19(b) の R と L の組み合わせも，図 7.11 と図 7.12 の特性からわかるように，積分回路である。

なお，時定数 τ が，入力方形パルスのパルス幅 τ_w より十分に大きくないと，よい積分波形を取り出すことができない。この回路では，およそ $\dfrac{\tau}{\tau_w}>5$ であることが望ましい。

7 練習問題

❶ 図 7.21 において，非正弦波交流電圧 $v=v_1+v_2$ の波形を瞬時値で表しなさい。

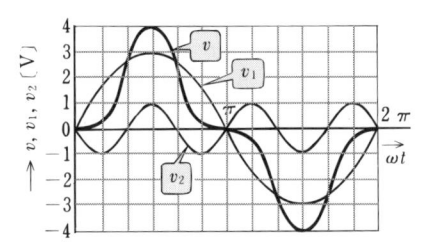

図 7.21

❷ つぎの式で表される非正弦波交流について，電圧および電流の実効値を求めなさい。

(i) $v=30+\dfrac{20}{\sqrt{2}}\sin\omega t+8\sin(3\omega t+60°)$ 〔V〕

(ii) $v=10+\dfrac{6}{\sqrt{2}}\sin\omega t+\dfrac{2}{\sqrt{2}}\sin(2\omega t+60°)$ 〔V〕

(iii) $i=20\sin\omega t+10\sin(3\omega t-90°)$ 〔A〕

❸ 実効値が 80 V で，波形率が 1.2，波高率が 1.38 の波形の平均値および最大値を求めなさい。

❹ ひずみ率が 5% の非正弦波交流電圧において，基本波の実効値が 100 V であるとき，全高調波の実効値は何〔V〕か。

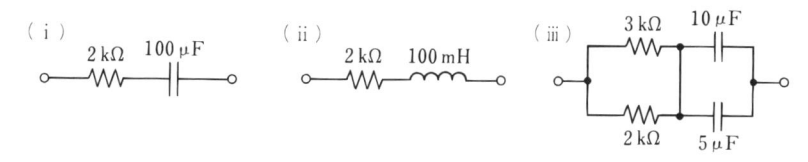

図 7.22

❺ 図 7.22(ⅰ), (ⅱ), (ⅲ)の回路における時定数を求めなさい。

❻ 図 7.23 のようなパルスにおいて, つぎの値を求めなさい。
　（ⅰ）パルス幅
　（ⅱ）繰返周期
　（ⅲ）繰返周波数
　（ⅳ）衝撃係数

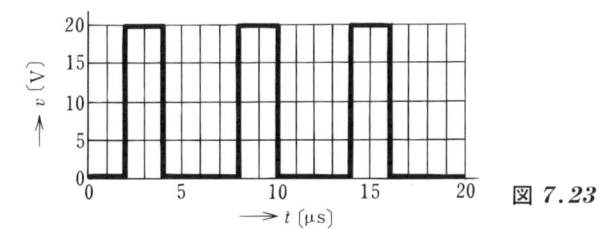

図 7.23

❼ 図 7.24 の回路に, パルス幅 $0.2\,\mu\mathrm{s}$, 振幅 $10\,\mathrm{V}$ の方形パルスが加わったときの出力波形を描きなさい。

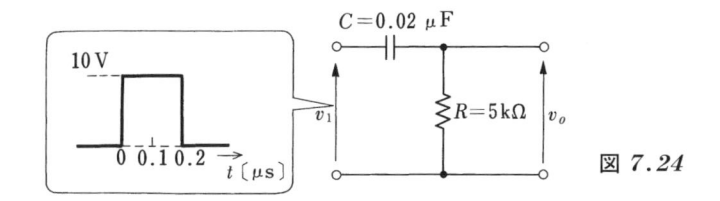

図 7.24

❽ 図 7.25 のように, ある回路にパルス幅 τ_w の方形パルスを入力した。つぎの条件のとき, 出力パルス v_0 の概形を描き, どちらが理想的な波形かを示しなさい。また, この回路は微分回路, 積分回路のいずれか。
　（ⅰ）回路の時定数が τ_w よりきわめて大きいとき。
　（ⅱ）回路の時定数が τ_w よりきわめて小さいとき。

図 7.25

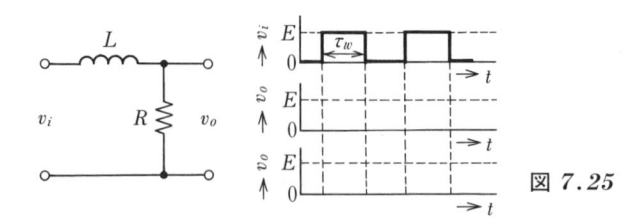

研究問題

❶ 非直線性を持つ素子を二つ挙げ，電圧波形または電流波形がひずむ理由を説明しなさい。

❷ 三角波の電圧 v が次式で与えられる。

$$v = \frac{80}{\pi^2}\left(\sin\omega t - \frac{1}{9}\sin 3\omega t + \frac{1}{25}\sin 5\omega t + \cdots\cdots\right) \quad [\text{V}]$$

このとき，つぎの値を求めなさい。

（ⅰ）高調波の実効値 V_h
（ⅱ）非正弦波交流電圧の実効値 V
（ⅲ）ひずみ率 k

❸ 抵抗 $R = 0.5\,\text{k}\Omega$ に，つぎのような非正弦波交流電圧 v を加えた。

$$v = 80\sqrt{2}\sin\omega t + 20\sqrt{2}\sin 3\omega t + 10\sqrt{2}\sin 5\omega t \quad [\text{V}]$$

このとき，つぎの値および式を求めなさい。

（ⅰ）実効値 V とひずみ率 k
（ⅱ）電流の瞬時値 i を表す式
（ⅲ）抵抗 R に消費される電力

❹ 図 7.26 の回路において，$E = 5\,[\text{V}]$，$R = 5\,[\Omega]$，$L = 40\,[\text{mH}]$ のとき，つぎの値を求めなさい。

（ⅰ）回路の時定数 τ

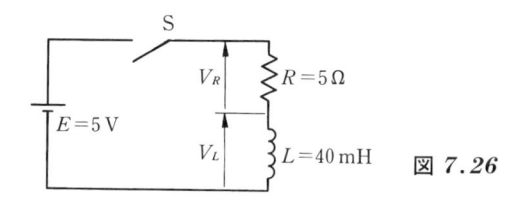

(ii) スイッチSを入れてから4 ms後の,回路を流れる電流i

❺ 図7.27の回路において,方形パルス電流iが通過したとき,出力電圧vはどのような波形になるか。

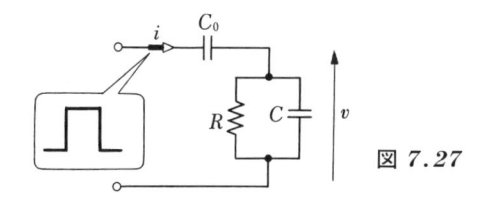

図7.27

❻ 図7.28の回路において,スイッチSをaからbに切り換えたとき,つぎの値を求めなさい。
(ⅰ) 2 s後の放電電流i
(ⅱ) 4 s後の抵抗Rの両端の電圧v_R
(ⅲ) 6 s後のコンデンサCの両端の電圧v_C
(ⅳ) 放電終了後のコンデンサの両端の電圧v_C'

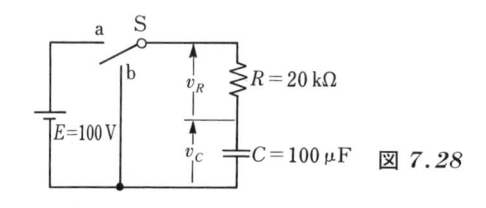

図7.28

❼ RC微分回路において,繰返周波数250 kHzの方形波を先のとがった完全なパルス波に変換したい。$C=50$ pFとすれば,抵抗Rは何〔kΩ〕程度にすればよいか。

付　　録

1. すぐ役に立つ基礎数学

電気基礎を学ぶときには，本書で扱う回路計算などの数値処理は基礎的な数学の知識が必要である。以下の内容を一つ一つ確認してみよう。

〔1〕 数値の計算順序のルール

① かっこ内の計算（かっこには（ ），{ }，[ ]がある。かっこが二つ以上ある場合は内側のかっこから先に計算する。）
② ×，÷の計算（ただし，×，÷が連続しているときは，左のほうから順に計算する。）
③ ＋，－の計算

例1　$a \times (b - c) - d \div e \times f$

① はじめ　③
②　　　　④
⑤ 終わり

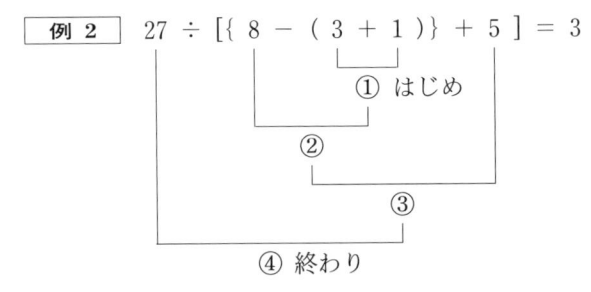

例2　$27 \div [\{8 - (3 + 1)\} + 5] = 3$

① はじめ
②
③
④ 終わり

〔2〕 分数の計算

(1) 分数とは　二つの整数 a, b を $\dfrac{b(分子)}{a(分母)}$ で表した数（ただし，

$a \neq 0$)を**分数**という。これはものを a 等分して b 個集めたもので，$b \div a$ に等しい。

（2） 分数の足し算・引き算

① 分母の数が同じときには，分母は共通として，分子を足し算・引き算すればよい。分母・分子はできるだけ小さな数まで約分する。**約分**とは分母・分子を共通した数で割って整理することをいう。

例 1　$\dfrac{5}{12} + \dfrac{3}{12} = \dfrac{8}{12}$ [ここで約分。分母分子を最大公約数 4 で割る。] $= \dfrac{8 \div 4}{12 \div 4} = \dfrac{2}{3}$

② 分母が異なるときは，通分して分母を同じ数にしてから分子の足し算または引き算を行う（通分する場合，分母の数が最小，すなわち最小公倍数となるようにする）。

例 2　$\dfrac{7}{8} - \dfrac{5}{12} = \dfrac{7 \times 3}{8 \times 3} - \dfrac{5 \times 2}{12 \times 2} = \dfrac{21}{24} - \dfrac{10}{24} = \dfrac{11}{24}$

（3） 分数の掛け算　掛け算しようとする分数の分母は分母どうし，分子は分子どうしを掛け算する（約分できるときには，必ず約分する）。

例 3　$\dfrac{3}{4} \times \dfrac{2}{5} = \dfrac{3 \times 2}{4 \times 5} = \dfrac{6}{20}$ [ここで約分] $= \dfrac{6 \div 2}{20 \div 2} = \dfrac{3}{10}$

（4） 分数の割り算　割る分数の分母と分子を入れ換えて（**逆数**），割られる分数と掛け算する（約分できるときには，必ず約分する）。

例 4　$\dfrac{2}{3} \div \dfrac{6}{7} = \dfrac{2}{3} \times \dfrac{7}{6} = \dfrac{14}{18}$ [ここで約分] $= \dfrac{14 \div 2}{18 \div 2} = \dfrac{7}{9}$

（5） 帯分数が含まれている場合の計算　帯分数は整数と分数を加えてできた分数である。この場合は，**真分数**（分子＜分母）や**仮分数**（分子≧分母）の形に直して計算すればよい。

例 5　$2\dfrac{3}{5} \times \dfrac{1}{4} = \left(2 + \dfrac{3}{5}\right) \times \dfrac{1}{4} = \dfrac{10+3}{5} \times \dfrac{1}{4} = \dfrac{13}{20}$

（6） 繁分数の計算　分数の分子，分母の一方または両方がさらに分数で表されている分数を**繁分数**という。

例 6
$$\frac{c}{\frac{1}{a}+\frac{1}{b}}=\frac{c}{\frac{1\times b}{a\times b}+\frac{1\times a}{b\times a}}=\frac{c}{\frac{a+b}{ab}}$$
$$=c\times\frac{ab}{a+b}=\frac{abc}{a+b}$$

〔3〕 比例式の計算

(1) **比例式とその性質** ある数 a, b があるとき，a が b の何倍であるかを表す関係を a の b に対する比といい，$a:b$ で表す。

二つの比が等しいことを表す式を**比例式**といい，a, b, c, d がつぎの関係にあるとき，a と d を**外項**，b と c を**内項**という。
$$a:b=c:d \quad (ただし，a\neq 0,\ b\neq 0,\ c\neq 0,\ d\neq 0)$$
二つの比が等しいことを比の値で表すと次式のようになる。
$$\frac{a}{b}=\frac{c}{d}$$
上式の両辺に bd を掛けると，$ad=bc$ となる。

(比例式の性質) **内項の積は外項の積に等しい**

例 1 比例式 $12:x=6:5$ の x の値は，内項の積＝外項の積 から，$6x=12\times 5$ であるので，両辺を 6 で割ると，$x=\dfrac{12\times 5}{6}=10$ となる。

(2) **連比例式とその性質** 二組の比 $a:b$ および $b:c$ は，前の比の後項と，後の比の前項が等しいので，あわせて $a:b:c$ と書き，これを**連比**という。

また，二組の比例式 $a:b=x:y$ および $b:c=y:z$ を**連比例式**で表すと
$$a:b:c=x:y:z$$

(連比例式の性質) $a:b:c=x:y:z$ ならば，$\dfrac{a}{x}=\dfrac{b}{y}=\dfrac{c}{z}$

例 2 200m のロープを長さ $a:b:c=2:3:5$ の配分で 3 本に切

りたい。このときの a, b, c の長さは，連比例式の性質から $\dfrac{a}{2}=\dfrac{b}{3}=\dfrac{c}{5}$ である。したがって，つぎの式が成り立つ。

$$\dfrac{a}{2}=\dfrac{b}{3}=\dfrac{c}{5}=\dfrac{a+b+c}{2+3+5}=\dfrac{a+b+c}{10}\quad（これを\textbf{加比の理}という）$$

ここで，$a+b+c=200$ であるから

$$\dfrac{a}{2}=\dfrac{200}{10}\quad\therefore\quad a=2\times\dfrac{200}{10}=40\,\mathrm{m}$$

同様に，$b=60\,\mathrm{m}$, $c=100\,\mathrm{m}$ となる。

〔4〕 平方根の計算

(1) **平方根とは** ある数 a について 2 乗して a になる数を a の **2 乗根**または**平方根**といい，$\sqrt{a}$ と書く。3 乗して a になる数を 3 乗根または立方根といい，$\sqrt[3]{a}$ と書く。一般に，n 乗して a になる数を n 乗根といい，$\sqrt[n]{a}$ と書く。a の n 乗根をまとめて a の累乗根という。

(2) **平方根の公式と計算例**

（公式①） $\sqrt{a^2}=a$

例 1　$\sqrt{3^2}=3$

（公式②） $(\sqrt{a})^2=a$

例 2　$(\sqrt{5})^2=5$

（公式③） $\sqrt{a^2b}=\sqrt{a^2}\sqrt{b}=a\sqrt{b}$

例 3　$\sqrt{50}=\sqrt{25\times2}=\sqrt{5^2\times2}=\sqrt{5^2}\sqrt{2}=5\sqrt{2}$

（公式④） $\sqrt{a}\sqrt{b}=\sqrt{ab}$

例 4　$\sqrt{2}\times\sqrt{3}=\sqrt{6}$

（公式⑤） $\dfrac{\sqrt{a}}{\sqrt{b}}=\sqrt{\dfrac{a}{b}}$

例 5　$\sqrt{0.07}=\sqrt{\dfrac{7}{10^2}}=\dfrac{\sqrt{7}}{\sqrt{10^2}}=\dfrac{\sqrt{7}}{10}$

公式①〜⑤を利用した計算例

例6 $\sqrt{0.45} = \sqrt{\dfrac{45}{100}} = \dfrac{\sqrt{45}}{\sqrt{10^2}} = \dfrac{\sqrt{3^2 \times 5}}{10} = \dfrac{\sqrt{3^2} \times \sqrt{5}}{10} = \dfrac{3\sqrt{5}}{10}$

例7 $\sqrt{18} - \sqrt{8} + \sqrt{50} = \sqrt{3^2 \times 2} - \sqrt{2^2 \times 2} + \sqrt{5^2 \times 2}$
$= 3\sqrt{2} - 2\sqrt{2} + 5\sqrt{2} = (3 - 2 + 5)\sqrt{2}$
$= 6\sqrt{2}$

(3) 分母の有理化 分母に根号 $\sqrt{}$ を含んだ式（**無理式**という）を，分母に根号を含まない式（**有理式**という）に直すことを**分母の有理化**という。

$\dfrac{a}{b\sqrt{c}}$ 〔分母・分子に分母の無理数 $\sqrt{c}$ を掛けると，分母の $\sqrt{}$ は払われて分母は有理数になる。〕 $= \dfrac{a}{b \times \sqrt{c}} \times \dfrac{\sqrt{c}}{\sqrt{c}}$

$= \dfrac{a\sqrt{c}}{b(\sqrt{c})^2} = \dfrac{a\sqrt{c}}{bc}$

例8

$\dfrac{\sqrt{3}+\sqrt{2}}{\sqrt{3}-\sqrt{2}}$ 〔分母を $(\sqrt{3})^2 - (\sqrt{2})^2$ のような有理数にするために，分母・分子に $\sqrt{3}+\sqrt{2}$ を掛ける。〕

$= \dfrac{(\sqrt{3}+\sqrt{2})}{(\sqrt{3}-\sqrt{2})} \times \dfrac{(\sqrt{3}+\sqrt{2})}{(\sqrt{3}+\sqrt{2})}$

$= \dfrac{(\sqrt{3}+\sqrt{2})^2}{(\sqrt{3})^2 - (\sqrt{2})^2} = \dfrac{3 + 2\sqrt{3} \times \sqrt{2} + 2}{3 - 2} = 5 + 2\sqrt{6}$

〔5〕 **方程式の取り扱い**

(1) 等式とは 二つの数または式が等しいことを等号（＝）で表した式のことである。

例1 等式の例 $\underbrace{2a + 5a}_{\text{左辺}} = \underbrace{7a}_{\text{右辺}}$

(2) 方程式とは 等式に含まれている文字（**未知数**）にある特定の数値を代入したときのみ成り立つ等式を**方程式**という。方程式で両辺が等しくなるような特定の数値をその**方程式の解**といい，解を求めることを**方程式を解く**という。

（3） **等式の性質**　方程式も等式であるから方程式を解くためには，つぎの等式の性質を利用する。この性質は一般的な式の変形などにも使用される。

等式 $A=B$ が成り立つとき，つぎの等式も成り立つ。

① $A=B$ ならば $\implies$ $A+C=B+C$
② $A=B$ ならば $\implies$ $A-C=B-C$
③ $A=B$ ならば $\implies$ $AC=BC$
④ $A=B$ ならば $\implies$ $\dfrac{A}{C}=\dfrac{B}{C}$ $(C\neq 0)$

（4） **一次方程式とは**　未知数が例えば x だけの一次式でできている方程式を**一次方程式**という。

|例 2|　一次方程式の例　$2x=10$ $(x=5)$

（5） **移　項**　等式の左辺にある項を，符号を変えて右辺に移すことができる。また，右辺にある項を，符号を変えて左辺に移すこともできる。これを**移項する**という。これが可能なのは，等式の性質①と②より，等式の両辺に同じものを足したり引いたりできるからである。

|例 3|

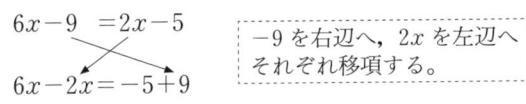

$$6x-9 = 2x-5$$
$$6x-2x = -5+9$$

（-9 を右辺へ，$2x$ を左辺へそれぞれ移項する。）

（6） **一次方程式の解き方**

《**一次方程式を解く手順**》

① 分数は分母を払い，かっこをはずす。
② 文字を含む項は左辺へ，数だけの項は右辺へ移項する。
③ 両辺をそれぞれ整理して $ax=b$ の形にする。
④ 両辺を x の係数 a で割って解 $\dfrac{b}{a}$ を求める。

|例 4|　$8x+5=-11$ を解くと，つぎのようになる。

左辺の 5 を移項すると

$$8x = -11 - 5 \quad \therefore \quad 8x = -16$$

両辺を 8 で割って，$x = -2$ である。

（7） **二元一次方程式と連立方程式**　二つの文字（未知数）を含む方程式を**二元方程式**といい，それらの文字について一次式であるものを**二元一次方程式**という。

また，二つ以上の方程式を組み合わせたものを**連立方程式**という。

（8） **連立二元一次方程式の解き方**　二元一次方程式が二つあるとき，それらの方程式に共通な解を**連立二元一次方程式の解**という。

《**解き方①**》 **代入法**　まず，一つの文字について解き，それを他の数式に代入して未知数が一つ少ない方程式を導く。以下これをくり返して方程式を解く。

例 5　$\begin{cases} x + y = 3 \quad \cdots\cdots ① \\ 3x - 2y = 4 \quad \cdots\cdots ② \end{cases}$　を代入法で解くと，以下のようになる。

① 式から，$y = 3 - x$ である。

これを ② 式に代入すると

$$3x - 2(3 - x) = 4 \quad \therefore \quad x = 2$$

つぎに，$x = 2$ を ① 式に代入すると

$$2 + y = 3 \quad \therefore \quad y = 1$$

《**解き方②**》 **加減法**　いくつかの数値を掛け，一つの文字の係数をそろえて，二つの方程式を加えるか，または引くかにより，一つの文字を消去して連立方程式を解く。

例 6　$\begin{cases} x + y = 7 \quad \cdots\cdots ① \\ 2x - y = 5 \quad \cdots\cdots ② \end{cases}$　を加減法で解くと，以下のようになる。

y を消去するために，① 式 ＋ ② 式を計算すると

$$(x + y) + (2x - y) = 7 + 5$$

$$3x = 12 \quad \therefore \quad x = 4$$

$x=4$ を②式に代入して $2\times 4-y=5$,これより

$\quad -y=5-8 \quad \therefore \quad y=3$

(9) 二次方程式とは　　例えば未知数が x だけの二次式でできている方程式を**二次方程式**という。

| 例 7 |　二次方程式の例　　$2x^2+3x-65=0$　　$(x=5)$

(10) 二次方程式の解き方

《**解き方①**》　**因数分解による解法**　　二つの数,または式 A,B について $AB=0$ ならば,A と B のうち,少なくとも一方は 0 である。すなわち,$A=0$ または $B=0$ である。

二次方程式 $ax^2+bx+c=0$ の左辺 ax^2+bx+c が因数分解できる場合は,上記のことを利用して容易に解くことができる。

| 例 8 |　$x^2+x-12=0$ を因数分解して解くと以下のようになる。

まず,左辺を因数分解すると,$(x+4)(x-3)=0$ となる。すなわち $x+4=0$ または $x-3=0$ である。したがって,解は $x=-4, 3$ である。

《**解き方②**》　**解の公式による解法**　　$ax^2+bx+c=0$ $(a\neq 0)$ の左辺が因数分解できないときは,つぎに示す解の公式を利用する。

| 解の公式 |　$x=\dfrac{-b\pm\sqrt{b^2-4ac}}{2a}$　$(a,\ b,\ c$ は実数$)$

解はつぎのように 3 種類になるが,その種類は根号($\sqrt{}$)内の式の符号によって知ることができる。$\sqrt{}$ 内の式,$b^2-4ac=D$ を判別式という。

| 根の種類 |　$\begin{cases} ① & D>0\ \text{ならば,異なる二つの実数解を持つ。}\\ ② & D=0\ \text{ならば,一つの実数解(重解)を持つ。}\\ ③ & D<0\ \text{ならば,異なる二つの虚数解を持つ。}\end{cases}$

| 例 9 |　$2x^2+5x+2=0$ を解の公式を用いて解くと,$a=2$,$b=5$,$c=2$ から

$$x=\frac{-5\pm\sqrt{5^2-4\times 2\times 2}}{2\times 2}=\frac{-5\pm\sqrt{25-16}}{4}=\frac{-5\pm 3}{4} \quad (\text{二つの実数解})$$

すなわち,解は,$x=\dfrac{-5-3}{4}=-2$ または $\dfrac{-5+3}{4}=-\dfrac{1}{2}$ となる。

例 10 $4x^2-12x+9=0$ を解の公式を用いて解くと，解は

$$x=\frac{-(-12)\pm\sqrt{(-12)^2-4\times4\times9}}{2\times4}=\frac{12\pm0}{8}=\frac{3}{2} \text{ (重解)}$$

となる。

〔6〕 **指 数 の 計 算**

（1） **指数とは** ある数 a を m 個掛けた積 $\overbrace{(a\times a\times a\times\cdots\times a)}^{m\text{個}}$ を a^m と表し，これを a の m 乗という。m を**指数**，a を底といい，a^1, a^2, a^3, $\cdots$, a^m をまとめて a の**累乗**という。

（2） **指数計算の扱い方**

① $a^m\times a^n$ の計算

《公式①》 $a^m a^n = a^{m+n}$ （指数を足し算して計算する）

例 1 $2^3\times2^2=2^{3+2}=2^5=32$

例 2 $3^5\times3^{-3}=3^{5+(-3)}=3^{5-3}=3^2=9$

② $\dfrac{a^m}{a^n}\;(=a^m\div a^n)$ の計算

《公式②》 $\dfrac{a^m}{a^n}=a^{m-n}$ （指数を引き算して計算する）

例 3 $\dfrac{2^5}{2^3}=2^{5-3}=2^2=4$

例 4 $\dfrac{10^3}{10^{-2}}=10^{3-(-2)}=10^{3+2}=10^5=100\,000$

③ $(a^m)^n$ の計算

《公式③》 $(a^m)^n=a^{mn}$ （指数を掛け算して計算する）

例 5 $(3^2)^3=3^{2\times3}=3^6=729$

④ $(ab)^n$ の計算

《公式④》 $(ab)^n=a^n b^n$ （a と b を別々に n 乗したものを掛け算して計算する）

例 6 $(3\times2)^2=3^2\times2^2=9\times4=36$

⑤ $\left(\dfrac{a}{b}\right)^n$ の計算

(公式⑤) $\left(\dfrac{a}{b}\right)^n=\dfrac{a^n}{b^n}$ (a と b を別々に n 乗したものを割り算して計算する)

例 7　$\left(\dfrac{3}{2}\right)^4=\dfrac{3^4}{2^4}=\dfrac{81}{16}=5.065$

(3) 特別な場合の指数計算

① a^n で, $n=1$ のとき　　$a^1=a$

例 8　$(2^3)^{\frac{1}{3}}=2^{3\times\frac{1}{3}}=2^1=2$

② a^n で, $n=0$ のとき　　$a^0=1$ (すべての数の 0 乗は 1 である)

例 9　$256^0=1$

③ $a^{-n}=\dfrac{1}{a^n}$

例 10　$10^{-3}=\dfrac{1}{10^3}=\dfrac{1}{1\,000}=0.001$

〔7〕　三角関数の取り扱い

(1)　角度の表し方

①　度数法　　1 直角＝90 度(°)で表す方法である (付図 1)。

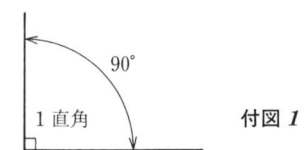

②　弧度法　　長さ r の半径の先端が動く長さ (弧の長さ) l を用いると角 θ は, つぎのように表される (付図 2)

$\theta=\dfrac{l}{r}$　　(単位記号は rad, ラジアンと読む)

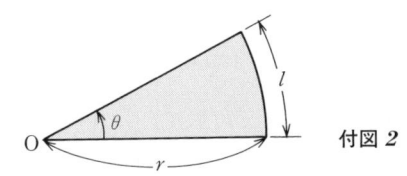

例 1 弧度法で1直角（90°）を表すとつぎのようになる（付図3）。

$$\theta = 90° = \frac{l}{r} = \frac{4\text{分の}1\text{円の弧の長さ}}{\text{半径}} = \frac{2\pi r/4}{r}$$

$$= \frac{\pi}{2} \text{[rad]}$$

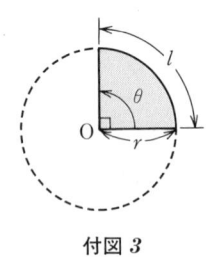

付図 3

例 2 度とラジアンの関係表

度数法	15°	30°	45°	60°	75°	90°	120°	135°	150°	270°
弧度法 [rad]	$\frac{\pi}{12}$	$\frac{\pi}{6}$	$\frac{\pi}{4}$	$\frac{\pi}{3}$	$\frac{5}{12}\pi$	$\frac{\pi}{2}$	$\frac{2}{3}\pi$	$\frac{3}{4}\pi$	$\frac{5}{6}\pi$	$\frac{3}{2}\pi$

（2） 三角比とは 直角三角形の三つの辺の長さ a, b, c と角 α の関係を表したものを**三角比**という（付図4）。三角比はおもにつぎの三つの組み合わせが使用される。

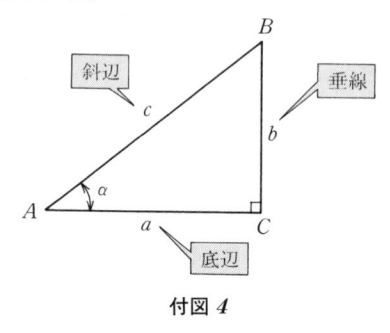

付図 4

① 正弦（サイン）　　　$\sin \alpha = \frac{b}{c}$　　$\frac{垂線}{斜辺}$

② 余弦（コサイン）　　$\cos \alpha = \frac{a}{c}$　　$\frac{底辺}{斜辺}$

③ 正接（タンジェント）　$\tan \alpha = \frac{b}{a}$　　$\frac{垂線}{底辺}$

例 3 付図5の直角三角形で，$\angle A = \alpha$，$\angle B = \beta$ の正弦，余弦，

正接の値は以下のように求められる。

$$\sin \alpha = \frac{BC}{AB} = \frac{3}{5}, \quad \sin \beta = \frac{AC}{AB} = \frac{4}{5}$$

$$\cos \alpha = \frac{AC}{AB} = \frac{4}{5}, \quad \cos \beta = \frac{BC}{AB} = \frac{3}{5}$$

$$\tan \alpha = \frac{BC}{AC} = \frac{3}{4}, \quad \tan \beta = \frac{AC}{BC} = \frac{4}{3}$$

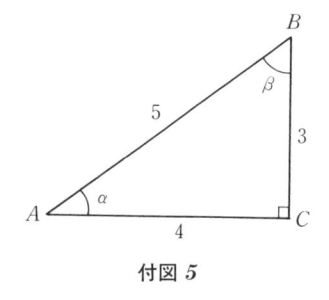

付図 5

（3）三角関数とは　付図6で，一般角 θ が動径の回転に伴って変化する変数とすると，その三角比の値 z も変化をする。すなわち，$z = \sin \theta$，$z = \cos \theta$，$z = \tan \theta$ は θ の関数で，これを**三角関数**という。三角比は角が鋭角（90°以内）の範囲に限られていたが，一般角の場合に拡大して考える。

一般角 θ の三角関数は，付図6よりつぎのように定義する。

$$\sin \theta = \frac{y}{r}, \quad \cos \theta = \frac{x}{r}, \quad \tan \theta = \frac{y}{x}$$

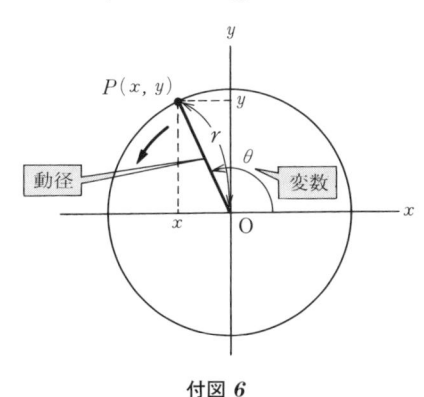

付図 6

（4）三角関数値の求め方　x，y の符号は円周上の点Pの属する象限によって変わるので（r はつねに $r > 0$），三角関数の符号も変わることに注意する。

例 4　$\theta = 210°$ のときの三角関数値は，つぎのようにして計算する。

付図7のように,点Pの座標は,三角比から,$r=1$, $x=-\dfrac{\sqrt{3}}{2}$, $y=-\dfrac{1}{2}$ として各三角関数値を求めることができる。

$$\sin 210° = \dfrac{y}{r}$$
$$= \dfrac{-\dfrac{1}{2}}{1} = -\dfrac{1}{2}$$

$$\cos 210° = \dfrac{x}{r}$$
$$= \dfrac{-\dfrac{\sqrt{3}}{2}}{1} = -\dfrac{\sqrt{3}}{2}$$

$$\tan 210° = \dfrac{y}{x}$$
$$= \dfrac{-\dfrac{1}{2}}{-\dfrac{\sqrt{3}}{2}} = \dfrac{1}{\sqrt{3}}$$

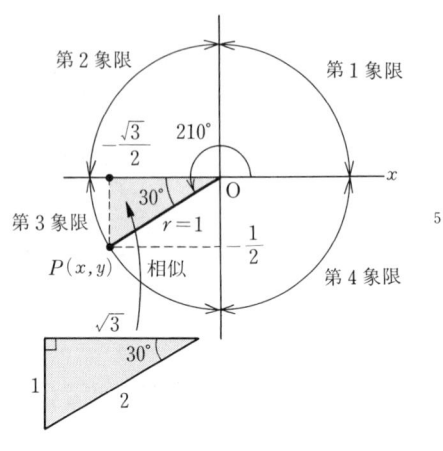

付図 7

2. 国際単位系（SI） JIS Z 8203-2000 から

SI 基 本 単 位		
基本量	名　称	記号
長　さ	メートル	m
質　量	キログラム	kg
時　間	秒	s
電　流	アンペア	A
熱力学温度	ケルビン	K
物質量	モル	mol
光　度	カンデラ	cd

SI 単位と併用してよい単位			
量	名　称	記号	定　義
時　間	分	min	$1\,\mathrm{min}=60\,\mathrm{s}$
	時	h	$1\,\mathrm{h}=60\,\mathrm{min}$
	日	d	$1\,\mathrm{d}=24\,\mathrm{h}$
平面角	度	°	$1°=(\pi/180)\,\mathrm{rad}$
	分	′	$1′=(1/60)°$
	秒	″	$1″=(1/60)′$
体　積	リットル	l	$1\,l=1\,\mathrm{dm}^3$
質　量	トン	t	$1\,\mathrm{t}=10^3\,\mathrm{kg}$

固有の名称をもつ SI 組立単位			
組 立 量	SI 組立単位		SI 基本単位および SI 組立単位による表し方
	固有の名称	記号	
平面角	ラジアン	rad	$1\,\mathrm{rad}=1\,\mathrm{m/m}=1$
立体角	ステラジアン	sr	$1\,\mathrm{sr}=1\,\mathrm{m}^2/\mathrm{m}^2=1$
周波数	ヘルツ	Hz	$1\,\mathrm{Hz}=1\,\mathrm{s}^{-1}$
力	ニュートン	N	$1\,\mathrm{N}=1\,\mathrm{kg}\cdot\mathrm{m/s}^2$
圧力，応力	パスカル	Pa	$1\,\mathrm{Pa}=1\,\mathrm{N/m}^2$
エネルギー，仕事，熱量	ジュール	J	$1\,\mathrm{J}=1\,\mathrm{N}\cdot\mathrm{m}$
パワー，放射束	ワット	W	$1\,\mathrm{W}=1\,\mathrm{J/s}$
電荷，電気量	クーロン	C	$1\,\mathrm{C}=1\,\mathrm{A}\cdot\mathrm{s}$
電位，電位差，電圧，起電力	ボルト	V	$1\,\mathrm{V}=1\,\mathrm{W/A}$
静電容量	ファラド	F	$1\,\mathrm{F}=1\,\mathrm{C/V}$
電気抵抗	オーム	Ω	$1\,\Omega=1\,\mathrm{V/A}$
コンダクタンス	ジーメンス	S	$1\,\mathrm{S}=1\,\Omega^{-1}$
磁　束	ウェーバ	Wb	$1\,\mathrm{Wb}=1\,\mathrm{V}\cdot\mathrm{s}$
磁束密度	テスラ	T	$1\,\mathrm{T}=1\,\mathrm{Wb/m}^2$
インダクタンス	ヘンリー	H	$1\,\mathrm{H}=1\,\mathrm{Wb/A}$
セルシウス温度	セルシウス度	℃	$1℃=1\,\mathrm{K}$
光　束	ルーメン	lm	$1\,\mathrm{lm}=1\,\mathrm{cd}\cdot\mathrm{sr}$
照　度	ルクス	lx	$1\,\mathrm{lx}=1\,\mathrm{lm/m}^2$
放射能	ベクレル	Bq	$1\,\mathrm{Bq}=1\,\mathrm{s}^{-1}$
吸収線量	グレイ	Gy	$1\,\mathrm{Gy}=1\,\mathrm{J/kg}$
線量当量	シーベルト	Sv	$1\,\mathrm{Sv}=1\,\mathrm{J/kg}$

3. 本書で用いるおもな単位記号

量	単位記号	単位の名称	定義・換算率など
角度（平面角）	rad	ラジアン	
	…°	度	$1° = (\pi/180)$ rad
	…′	分	$1′ = (1/60)°$
	…″	秒	$1″ = (\pi/60)′$
長　さ	m	メートル	
面　積	m^2	平方メートル	
体　積	m^3	立方メートル	$1 l = 1\,dm^3 = 10^{-3}\,m^3$
	l	リットル	
時　間	s	秒	
	min	分	$1\,min = 60\,s$
	h	時	$1\,h = 60\,min$
	d	日	$1\,d = 24\,h$
角速度	rad/s	ラジアン毎秒	
速度，速さ	m/s	メートル毎秒	
	m/h	メートル毎時	$1\,m/h$
周　期	s	秒	$= (1/3\,600)\,m/s$
時定数	s	秒	
周波数	Hz	ヘルツ	$1\,Hz = 1\,s^{-1}$
振動数，回転速度	s^{-1}	毎秒	
	r/s	回毎秒	
	r/min	回毎分	
角周波数，角振動数	rad/s	ラジアン毎秒	
波　長	m	メートル	$1\,\text{Å} = 10^{-10}\,m$
力，重量	N	ニュートン	$1\,N = 1\,kg \cdot m/s^2$
トルク	N・m	ニュートンメートル	
圧　力	Pa	パスカル	$1\,Pa = 1\,N/m^2$
	N/m^2	ニュートン毎平方メートル	
応　力	Pa	パスカル	$1\,Pa = 1\,N/m^2$
	N/m^2	ニュートン毎平方メートル	
エネルギー，仕事	J	ジュール	$1\,J = 1\,N \cdot m$
仕事率	W	ワット	$1\,W = 1\,J/s$
熱力学温度	K	ケルビン	
セルシウス温度	°C	セルシウス度	
熱，熱量	J	ジュール	

単位の名称の太字は SI 単位

量	単位記号	単位の名称	定義・換算率など
電流	A	**アンペア**	
電荷, 電気量	C	**クーロン**	$1\,C = 1\,A\cdot s$
	A·h	アンペア時	$1\,A\cdot h = 3\,600\,C$
電界の強さ	V/m	**ボルト毎メートル**	$1\,V/m = 1\,N/C$
電位, 電位差, 電圧, 起電力	V	**ボルト**	$1\,V = 1\,W/A$
電束密度	C/m²	**クーロン毎平方メートル**	
電束	C	**クーロン**	
静電容量, キャパシタンス	F	**ファラド**	$1\,F = 1\,C/V$
誘電率	F/m	**ファラド毎メートル**	
磁界の強さ	A/m	**アンペア毎メートル**	
起磁力	A	**アンペア**	
磁束密度	T	**テスラ**	$1\,T = 1\,N/(A\cdot m)$ $= 1\,Wb/m^2$
磁束	Wb	**ウェーバ**	$1\,Wb = 1\,V\cdot s$
自己インダクタンス, 相互インダクタンス	H	**ヘンリー**	$1\,H = 1\,Wb/A$ $= 1\,V\cdot s/A$
透磁率	H/m	**ヘンリー毎メートル**	
抵抗	Ω	**オーム**	$1\,\Omega = 1\,V/A$
アドミタンス, コンダクタンス	S	**ジーメンス**	$1\,S = 1\,\Omega^{-1}$
抵抗率	Ω·m	**オームメートル**	
導電率	S/m	**ジーメンス毎メートル**	
磁気抵抗	H⁻¹	毎ヘンリー	
位相, 位相差	rad	**ラジアン**	
インピーダンス, リアクタンス	Ω	**オーム**	$1\,\Omega = 1\,V/A$
(有効)電力	W	**ワット**	$1\,W = 1\,J/s = 1\,V\cdot A$
無効電力	var	バール	
皮相電力	V·A	ボルトアンペア	
電力量	J	**ジュール**	
	W·s	ワット数	$1\,W\cdot s = 1\,J$
	W·h	ワット時	$1\,W\cdot h = 3\,600\,W\cdot s$

4. 数 学 公 式

① $\sin^2\varphi + \cos^2\varphi = 1$

② $\sin(-\varphi) = -\sin\varphi$ 　　③ $\cos(-\varphi) = \cos\varphi$

④ $\sin\left(\dfrac{\pi}{2} - \varphi\right) = \cos\varphi$ 　　⑤ $\cos\left(\dfrac{\pi}{2} - \varphi\right) = \sin\varphi$

⑥ $\sin(\pi - \varphi) = \sin\varphi$ 　　⑦ $\cos(\pi - \varphi) = -\cos\varphi$

⑧ $\sin\left(\varphi + \dfrac{\pi}{2}\right) = \cos\varphi$ 　　⑨ $\cos\left(\varphi + \dfrac{\pi}{2}\right) = -\sin\varphi$

⑩ $\sin(\varphi + \pi) = -\sin\varphi$ 　　⑪ $\cos(\varphi + \pi) = -\cos\varphi$

⑫ $\sin(\alpha \pm \beta) = \sin\alpha\cos\beta \pm \cos\alpha\sin\beta$

⑬ $\cos(\alpha \pm \beta) = \cos\alpha\cos\beta \mp \sin\alpha\sin\beta$

⑭ $\tan(\alpha \pm \beta) = \dfrac{\tan\alpha \pm \tan\beta}{1 \mp \tan\alpha\tan\beta}$

⑮ $\sin\alpha\cos\beta = \dfrac{1}{2}\{\sin(\alpha+\beta) + \sin(\alpha-\beta)\}$

⑯ $\sin\alpha\sin\beta = -\dfrac{1}{2}\{\cos(\alpha+\beta) - \cos(\alpha-\beta)\}$

⑰ $\cos\alpha\cos\beta = \dfrac{1}{2}\{\cos(\alpha+\beta) + \cos(\alpha-\beta)\}$

⑱ $\sin 2\alpha = 2\sin\alpha\cos\alpha$

⑲ $\cos 2\alpha = \cos^2\alpha - \sin^2\alpha = 1 - 2\sin^2\alpha = 2\cos^2\alpha - 1$

⑳ $\sin\alpha \pm \sin\beta = 2\sin\dfrac{\alpha \pm \beta}{2}\cos\dfrac{\alpha \mp \beta}{2}$

㉑ $\cos\alpha + \cos\beta = 2\cos\dfrac{\alpha+\beta}{2}\cos\dfrac{\alpha-\beta}{2}$

㉒ $\cos\alpha - \cos\beta = -2\sin\dfrac{\alpha+\beta}{2}\sin\dfrac{\alpha-\beta}{2}$

㉓ $A\sin\omega t + B\cos\omega t = \sqrt{A^2+B^2}\sin(\omega t + \varphi),\quad \varphi = \tan^{-1}\dfrac{B}{A}$

㉔ $\varepsilon^{\pm j\varphi} = \cos\varphi \pm j\sin\varphi$

問題の解答

✤ 1. 直 流 回 路 ✤

[問] *1*. $3.2\,\mu\text{A}$　　[問] *2*. $4\,\text{k}\Omega$　　[問] *3*. $4.5\,\text{V}$

[問] *4*. 接続点 a について $I_1=I_2+I_3$, 接続点 c について $I_2+I_4=I_5$

[問] *5*. $I_1=3\,\text{A}$, $I_2=2\,\text{A}$　　[問] *6*. $I_1=100\,\text{mA}$, $I=220\,\text{mA}$

[問] *7*. 回路に流れる電流 $2\,\text{A}$, $3\,\Omega$ の抵抗に現れる電圧 $6\,\text{V}$, $4\,\Omega$ の抵抗に現れる電圧 $8\,\text{V}$, $5\,\Omega$ の抵抗に現れる電圧 $10\,\text{V}$

[問] *8*. $I=0.4\,\text{A}$, b-c 間の電圧 $V=20\,\text{V}$　　[問] *9*. $8.19\times10^5\,\text{J}$

[問] *10*. $2160\,\text{W}$　　[問] *11*. $0.3\,\text{kW}\cdot\text{h}$　　[問] *12*. $3.55\,\text{g}$

練 習 問 題

❶ (ⅰ) $56\,\text{mA}$ (ⅱ) $275\times10^3\,\text{V}$ (ⅲ) $0.68\,\text{M}\Omega$ (ⅳ) $3.70\times10^{-4}\,\text{A}$
❷ $2.4\times10^{-2}\,\mu\text{C}$　❸ (ⅰ) $6\,\text{V}$ (ⅱ) $0\,\text{V}$ (ⅲ) $-3\,\text{V}$ (ⅳ) $6\,\text{V}$ (ⅴ) $6\,\text{V}$　❹ $R_1=2.5\,\text{k}\Omega$, $R_2=5\,\text{k}\Omega$, $R_3=10\,\text{k}\Omega$　❺ $1\times10^{-6}\,\Omega\cdot\text{m}$　❻ シリコン, ゴム, 炭素, 希硫酸溶液　❼ (ⅰ) $1\,\text{A}$ (ⅱ) $50\,\text{V}$ (ⅲ) $80\,\text{V}$ (ⅳ) $50\,\text{V}$　❽ (ⅰ) $20\,\Omega$ (ⅱ) $5\,\text{V}$　❾ $I_1=0.7\,\text{A}$ (図の向きと逆), $I_2=0.25\,\text{A}$ (図の向きと同じ), $I_3=0.45\,\text{A}$ (図の向きと同じ)　❿ $0.1\,\Omega$　⓫ $7.07\,\text{A}$　⓬ $103\,\text{V}$, $15\,\text{W}$　⓭ $50\,\text{mA}$　⓮ $23\,\text{min}\,20\,\text{s}$　⓯ 10 時間

研 究 問 題

❶ 2×10^{17} 個　❷ $0.014\,\text{A}$ 減少する　❸ 6 倍　❹ $12.4\,\Omega$
❺ $R_1=2\,\Omega$, $R_2=4\,\Omega$　❻ $\dfrac{5}{6}R$　❼ $0.4\,\text{A}$　❽ (ⅰ) $2\,\Omega$ (ⅱ) $16.67\,\text{W}$　❾ $\dfrac{\dfrac{2}{3}RE^2}{\left(r+\dfrac{2}{3}R\right)^2}\,[\text{W}]$　❿ $240\,\text{W}$　⓫ $2.35\,\text{kW}$, $350\,\text{W}$　⓬ $100\,\Omega$, $6.49\,\Omega$　⓭ $R_l=r$, $\dfrac{E^2}{4r}$　⓮ $12.1\,\text{g}$

✤ 2. 電 流 と 磁 気 ✤

[問] *1*. $40\,\text{A/m}$　　[問] *2*. $1\,\text{kA/m}$　　[問] *3*. 101 回

[問] *4*. $33.5\,\mu\text{Wb}$　　[問] *5*. $150\,\text{V}$　　[問] *6*. $2\,\text{V}$, $9\,\text{mH}$

[問] *7*. $16\,\text{V}$　　[問] *8*. (ⅰ) 0.83 (ⅱ) $230\,\text{mH}$　　[問] *9*. 240

回, 2.4 A [問] 10. 0.6 V, z 軸の正の向き [問] 11. 1×10^{-3} N
[問] 12. 14.1 A
練 習 問 題
❶ 1 A/m ❷ 6×10^{-4} Wb, 120 A ❸ 2 000 回 ❹ 15 mH
❺ 5.3 A/m, 電流の流れる向きを紙面に対して鉛直上方とすると, 磁界の向き
は紙面の上から見て反時計方向（右ねじの方向） ❻ 4.5 F
研 究 問 題
❶ 3.8×10^6 A/m ❷ 20 V ❸ 14 mH ❹ 450 A/m, P から O へ
向かう向き ❺ 50 A/m, 向き $\odot$ ❻ 5×10^{-5} N/m, 向き b → c
❼ 1.2 N・m

✢ 3. 静 電 気 ✢

[問] 1. 5×10^{-2} N [問] 2. 2×10^{-2} N [問] 3. 4.5 kV/m
[問] 4. 0.4 mC [問] 5. （ i ）0.25 倍 （ ii ）1.41 倍
[問] 6. 60 V, 20 V, 0.75 μF [問] 7. 6 μF, $Q_1=50$ μC, $Q_2=100$ μC,
$Q_3=150$ μC
練 習 問 題
❶ 2 μC ❷ 4 V/m ❸ 20 V ❹ 点 a から点 b の方向に 2.5 m
❺ （ i ）1.5 μF （ ii ）3 μF （ iii ）$\dfrac{2}{3}$ μF ❻ 10 個 ❼ 80 V
研 究 問 題
❶ $\dfrac{1+2\sqrt{2}}{2r^2}\times Q\times 9\times 10^9$ 〔V/m〕 ❷ 84 V ❸ 2
❹ （ a ）199 pF （ b ）177 pF ❺ 706 μF ❻ 1.5 ❼ 750 V

✢ 4. 交 流 回 路 ✢

[問] 1. 周波数 50 Hz, 周期 0.000 1 s [問] 2. 40π〔rad/s〕
[問] 3. $\dfrac{\pi}{2}$〔rad〕 [問] 4. $e_b=E_m\sin\left(\omega t-\dfrac{\pi}{3}\right)$〔V〕
[問] 5. 2.45 A [問] 6. 31.8 μF [問] 7. 53 mH
[問] 8. （ i ）1 595 Ω （ ii ）0.063 A [問] 9. 24 Ω, 5 A
[問] 10. 皮相電力 500 VA, 力率 0.5（50％）, 電力 250 W, 無効電力 433 var
[問] 11. 100 kHz, 785 [問] 12. $\bar{A}=24+j7$
[問] 13. （ i ）7.07, $\dfrac{\pi}{4}$〔rad〕 （ ii ）50, $-\dfrac{\pi}{6}$〔rad〕
[問] 14. （ i ）$2.5+j4.33$ （ ii ）-100 [問] 15. $200\varepsilon^{j\frac{\pi}{2}}$
[問] 16. $3\varepsilon^{j0.6\pi}$

問 題 の 解 答　　315

練 習 問 題
❶ 最大値 $282.8\,\mathrm{V}$，実効値 $200\,\mathrm{V}$，平均値 $180\,\mathrm{V}$，周波数 $50\,\mathrm{Hz}$，周期 $0.02\,\mathrm{s}$
❷ i_1 の位相 $\omega t - \dfrac{\pi}{3}$ [rad]，i_2 の位相 $\omega t + \dfrac{\pi}{4}$ [rad]，位相差 $\dfrac{7\pi}{12}$ [rad]　❸ $\dot{Z} = 16 + j12$ [Ω]，抵抗分 $16\,\Omega$，リアクタンス分 $12\,\Omega$　❹ $1\,\mathrm{A}$　❺ 抵抗 $4\,\Omega$，インダクタンス $9.55\,\mathrm{mH}$　❻ $63.7\,\Omega$，$127\,\mathrm{V}$　❼ (i) $12 + j16$ [Ω] (ii) $4.8 - j1.4$ [A]，(iii) $57.6 - j16.8$ [V]　❽ (i) $1\,592\,\mathrm{Hz}$ (ii) $5\,\mathrm{A}$
❾ 皮相電力 $700\,\mathrm{VA}$，有効電力 $560\,\mathrm{W}$，無効電力 $420\,\mathrm{var}$

研 究 問 題
❶ $45\,\mathrm{V}$　❷ $\sqrt{2} \times 5 \sin\left(\omega t + \dfrac{\pi}{4}\right)$ [V]　❸ コイル抵抗 $4\,\Omega$，リアクタンス $3\,\Omega$　❺ $5\,\Omega$，$12\,\Omega$　❼ $\dfrac{\pi}{4}$ [rad]　❽ 抵抗 $20\,\Omega$，リアクタンス $15\,\Omega$　❾ $56\,\mathrm{V}$

5. 三 相 交 流

[問] *1*. $1\,200\,\mathrm{rpm}$　　[問] *2*. $5\,\mathrm{A}$，$173\,\mathrm{V}$
[問] *3*. $3.65\,\mathrm{A}$（Y結線），$6.33\,\mathrm{A}$（Δ結線）
[問] *4*. 合成抵抗 $100\,\Omega$，全消費電力 $100\,\mathrm{W}$

練 習 問 題
❶ $11.6\,\mathrm{A}$，$4\,000\,\mathrm{W}$　❷ 線間電圧 $100\,\mathrm{V}$，線電流 $38.7\,\mathrm{A}$　❸ $20\,\Omega$
❹ $0.8(80\%)$　❺ $2\,000\,\mathrm{W}$，$8.2\,\mathrm{A}$，$0.71(71\%)$

研 究 問 題
❶ $C' = \dfrac{C}{3}$，$L' = \dfrac{L}{3}$　❷ $I_R = 7.1\,\mathrm{A}$，$I_X = 4.1\,\mathrm{A}$　❸ $\dfrac{2}{3}$ 倍　❹ $A_1 : 40\,\mathrm{A}$，$A_2 : 20\,\mathrm{A}$，$A_3 : 8\,\mathrm{A}$，$A_0 : 28\,\mathrm{A}$　❺ $100\,\mathrm{V}$

6. 電 気 計 測

[問] *1*. $L_x = 0.011\,7\,\mathrm{H}$，$R_x = 10.5\,\Omega$
練 習 問 題
❶ (i) 3.23 (ii) 68.4 (iii) 38 (iv) 30 (v) 1.54×10^{-3}　❷ 駆動装置，制御装置，制動装置　❸ 誤差 $-0.5\,\mathrm{V}$，誤差百分率 -0.5%　❹ $61.5 \sim 62.5\,\mathrm{mA}$　❺ $95 \sim 101\,\mathrm{V}$　❻ (i) 交直両用 (ii) 交直両用 (iii) 直流用 (iv) 交流用 (v) 交流用　❼ 倍率 500，抵抗 $0.801\,6\,\Omega$

研 究 問 題
❶ 可動コイル形電流計 $2.5\,\mathrm{A}$，可動鉄片形電流計 $3.54\,\mathrm{A}$　❷ (i) $24.3\,\mathrm{V}$ (ii) $35.2\,\mathrm{V}$　❸ $3.49\,\Omega$　❹ $L_x = 1.14\,\mathrm{mH}$，$R_x = 0.945\,\Omega$　❺ 最大

値 0.4 V, 実効値 0.283 V, 周期 4 ms, 周波数 250 Hz

✣ 7. 各 種 の 波 形 ✣

[問] 1. 非対称 [問] 2. (i) 2 s (ii) $v_R = 2.23$ V, $v_C = 7.77$ V, $i = 22.3\,\mu$A, $q = 155\,\mu$C   [問] 3. (i) 1.5 ms (ii) 0.974 A(1.0 ms), 1.26 A(1.5 ms), 1.47 A(2.0 ms), 1.62 A(2.5 ms)   [問] 4. 50 Hz, 0.25

練 習 問 題

❶ $3\sin\omega t - \sin 3\omega t$ [V] ❷ (i) 32.12 V (ii) 10.49 V (iii) 15.8 A ❸ 平均値 66.67 V, 最大値 110.4 V ❹ 5 V ❺ (i) 200 ms (ii) 50 μs (iii) 18 ms ❻ (i) 2 μs (ii) 6 μs (iii) 166.7 kHz (iv) 0.333 ❽ 積分回路

研 究 問 題

❷ (i) 0.677 V (ii) 5.77 V (iii) 0.118 ❸ (i) 83.07 V, 0.279 5 (ii) $i = 0.16\sqrt{2}\sin\omega t + 0.04\sqrt{2}\sin 3\omega t + 0.02\sqrt{2}\sin 5\omega t$ [A] (iii) 13.8 W ❹ (i) 8 mA (ii) 0.39 A ❻ (i) 1.84 mA (ii) -13.54 V (iii) 4.98 V (iv) 0 V ❼ 4 kΩ 以下

索　　　引

あ

アーク放電……………133
アース………………………8
アドミタンス…………206
アナログ回路計………256
アナログ計器…………233
アルカリ蓄電池…………64
アルカリマンガン電池 61
暗電流…………………131
アンペア………………4,91
　──の周回路の法則 85
　──の右ねじの法則 82
アンペア時………………66
アンペア毎メートル……78

い

イオン……………………6
イオン化…………………55
移　項…………………301
位　相…………………158
位相角…………………158
位相差…………………158
一次側…………………108
一次コイル……………103
一次方程式……………301
一次電池…………………59
一次巻線………………108
インピーダンス………171

う

ウェーバ……………76, 89
ウェーバ毎平方メートル
　………………………89
渦電流……………………99
渦電流損…………………99

え

N 極………………………76
S 極………………………76

お

オイラーの公式………188
オシロスコープ………258
オーム……………………12
　──の法則……………11
オームメートル…………38

か

外　項…………………298
界　磁…………………117
界磁巻線………………117
回転磁界………………228
回　路……………………9
回路計…………………256
回路図……………………10
角周波数………………157
角速度…………………155
確　度…………………267
加減法…………………302
重ね合わせの理…………32
過渡期間………………281
過渡現象………………281
可変抵抗器………………42
加比の理………………299
仮分数…………………297
紙コンデンサ…………141
カラーコード……………43
カロリー…………………47
乾電池……………………61
感　度…………………268

き

記号法…………………199
基準ベクトル…………161
起磁力……………………91
奇数調波………………278
輝　線…………………260
起電力……………………7
基本波…………………278
逆　数…………………297
強磁性体…………………90
共振周波数……………181
共振の鋭さ……………182
共役複素数……………185
極形式…………………188
虚　数…………………184
虚数単位………………184
虚　部…………………184
許容電流…………………50
切り上げる……………268
切り捨て………………268
キルヒホッフの第1法則
　………………………16
キルヒホッフの第2法則
　………………………21
金属皮膜抵抗器…………43

く

偶数調波………………278
駆動装置………………233
繰返周期………………288
繰返周波数……………288
繰返パルス……………288
グロー放電……………132
クーロン…………………2
クーロン力……………123

クーロン毎平方メートル
　　……………………130

け

計数形周波数計………255
結合係数……………106
結線図………………10
ケルビンダブルブリッジ
　　……………………239
減極剤………………61
原　子………………2
原子核………………2

こ

合成インピーダンス…203
合成静電容量………138
合成抵抗……………18
高調波………………278
効　率………………53
交　流………………9, 148
　　──の合成………198
　　──の平均値………151
交流電圧……………148
交流電流……………148
交流ブリッジ………207
誤差百分率…………266
誤差率………………266
5時間放電率…………66
固定抵抗器…………42
弧度法…………154, 305
コールラウシュブリッジ
　　……………………239
コロナ放電…………131
コンダクタンス……11, 206
コンデンサ…………134

さ

最外殻電子…………3
最大値………………149
サセプタンス………206
差動接続……………107

△結線………………217
三角結線……………217
三角関数……………307
三角比………………306
三相交流……………213
残留磁束密度………94

し

磁　化………………77
磁　界………………78
　　──の強さ………78
磁化曲線……………95
磁気現象……………76
磁器コンデンサ……142
磁気遮へい…………93
磁気抵抗……………91
磁気に関するクーロンの
　　法則………………76
磁気飽和……………94
磁気誘導……………77
磁　極………………76
自己インダクタンス…101
自己誘導……………101
自己誘導起電力……101
指示電気計器………233
指　数………………304
磁　束………………89
磁束鎖交数…………99
磁束密度……………89
実効値………………151
実　部………………184
時定数………………283
始　点………………80
磁　場………………78
ジーメンス…………11
ジーメンス毎メートル　38
周　期………………149
10時間放電率………66
充　電………………59
終　点………………80
自由電子……………3

周波数………………149
出　力………………53
ジュール……………47
　　──の法則………47
ジュール熱…………47
純虚数………………184
瞬時値………………149
瞬時電力……………176
初位相………………158
初位相角……………158
衝撃係数……………288
常磁性体……………89
初磁化曲線…………94
磁力線………………78
磁　路………………90
真空の透磁率………89
真空の誘電率………124
振動片形周波数計…254
振　幅…………149, 288
真分数………………297

す

数ベクトル…………80
図記号………………10
滑り抵抗器…………43
滑り皮膜抵抗器……43

せ

正確さ………………267
正確な測定…………267
正　極………………76
制御装置……………233
正弦波交流………9, 148
成層鉄心……………100
静電界………………126
静電気………………122
　　──に関するクーロン
　　の法則……………123
静電現象……………122
静電遮へい…………125
静電シールド………126

索　引

静電誘導 …………… 125
静電容量 …………… 135
静電力 ……………… 123
精　度 ……………… 267
制動装置 …………… 233
精密さのよい測定 …… 267
整流子 ……………… 116
積分回路 …………… 291
絶縁耐電圧 ………… 141
絶縁物 ………………… 6
接続図 ………………… 10
絶対値 …………… 79, 187
接　地 ………………… 8
接頭語 ………………… 5
ゼーベック効果 ……… 66
零オーム調整 ……… 257
線間電圧 …………… 217
選択度 ……………… 182
線電流 ……………… 217

そ

相 …………………… 213
掃　引 ……………… 260
相回転順 …………… 215
相互インダクタンス　104
相互誘導 …………… 104
相　順 ……………… 215
相電圧 ……………… 217
相電流 ……………… 217
ソレノイド …………… 85
損　失 ……………… 53

た

第 n 調波 …………… 278
第 3 調波 …………… 278
対称三相交流 ……… 213
対称波 ……………… 276
帯電現象 …………… 122
第 2 調波 …………… 278
代入法 ……………… 302
ダイヤル形抵抗器 …… 43

太陽電池 ……………… 59
多重目盛電圧計 …… 245
多重目盛電流計 …… 244
立上り時間 ………… 289
立下り時間 ………… 289
単一パルス ………… 288
単相交流 …………… 213
炭素皮膜抵抗器 ……… 43

ち

遅延時間 …………… 289
中間金属挿入法則 …… 68
直並列回路 ………… 25
直　流 ………………… 9
直列回路 …………… 20
直列共振 …………… 181
直列接続 …………… 20

て

定格値 ……………… 44
定格電圧 …………… 141
抵　抗 ……………… 12
　──の温度係数 …… 40
抵抗器 ……………… 42
抵抗損 ……………… 53
抵抗率 ……………… 38
ディジタル回路計 … 258
ディジタル計器 …… 237
テスラ ……………… 89
鉄　損 ……………… 100
テブナンの定理 …… 35
電　圧 ………………… 7
電圧共振 …………… 181
電圧降下 …………… 14
電　位 ………………… 7
　──の傾き ……… 129
電位差 ………………… 7
電　荷 ………………… 2
電　界 ……………… 126
　──の強さ ……… 126
電解液 ……………… 55

電解コンデンサ …… 142
電解質 ……………… 55
電気回路 ……………… 9
電気抵抗 …………… 12
電気分解 …………… 56
　──に関するファラ
　　デーの法則 …… 56
電気力線 …………… 127
電　源 ……………… 10
電　子 ………………… 2
電磁エネルギー …… 103
電磁継電器 ………… 46
電磁誘導 …………… 97
　──に関するファラデ
　　ーの法則 ……… 99
電磁力 ……………… 113
電子冷却 …………… 70
電　束 ……………… 130
電束密度 …………… 130
電　離 ……………… 55
電　流 ………………… 3
　──の連続性 ……… 4
電流共振 …………… 183
電流力計形周波数計　254
電　力 ………… 51, 177
電力量 ……………… 51

と

同期速度 …………… 216
透磁率 ……………… 89
同　相 ……………… 158
導　体 ………………… 6
等電位面 …………… 129
導電率 ……………… 38
等分目盛 …………… 235
度数法 ……………… 305
トリガ掃引式 ……… 261
トリガ掃引式オシロ
　スコープ ………… 261
トルク ……………… 116

な

- 内　項 …………………298
- 鉛蓄電池 ………………63

に

- 二元一次方程式 ………302
- 二元方程式 ……………302
- 二次側 …………………108
- 二次コイル ……………103
- 二次電池 ………………59
- 二次方程式 ……………303
- 二次巻線 ………………108
- 2乗根 …………………299
- 二相交流 ………………228
- ニッケルカドミウム蓄
  電池 …………………64
- ニッケル・水素蓄電池 65
- 二電力計法 ……………251
- 入　力 …………………54
- ニュートンメートル …116

ね

- 熱起電力 ………………67
- 熱電温度計 ……………68
- 熱電形計器 ……………68
- 熱電対 …………………67
- 燃料電池 ………………59

は

- 配線用遮断器 …………50
- 倍率器 …………………244
- ――の倍率 …………244
- 波　形 …………………148
- 波形率 …………………279
- 波高率 …………………279
- バール …………………178
- パルス …………………288
- パルス幅 ………………288
- 反共振 …………………183
- 反磁性体 ………………90

- 半導体 …………………6
- 万能ブリッジ …………242
- 繁分数 …………………297

ひ

- BH曲線 …………………95
- ビオ・サバールの法則 82
- ピークピーク値 ………149
- ヒステリシス曲線 ……95
- ヒステリシス損 ………95
- ひずみ波交流 …………275
- ひずみ率 ………………279
- 非正弦波交流 …………275
- 皮相電力 ………………178
- 非対称三相交流 ………213
- 非対称波 ………………276
- 比透磁率 ………………89
- 火花放電 ………………132
- 微分回路 ………………290
- 皮膜抵抗器 ……………43
- 比誘電率 ………………124
- ヒューズ ………………50
- 標準器 …………………269
- 平等磁界 ………………86
- 平等電界 ………………129
- 比例式 …………………298

ふ

- ファラデー定数 ………57
- ファラド ………………135
- 負　荷 …………………10
- 負　極 …………………76
- 複素インピーダンス …197
- 複素数 …………………184
- 複素平面 ………………187
- 不導体 …………………6
- 不平衡三相負荷 ………217
- プラスチックコンデンサ
  　　　　　　　　　……141
- フーリエ級数 …………277

- フレミングの左手の法則
  　　　　　　　　　……114
- フレミングの右手の法則
  　　　　　　　　　……98
- 分極作用 ………………61
- 分　数 …………………297
- 分流器 …………………243
- ――の倍率 …………243

へ

- 平均電力 ………………177
- 平　衡 …………………27
- 平衡三相負荷 …………217
- 平方根 …………………299
- 並列回路 ………………15
- 並列共振 ………………183
- 並列接続 ………………15
- ベクトル ………………79
- ベクトル図 ……………190
- ベクトル量 ……………78
- ペルチエ効果 …………69
- ヘルツ …………………149
- 変圧比 …………………108
- 偏位法 …………………28
- 偏　角 …………………187
- ヘンリー ………………101
- ヘンリー毎メートル …89
- 変流比 …………………109

ほ

- ホイートストンブリッジ
  　　　　　　　　　……27
- 方形パルス ……………288
- 放　電 …………………59
- 方程式 …………………300
- 放電終期電圧 …………65
- 放電終止電圧 …………66
- 飽和電流 ………………131
- 星形結線 ………………216
- 保磁力 …………………94
- 補　正 …………………266

補正百分率 …………… 266
補正率 ………………… 266
ホール効果 …………… 253
ホール素子 …………… 253
ホール素子磁束計 …… 253
ホール電圧 …………… 253
ボルト ………………… 7, 8
ボルトアンペア ……… 178
ボルト毎メートル …… 126

ま

マイカコンデンサ …… 141
毎ヘンリー …………… 91
巻数比 ………………… 109
巻線抵抗器 …………… 42
摩擦電気 ……………… 122
丸 め ………………… 268
マンガン乾電池 ……… 61

み

未知数 ………………… 300

む

無効電力 ……………… 178
無効率 ………………… 178

や

約 分 ………………… 297

ゆ

有効数字 ……………… 268
有効電力 ……………… 177
誘電体 ………………… 124
誘電率 ………………… 124
誘導起電力 …………… 97
誘導性リアクタンス
　　 …………… 169, 201
誘導電圧 ……………… 97
誘導電流 ……………… 97
有理化 ………………… 300

よ

容 量 ………………… 66

容量性リアクタンス　165

り

リアクタンス ………… 171
力 率 ………………… 178
リサジュー図形 ……… 264
理想変圧器 …………… 109
リチウムイオン蓄電池　65

れ

零位法 ………………… 28
レンツの法則 ………… 99
連 比 ………………… 298
連比例式 ……………… 298
連立方程式 …………… 302

わ

Y 結線 ………………… 216
ワット ………………… 51
ワット秒 ……………… 51
和動接続 ……………… 107

わかりやすい**電気基礎**
© Takahashi, Masuda, Okinada, Kobayashi, Sakima, Matsubara　2003

2003 年 6 月 6 日　初版第 1 刷発行
2021 年 2 月 15 日　初版第21刷発行

検印省略	著　者	高　橋　　　寛
		増　田　英　二
		翁　田　雄　二
		小　林　義　彦
		﨑　間　　　勇
		松　原　洋　平
	発行者	株式会社　コロナ社
		代表者　牛来真也
	印刷所	新日本印刷株式会社
	製本所	有限会社　愛千製本所

112-0011　東京都文京区千石 4-46-10
発 行 所　株式会社　コロナ社
CORONA PUBLISHING CO., LTD.
Tokyo Japan
振替 00140-8-14844・電話(03)3941-3131(代)
ホームページ　https://www.coronasha.co.jp

ISBN 978-4-339-00757-2 C3054　Printed in Japan　　（柏原）

JCOPY ＜出版者著作権管理機構　委託出版物＞

本書の無断複製は著作権法上での例外を除き禁じられています。複製される場合は、そのつど事前に、出版者著作権管理機構（電話 03-5244-5088, FAX 03-5244-5089, e-mail: info@jcopy.or.jp）の許諾を得てください。

本書のコピー、スキャン、デジタル化等の無断複製・転載は著作権法上での例外を除き禁じられています。購入者以外の第三者による本書の電子データ化及び電子書籍化は、いかなる場合も認めていません。

落丁・乱丁はお取替えいたします。